超级潜能

THE BODY BUILDERS

[美] 亚当·皮奥里（Adam Piore）—— 著 ｜ 姜奕晖 —— 译

中信出版集团｜北京

图书在版编目（CIP）数据

超级潜能 /（美）亚当·皮奥里著；姜奕晖译. --
北京：中信出版社, 2019.6
　书名原文：THE BODY BUILDERS
　ISBN 978-7-5217-0206-4

　Ⅰ.①超… Ⅱ.①亚… ②姜… Ⅲ.①生物学－普及
读物 Ⅳ.① Q-49

中国版本图书馆 CIP 数据核字 (2019) 第 042707 号

超级潜能

著　　者：[美] 亚当·皮奥里
译　　者：姜奕晖
出版发行：中信出版集团股份有限公司
　　　　　（北京市朝阳区惠新东街甲 4 号富盛大厦 2 座　邮编　100029）
承 印 者：中国电影出版社印刷厂

开　本：880mm×1230mm　1/32　　印　张：12.5　　字　数：253 千字
版　次：2019 年 6 月第 1 版　　印　次：2019 年 6 月第 1 次印刷
京权图字：01-2019-2214　　　　广告经营许可证：京朝工商广字第 8087 号
书　号：ISBN 978-7-5217-0206-4
定　价：58.00 元

谨以此书

献给我的祖父母辈

爱提问题的曼尼·皮奥里和诺拉·皮奥里，以及爱讲故事的波莉·克兰和锡德·克兰

引言

这是一本有关科学和医学的书。看到这样的主题，大家多半会跟弥漫着消毒药水味、充斥着数据分析的实验室和手术室联系起来。不过此书的缘起远非如此，我甚至都不愿在书里提起，害怕会赶走那些想深入探究神经科学、生物力学和遗传工程学奥秘的读者。大家请相信我，这并不是题外话。

对我来说，本书缘起 20 世纪 90 年代加州大学圣克鲁斯分校校园里的一处阳光明媚的山坡上。当时，我盘着双腿，坐在一群学生中间，凝望着绿地如茵的田径场，俯瞰着红杉林立的山丘，远处则是蔚蓝、原始而静谧的太平洋。蒙特雷湾海岸线蜿蜒而又巉岩兀立，在眼前伸展开来。这番景致，既可以安抚心灵，又能勾起无尽的可能和冒险。

我那时还是大学一年级的新生，而且是在名正言顺地"上课"。不过，这堂课跟我以前上过的都不大一样。我想起以前在美国东部的朋友们，端坐在教室里，很快就被高中生般的不适感团团围困，一边听老师那查理·布朗（Charlie Brown）式的喃喃呓语，一边幻想着远方。正如我此刻坐着的地方。我竟然会在这儿"上课"，但在那时，重点就在这个"可能性"上。

然而此刻，可能终究会成为现实。那门课叫作"人本主义心理学"，我们的助教老师吉姆·布朗（Jim Brown），认为这个环境恰好合适，可以向我们介绍这门课程乐观而新奇的观点。 人本主义心理学的核心"人类潜能运动"根植于 20 世纪 60 年代反主流文化中迷醉的乌托邦主义和独创的无政府主义。 当时我年方十八，身上仍交织着青春期的痛苦、怨愤和恐惧。 我被这门课迷住了。

　　人本主义心理学探讨的是人类的转型，研究的是如何摆脱束缚的东西。 传统精神分析和行为主义学派的着重点，在于了解那些导致我们世界观扭曲或引发病理表现的神经官能症。 这些学派往往陷于悲观。 从某种程度上说，人本主义心理学正是对传统学派的回应。 诸如亚伯拉罕·马斯洛（Abraham Maslow）这样的人本主义心理学家关心的是下一步。 如果这些个体能告别失望和恐惧，能够超越过往的伤痛，那么接下来会发生什么呢？ 马斯洛认为，只要有机会选择，我们每个人都会鼓起热忱，去实现人类的全部潜能 —— 去"自我实现"、寻找幸福、发挥创造力、找到灵魂伴侣，去跨越一切障碍。 要研究这些，马斯洛的目光并没有放在受苦受难的人们身上，而是投向了生机勃发的人。 他们有什么共同之处？ 他们又是如何"自我实现"的呢？

　　马斯洛在 1968 年写道："仿佛是弗洛伊德向我们提供了心理疾病的那一半，我们现在必须用心理健康的这一半来使心理学完满。"

　　后来，我成为驻外通讯记者，最早被派去采访柬埔寨红色高棉领导人 —— 波尔布特"大屠杀"事件的幸存者，我从那时就开始怀疑马斯洛的价值立场。 某日午后，我站在乡下崎岖的小路上，遇见一位佝偻着身子、掉光了牙齿的乞丐，我提及联合国法庭将审判当时依然在位的红色高棉政权领导人，并就此事询问了她的看法。 泪水滚滚流下她的脸庞。 她说："他们杀了我的孩子们，所以我才变成了这副模样。"

　　我想知道，蒙此大难之人，亚伯拉罕·马斯洛又该教导他们什么呢？ 而在如此不公不仁之地，对她及其他所有人来说，"自我实现"又有何意义呢？ 那时候看来，我在大学里学到的一切，在这个国家恐怕全都派不上用场。

但最终，我会以新的方式来思考这些问题。我到柬埔寨时，这个国家正在努力从 30 年内战中走出来。我遇到的柬埔寨人，仍在 20 世纪 70 年代的"四年野蛮时期"的阴影下苦苦挣扎。大动乱期间，四分之一的人口死于饥饿、凶杀和疾病，整个社会分崩离析，徒留满目疮痍和支离破碎的景象。我听到的故事都很惨烈，每每使我潸然泪下。

1999 年早春迎来了传统的高棉新年，这是规模极大、场面极为隆重的节日盛会。就在 1 年前，1997 年政变的余波尚未散去，人们还在担惊受怕，不敢出门。而 1 年后，就在金边市中心我居住的公寓外，人们纷纷涌入街头巷尾，载歌载舞、大快朵颐、尽情欢庆。我以前只见过眼窝深陷的难民照片，现在终于目睹孩童在四处欢跳。当地市长着手改造了湄公河岸边冲蚀而成的一小块地，满是烂泥的沼泽摇身变为花团锦簇的公园，一家人可以在此野餐。我周遭的幸存者不再是神情严肃，而是喜气洋洋，你可以从他们的脸上看到欣喜和宽慰，看到复苏和韧劲。而这一切，都现身于我误以为只剩下悲伤失落的绝望沙漠之中，远远超过我先前的想象。

幸存者们怎么可能会如此喜悦？似乎即便是不可想象的灾难，也没能碾碎我身边这些民众的人性，没能压垮他们拥抱此刻和拥抱彼此的能力，事实上，这些灾难反倒使人性显得更加光辉耀眼。这种非凡的韧劲、这种喜悦，究竟来自哪里？为什么会让我感受到如此震撼的力量？

这些世上最鼓舞人心的故事，向我们展示了人类的能力所在，让我们明白什么才是最重要的，这些故事往往来自我们所能想象的最凄惨的悲剧。我终于意识到，身处加州山坡上的我，所着迷的不仅仅是"人类潜能"，更是人类精神的韧劲，是当我们内心受到创伤后，想让自己恢复健康并且活得更好的那种与生俱来的渴求、直觉和冲劲。人在经受挫败后还能朝前看、向前进，其个中奥妙让我此生都为之着迷。

你可能会问，这些跟我在引言开头提到的一长串词汇究竟有何联系。

神经科学、生物力学和遗传工程学跟波尔布特、人本主义心理学有什么关系吗?

我之所以选择写一本科学书,而不是讲有关心理创伤、柬埔寨历史,或者马斯洛需求层次理论的故事,是因为现如今人类的潜力和恢复力中极致而又震撼人心的成功案例,都得益于医学和科学。我碰上这些案例纯属偶然。在结束柬埔寨之旅回国后,我入职了《新闻周刊》(*Newsweek*),报道了"9·11"事件,又前往伊拉克,在此期间我结识了一位名叫休·赫尔(Hugh Herr)的仿生工程师,他身上的故事激起我的好奇和灵感,让我能以新的思路去看待科学和技术。我循着他这个故事的脉络,感受到故事所涉及的神经科学、生物学,以及其他可以实现更多可能的了不起的进步。当我慢慢了解到更多人,正如我 20 世纪 90 年代在金边街头的奇遇那样,他们的故事也开始散发出妙不可言的魔力。

本书研究的领域主要是生物工程学,以及科学家、医生和某些病人自身正在用来解锁人类身体和头脑之恢复力的方式,前几代人对此只能聊作猜测。尽管我探讨的话题大多集中于当代神经科学、再生医学、药理学和仿生学方面某些最引人瞩目的科学成就,但我并没有打算把这本书写成一本有关人体和思想运作的临床学术大部头。本书讲述的是绝不放弃的人。当我着手写作,我就开始寻找这样一群人,他们帮助自己和他人重新获得了他们以为已经永远失去的东西 —— 跑步和跳舞的能力、眺望远山的能力、认出爱人的能力,甚至仅仅是沟通的能力。换句话说,就是让我们最能感到生而为人的东西。

到了 20 世纪,人类达到大规模工程的突破点。物理创造力爆炸式增长,由此诞生机械和结构技艺的非凡成就,不断突破物理世界的极限:帝国大厦崛地而起,人类发明航天飞行器,登陆月球。如今,工程师正把眼光投向人体内部。人体成了新的前沿阵地,科学家,以及当代建造家和建筑师,正在帮助恢复伤者的受损机能,解锁人类新的潜能。

这个话题极具新闻价值。正如一本生物医学工程入门教科书所言，近年来，"技术犹如雷电一般击中医学"。这项技术正在帮助科学家们释放出人体中我们刚开始了解却尚未被开发的力量。干细胞可以重建受损的身体部位，大脑可以绕过毁灭性损伤之处来重新连接。意识之外的想法和观念，囊括了我们所有的经验和智慧。

我在书中详述的一些技术可能听起来像科幻电影里的情节。写书的过程中，我拜访过不少人，有的人重新长出指尖，有的人因为爆炸受损的腿部肌肉也得以再生。我见到一位女士可以用耳朵来"看"东西，也见到一些人在帮助丧失语言能力的"闭锁"病患通过心灵感应来交流。

然而，使这一切成为可能的变革性技术同时也给我们提出了难题。有了新技术，科学家可以对人体和思想以前所未有的精确度进行逆向构建，把不同的身体部位拆解开来分析，从分子水平摸透它们如何组合在一起，再复原，进而给某些部位受损的人制造替换部件。但为什么要止步于此呢？事实上，许多科学家还在积极探索如何使用这些技术帮助健全的人超越先天的限制。如果说我们能修复受损的人体和心灵，为什么不打造人体的升级版？为什么不去实现增强和跨越？为什么不看看人类的极限到底在哪里？

正如近期向欧洲议会提交的一份报告所指出的，遗传工程、仿生学和大脑功能促进药物等人类增强技术，"让人们越来越难以区分恢复治疗与非治疗目的的人类提升"。

报告指出："由于这些干预措施大多来自医疗领域，越来越多地将其施用于非病理情形，会增强医化的社会倾向。"也就是说，医学在社会中的作用可能会得到彻底的转变和扩张。有人警告称，这可能会产生一系列意想不到的后果，比如贫富差距拉大，以及在神经和身体增强领域的竞赛。还有人警告说，这甚至会完全改变"人类"的定义，还会撼动自由民主的基石——"人人生而平等"的信仰。

弗朗西斯·福山（Francis Fukuyama）在他的著作《我们的后人类未来：生物技术革命的后果》（*Our Posthuman Future: Consequences of the Biotechnology Revolution*）中写道："医学的最初目的是治愈疾病，而不是把健康的人变成神。"但我们很难抗拒"变成神"的诱惑。自文明诞生伊始，人类就一直在试图突破天然的限制。据说古希腊的奥林匹克运动员已经开始通过生吃公羊睾丸来增强力量，直到很久以后人们才认识到，睾丸是雄性激素睾酮的重要来源，睾酮可以促进肌肉生长，增强骨质和力量。至少从公元前 600 年以来，作家和科学家就一直在使用咖啡因和尼古丁来帮助自己集中精神，尽管当时根本没有人知道，咖啡因可以阻隔一种名叫腺苷的大脑化学物质，腺苷的功能是促进睡眠、抑制觉醒，也没有人知道尼古丁可以模仿神经递质乙酰胆碱，乙酰胆碱则能导致人类感觉皮层的脑细胞和控制注意力的大脑区域时刻保持敏感。

换言之，哪怕对生物学、物理学和化学缺乏基本的了解，人类几千年来仍然不断地侵入自然，操纵人体和心灵。由此产生的技术往往粗糙、神秘而又不可靠。但这一切已经改变了，接下来又会发生什么呢？我们应该担心吗？这又会是好事吗？

一些医学伦理学家强调，这是我们这个时代最迫切需要回答的问题。但这当然不是个新问题。古希腊人除了留给我们有关生吃睾丸的奥林匹克运动员的故事，还给我们留下了代达罗斯的神话。代达罗斯运用工程技术造出了蜡制的双翼，教儿子伊卡洛斯展翅飞翔，但因为违抗神的命令，给家人带来灭顶之灾。我们如此醉心于自己的聪明才智，也会让整个社会飞得离太阳太近 ① 吗？我们会把人类增强技术用作镇压人民或发动战争的工具吗？

---

① 希腊神话中，伊卡洛斯由于飞近太阳，蜡翼遇热融化，最终坠海而死。——译者注

我必须承认，研究本书的同时，这些担忧与我亲身经历过的技术奇迹相比多半不值一提，心里只想着"增强"技术真的用在我身上会是什么感觉。比如，我穿上"肌肉服"，用指尖就可以举起重物，感觉就像拿起一张纸。又比如，我跟一个记忆力出众的小男孩儿聊天，他两岁时就能把附近每辆车的年检贴纸上的数字全都背下来。后来我遇到一个人，他的工作就是研究一种药物，吃一片就能拥有这种超凡的记忆力。

同许多科学家一样，我一直渴望知道，我们究竟能走多远。但我也常常担忧，技术会不会发展过度，最后毁灭了我们自己。当我向别人说起这段冒险之旅时，他们总是问我，这是我们应当接受的吗？我不知道自己是不是应该在本书中试着回答这个问题。答案最终是"要看情况"。正如一位军事科学家在我问起他的想法时机敏地耸耸肩道："棒球棍是好东西还是坏东西？如果你拿它打棒球它就是好东西，如果你拿它照着别人脑袋敲那就是坏东西。"我已经用自己的方式尽力提供一些答案。读完本书后，你至少会有更充分的理由来得出你自己的答案。你会更了解人类未来的可能性及其原因，你会更理解今后遇到的种种争论。

不过，本书的核心并非道德议题，也非技术规范，甚至不是我接下来分享的值得报道的故事背后的科学发现。这是一本关于人的书。许多人起初就像你我一样，但在经历噩运时，仍然做出了自己的选择；或者，在遇到生活中不可避免的陷阱时，他们选择勇敢面对我们甚至难以想象的挑战。在我的心目中，正因为他们充满韧性，这使得追求新技术哪怕称不上必不可少或是崇高，至少可以说是有价值的事业。

书中人物，不论是科学家还是他们试图帮助的其他人，都让我们看到了自己的影子，我们的限制所在，我们的能力所在，又何以成其可能。从这个意义上说，本书的内容不仅仅关于人类的韧性，也必然关于自我超越的可能性。

本书分为 3 大部分（每个部分各有多个章节），分别围绕着理解和重建人类运动、感知和思考 3 方面展开。

　　但本书的核心仍然是人物和故事。本书的故事会让你大开眼界。接下来，让我们从最不平凡的人物开始吧，他就是休·赫尔。

第一部分

运动

MOVING

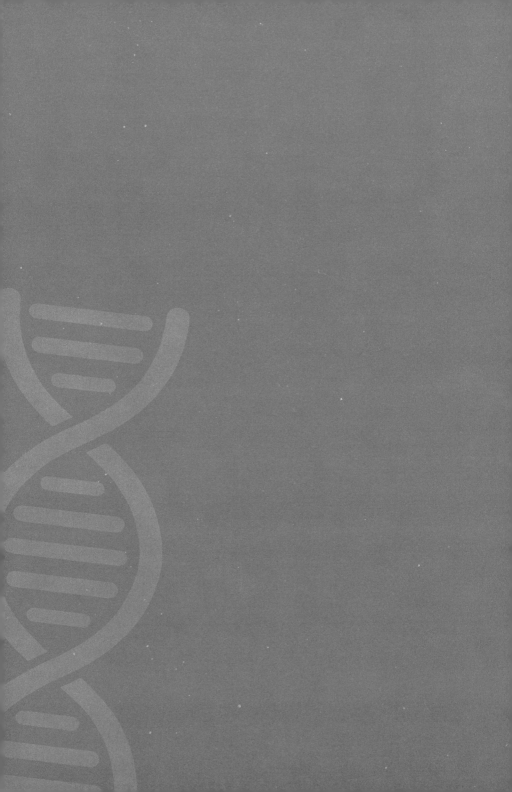

第一章

制造仿生人的仿生人

再现人类运动方式

1982 年 1 月，一个下着雪的清晨，休·赫尔和杰夫·巴策尔（Jeff Batzer）沿着新罕布什尔州华盛顿山底附近的一条林间小径出发了。

这趟行程他们已经计划了好几个月，从宾夕法尼亚州兰开斯特市出发，开了一夜的车。17 岁的赫尔长着一副娃娃脸，顶着一头浓密的棕发，他知道巴策尔就盼着爬到山巅。但随着两位登山者逐步向上攀爬，他们仍不能肯定当天能否顺利登顶。他们出发的那天早上，山顶被一团"不祥"的云遮住了，若隐若现。沿着狭窄深谷徒步 25 分钟后，山顶已经完全看不见了。

两人在距离奥德尔山谷（Odell's Gully）脚下 0.75 英里①处停了下来。奥德尔山谷是一处远近闻名的冰原，几个月前有个年轻

---

① 1 英里 ≈ 1 609.35 米。——编者注

的登山者在这里坠亡。赫尔和巴策尔瞠目而立，望见高处有一片宽阔平原，一条长长的蓝色冰渠沿着峭壁蜿蜒而下，一路寒风凛冽，能见度极好。他们卸下肩上的背包，把搭临时帐篷的装备丢弃在小道旁，以便接下来能减少些负担，快速轻松地攀登。

攀爬陡峭的冰墙时，赫尔在前边领路。17 岁的他比巴策尔还小 3 岁，但在领路上他还是很有资格的。赫尔自 7 岁起就跟着哥哥们学习攀岩，等到 10 多岁时已经是全美公认的攀岩爱好者，人称攀岩"神童"，名列全美前 10 位，在东海岸攀岩者中可能是首屈一指的。

事实上，赫尔在几个月前就出色地完成了一项攀岩挑战，其风险之大，技术难度之高，让攀岩界许多人乍听见这则消息时都很难相信。赫尔把目标瞄准了"超级裂缝"（Super Crack），这大概是整个东北部地区难度系数最高的攀岩路线。攀登过程包括一处倾斜的尖峰，自底到顶被一条 1.5 英寸①宽的狭缝分开，越往上爬，越为陡峭。爬到半程以上，有一处让人望而生畏的悬垂物，长 18 英寸，完全挡住了去路，登山者必须单手悬挂，再通过某种反重力的神力到达突起处附近，然后隔空抓住其上方。1972 年成功登顶的第一位登山者在成功之前摔下来 32 次。就在赫尔试登山的前一年，世界顶级攀岩者金·卡里根（Kim Carrigan）在墙面上花了整整一天的时间才成功。尽管如此，这个消息还是让攀岩

---

① 1 英寸 =2.54 厘米。——编者注

界大感振奋——卡里根是有史以来第一位在如此短的时间内完成此壮举的攀岩者。大多数登山者要花好几天才能攻克。

赫尔为了攀岩，仔细研究了墙面的轮廓、模糊的山脊和稀疏的抓点。然后，他用水泥块、木头和砂浆在谷仓里造了一堵完全一样的岩面，他整个冬天都在训练，每天都要在模拟墙上试上几把。冬去春来，赫尔终于朝着真正的"超级裂缝"出击了，由于熟悉路线，加之准备充分，他在第一次试爬掉落之前几乎就要完成了。然后，他再次从底部出发，不到 20 分钟就完成了攀岩。人们把赫尔称作"神奇小子"可以说是名副其实。

几个月后，1982 年 1 月的一个严寒的早晨，赫尔的冰镐和冰爪凿进了华盛顿山的冰面。他把自己系在冰螺钉的位置，拖着绳索，开始牵拉着位于他下方的巴策尔。赫尔一边在陡峭的冰面上攀爬，一边当心着头顶上被积雪覆盖的巨大墙壁，当他意识到极有可能发生雪崩时，便紧贴在冰渠边缘的一侧。

上午 10 点左右，两位登山者抵达冰渠顶端，正当此时，天气剧变。寒风在他们四周怒吼猛啸，他们不得不躲到一块大圆石后，才能听清彼此的对话。二人距离山巅仅有 1 100 英尺[①]，徒步 1 英里便能到达，比他们刚刚征服的地形要容易得多。

"你想去试试顶点吗？"赫尔问。

"你觉得我们能做到吗？"

---

① 1 英尺 =30.48 米。——编者注

他们从巨石后面走出来，一头扎进呼呼咆哮的寒风，他们又一次启程，希望能熬过暴风雪。他们迎着风，缓慢地蹲伏前行。气温已接近零度，风速很快达到每小时 94 英里，风声震耳，风势凶猛，像严寒刺骨的手指拍打着他们。能见度降到 5 英尺。巴策尔后来回忆说，大雪几乎是水平地朝他刮来，他甚至惊恐地感觉到，一旦他跳离地面，狂风就会把他卷起来再向后抛出 15 英尺那么远。这一情景超乎他的想象。没走几百英尺，赫尔和巴策尔就大声地朝对方说："咱们撤吧！"

当他们转过身时，目之所及是一片雪白。赫尔几乎连自己的双手都看不到。地形基本平坦，至多是平缓起伏，而且能见度太差，每个方向看起来都没什么两样。他们所能做的，就是依据一路走来遭遇的寒风的方向，大致推算哪条路可以回到温暖安全的文明世界。他们并不知道，风向已经变了。登山者们没有走回他们来时的路，而是不知不觉地向下行进，走到一处跟他们原定的下山路线很像的坡沟地带。

赫尔后来回忆说："那是来自地狱的白色迷宫。"

当他们意识到自己走错路、停下来交换意见时，回头已然太迟。他们都同意，山顶风雪太过猛烈，走回头路恐怕没有什么生存的可能了。于是，两个男孩心怀最大的希望，继续下行。

他们不知道的是，自己已经来到一片广袤荒野区域的边缘，并且直接徒步走上了齿状地带。

起初，这段路似乎很平和。走在树下，寒风渐弱，又恢复了宝贵的平静，小雪在周围轻柔而安静地落着。但很快，休·赫尔和杰夫·巴策尔就只能在齐胸高的雪堆间挣扎前行，小心地横穿着陌生的结冰小溪，躲开参天枞树林中像积木块般四处散落的大石块。天色已晚，他们还在一步一步地走，他们选的那条路，旁边是一条越来越宽的小溪。他们没有多少选择，因为大多数地方积雪极深，没过了树干。也就是说，男孩们如果走得离河岸太远，就得从雪堆里钻过去，才能避免穿到树枝丛里去。但这条小路也额外增加了意想不到的危险：第一天晚上，赫尔两次踩进冰层，感觉到冰冷的水涌上他的膝盖，浸没了他的登山靴，狠狠地将他的下肢按进冰冷的深渊。

两人继续走着。为了御寒，他们连夜走了好几个小时，直到最终瘫倒在一块巨石下，相互拥抱取暖，身上盖着折下来的松树枝。男孩们小心翼翼脱下靴子。巴策尔把自己的一些保暖的衣物借给了赫尔，赫尔因为数次跌倒，腰部以下所有的地方都浸满了水并结了冰。

次日清晨，男孩们天一亮就再度启程。这是一路跋涉、蹒跚前行的一天，他们失去希望、陷入困境，筋疲力尽之后，更是感到万般绝望。到了中午，他们的双腿饱受痉挛之苦。赫尔登山靴里的河水把袜子冻成硬邦邦的冰块，巴策尔鞋里的汗水也结冰了。冰块加速了他们体温的降低，很快他们就被冻伤，深雪则在阻碍他们前行。

到了第三天，男孩们严重脱水，身体虚弱。赫尔的双脚已经麻木，甚至无法保持平衡。据巴策尔回忆，当时他惊恐地发现，赫尔已经糟糕到一言不发了。两个好友在另一块岩石下缓慢爬行，试图让身子变暖一点儿。巴策尔打算再做最后的努力，孤身一人寻求救援，结果走了还不到 1 英里他就掉头返回。在这一天结束时，男孩们开始接受这样一个严酷的事实：他们恐怕活不成了。巴策尔多年后回想当时，他问起赫尔的信仰，还问他是否做好 17 岁就丧生的准备。两人都接受了自己的命运。

3 天后，一个穿雪鞋的女人无意间发现了他们的踪迹。她发现男孩们还在那块大石头下，挤在一起、冻成一团，离死神仅有数小时之遥。那时候，雪崩已经夺去了一名搜救者的生命，赫尔和巴策尔也均已重度冻伤。

当男孩们抵达医院时，巴策尔的体温已降至 90 华氏度[①]，赫尔的也在 91 华氏度左右徘徊。医生截去了巴策尔的 4 根手指、1 根拇指、左腿的一部分和右脚的所有脚趾。赫尔没有这么幸运，他的双腿膝盖以下均被截肢。这位前途无量的运动员，这位冉冉升起的攀岩界新星，哪怕再有毅力，哪怕再无所畏惧，也永远无法再像当初那般健全了。

---

① 1 华氏度 ≈ −17.22 摄氏度

╟╟╟╟╟╟╟╟

　　休·赫尔接受双腿截肢手术后的头几天深受打击，他回到宾夕法尼亚州的家中，反复做着同一个梦。他梦见自己奔跑着穿过父母家屋后的玉米地，速度快得不可思议，阳光照在脸颊、风儿吹过发梢——他几乎飞了起来。时隔数十年，这种难以名状的自由感依然无比鲜活。然后，他醒过来，床单下的双腿空余残肢。他感到喉头涌上阵阵失落，胸中只剩片片虚空。他记起茫茫白雪和烈烈狂风。医生告诉他，他再也不能跑步，并且再也不能攀岩了。

　　赫尔的第一副假腿是由熟石膏制成，接在他的断肢端部，冷冰冰毫无生气。为他制作假肢的专家声称，赫尔有朝一日或许能做到不靠手杖走路，但也仅此而已了。他可以用手控驾车，但攀岩就别想了。

　　赫尔极度沮丧，但他还没有被击垮。不久，他得了幽居烦躁症。一天早上，赫尔从床上爬起，用双臂拖着自己在屋里来来回回，想知道自己还能做些什么事。不一会儿，赫尔靠屁股挪到了空荡荡的厨房里，他把自己扛上椅子，爬上柜台，伸手去抓冰箱的顶部，双手悬吊起自己的躯干和残肢，从冰箱的一侧攀到另一侧，仿佛他正在"超级裂缝"上挂着一样。然后，他做了10次引体向上。

　　赫尔把自己放回到厨房地板上，快速地向地下室的门挪过去，把自己拖下楼梯，再从楼梯背面往上爬。等爬上顶部后再爬下来，他瘫坐在冰冷的水泥地面上，放声大笑起来，如释重负。赫尔后来告诉他的传记作者、美国登山队队员——也是《攀岩》（*Climbing*）杂志的长期作家和编辑艾莉森·奥修斯（Alison Osius），这是他自出事以来第一次保持完全挺直的姿势。赫尔失去了双腿，这不假，但没人可以对他说，"你不能再攀岩了"。没人可以。

医生为他截肢 7 周后，赫尔和哥哥托尼（Tony）一起坐上一辆车，前往萨斯奎汉纳河沿岸的一排悬崖。尽管赫尔多年来就一直是在岩壁上做着别人说他做不到的事，但他那天的表现连他自己都震惊不已。赫尔尚处于手术恢复期，身体虚弱，靠假肢站立还是有些不稳。等到爬上岩壁，哪怕还戴着假肢，也有着天壤之别。他说："我觉得靠四肢爬比走路还要自然。"

到了夏天，赫尔在当地一家机械商店实验假肢，以更好地用于攀岩。每隔几周，他就去费城会见修复学家弗兰克·马隆（Frank Malone），对他的假肢做改装和调整。赫尔已经开始自己捣鼓假肢的设计方案，调调长度，换换不同的材料以变得更轻便。

"我突然意识到我的假肢并不一定要看上去跟人腿一样，"他说，"这就是张白纸，我可以根据我需要的形式、功能和增强效果来设计我自己的假肢。"

赫尔觉得在假腿上穿攀岩鞋显得很蠢，于是就把攀岩橡胶直接粘到机械脚底部。接着，他开始研究假肢的形状。在专业场地，要在硬币那么宽的小岩石边缘站定，普通人的脚很难做到，为此他专门设计了婴儿小脚尺寸的假肢。他创造的其中一副假腿，脚趾由层压刀片制成，可以插入细小的岩缝里去，普通人的脚则远远塞不进去。他创造的另一副尖腿，能帮助他攀爬冰墙，就像在岩面上一样游刃有余。假肢的高度可以调节，比方说设成 7 英尺 5 英寸，他能达到的抓点和脚点幅度，就远远超出任何身体健全的登山者。假肢是用铝管制成的，赫尔在整条假腿上钻孔，以减轻质量，只能勉强支撑他的体重，以此增加他戴假肢做引体向上的个数，以及他攀岩所能达到的距离和速度。

"靠着技术创新，我又回到自己热爱的运动里，还变得更强，也更好。"他说。

其他登山者开始三三两两地聚在崎岖多岩的悬崖底下，就是为了看休·赫尔大显身手。萨斯奎汉纳河上方的 100 英尺处，他从陡峭的岩石表面横移而过，在午后阳光的照射下，汗水流淌在其紧实的二头肌和肩部，他的脸上满是聚精会神的表情，原生腿在膝盖以下几英寸处消失成残肢，取而代之的是奇异精妙的现代装置，闪耀着金属光泽。赫尔的身体更轻，速度更快。他可以攀登其他人到不了的角度和空间。休·赫尔非但没有失去他的能力，反而变得更强了。

赫尔迟早会提出一个显而易见的疑问。既然只要稍作修改，他就可以用假肢飞岩走壁，那么如果他决心把水平世界中依靠的双腿也升级一下，他会达成何种成就呢？既然他制造的双腿能帮他够到一般人够不到的岩石抓点，那么他还能造出什么其他的东西呢？

⊪⊪⊪⊪⊪⊪

这是一个寒冷、飘着小雨的日子。我穿过马萨诸塞州剑桥市肯德尔广场的红砖走道，前往麻省理工学院一座时尚的现代建筑，休·赫尔的办公室就在这里。距离意外发生和"攀岩神童"改良铝腿震撼了其他登山者，已过去 25 年有余。今天，我不会看到高山攀登动作。事实上，我抵达后不久，赫尔就表演了一套更让人难忘的体能技巧：他从椅子上站起来，穿上外套。然后，他迈着轻快、果决的步伐，带领我走下楼梯，横穿覆满积雪的敞开式中庭。

赫尔穿着昂贵的意大利鞋和蓬松的绿色外套，他的"腿"被名牌牛仔裤遮盖了起来。我努力避开冰雪，以免被不平坦的地面绊倒，赫尔却还在随口闲聊附近有哪些餐厅可供选择。在我看来，假使我对那起意外一无所知，假使我没有听到伴着赫尔的步伐节奏变化而变化的微弱的金属吱吱声，我可能永远都不会知道，眼前这个身材修长、体格健壮、满头秀发而又活力充沛的男子，换了别的时代 —— 在任何其他时代 —— 都会被当成重度残疾。

然而，当我来到办公室，赫尔首先做的事就是向我报以一张面无表情的脸，神色难以捉摸，接着把他熨得平平整整的裤腿挽起，给我展示自捣鼓假肢以来，他在这项工程上已经走了多远。

在赫尔膝盖以下 5 英寸处，就是医生截肢的部位，赫尔的原生腿变为直径 1 英寸的铝管，下面是大量光亮的银色齿轮和电线，给如同人字拖鞋底一般的扁平黑色脚掌充电。

每个仿生肢都包含 3 个内部微处理器和一个 25 美分硬币大小的惯性测量装置（设计之初是用于导弹制导系统），用于追踪、调整脚部在空间中的位置，并对不断变化的地形和不同的行走速度做出反应。与普通假肢相比，这款假肢使赫尔蹬离地面的力量高出 6 倍，耗费的能量也更少。赫尔的腿是电动的，每秒可调整角度、刚度和扭矩达 500 次。赫尔将其假肢称为"可穿戴式机器人"。

"很快会有这么一天，这些装置就跟我们现在用来改善视力的眼镜一样稀松平常。"他对我说。

当然，将赫尔的仿生肢体与眼镜相提并论稍显夸张。原因在于，如果说硬件看起来已经让人赞叹、感觉复杂，充满高科技，那么软件（此外还需要一些实际数据来决定机器人诸多部件的精确运动）就更是如此了。起初，赫尔创制的假肢，就是把违背自然的攀岩支撑物以五花八门的随机方式组装在一块儿，把腿长增加到 7 英尺 5 英寸，安上婴儿一般大小的双脚和刀片做成的脚趾。赫尔所信奉的，是摆脱人类形态束缚的自由，以及大量的实验。他梦想有一天能给他的下肢装上翅膀。不过，自从 20 年前到剑桥市的麻省理工学院攻读学位开始，赫尔的理想追求出乎意外地领着他朝反方向前进。

赫尔在探索运动所带来的工程学挑战过程中，背离生物先例的经历使他开始欣赏自然人体形态的极度复杂和智慧。赫尔意识到，增强人体的关键，首先要从最微小的层面上对自然形态进行逆向构造和解读。唯有如此，在此基础上进行创造才有意义。在此过程中，他也意识到，他可以帮助很多人。

如今，休·赫尔是世界领先的假肢设计师，创造了既能帮助残疾人恢复能力、又能帮助健全人增强能力的种种装置。赫尔和其他人所掌握的有关人体运动的知识——精确认识我们身上的韧带、肌腱和肌肉是如何储存、转移和释放能量的——正在改变我们对自身固有局限的看法。也正因如此，赫尔才做成了很久以前被认为不可能的事。

休·赫尔又能走路了——他是真正在走路。

關于人体和我们用于运动的组成部件，有一种见解是将之视为简单的滑轮系统，就好比是我们用来操作提线木偶的那种。骨骼就是支架，可以赋予形状；肌肉和肌腱就是滑轮，让支架可以用不同的方式快速运动起来；韧带就是把所有的一切连在一起的东西。有了这套系统，赫尔可以爬上一座座高山，他可以把他4岁的女儿举起来、抱着她，然后在她睡着的时候将她轻轻放在床上，我们可以环视周遭、看清环境，然后做出相应的反应。这些靠的是滑轮。

但要是了解得再深入一些，这套系统乍看很简单，实际上却复杂得很。这些为数众多的基本元素，共同构成了一张复杂的网络，不仅能够实时指挥运动，还能存储、转移、释放和恢复一种虽然看不见，但却是所有运动必须依赖的成分——能量。人体的大量关节、肌腱、肌肉和骨骼协同运动来腾挪、储存和释放这种基本物质，为了获得最高效率，这番做法已经磨炼了数千年。这些不相干的部件完完全全融为一体，生成、储存和释放我们所需的能量，让我们在岩石上攀登，在平原上冲刺，甚至实现人类最基本的能力——双足步行。这一过程究竟如何完成，因为复杂得让人一头雾水，几个世纪以来一直没能清晰地进入我们的视野。如果人体真是套滑轮系统，那就应该是橡皮筋制成的——而且这些弹性带的组合要比蜘蛛网较为对称的几何结构复杂得多。

帕特里克·范德斯马格特（Patrick van der Smagt）是德国慕尼黑工业大学仿生机器人学和机器学习实验室负责人，也加入了研制仿生手臂的团队。他指出，光是在二维视图中复制再现人体手臂的精确运动，就需要同时测量来自 29 块不同肌肉此消彼长的力量。

据估计，人体内部约有 206 块骨骼、360 个关节、700 块肌肉、4 000 条肌腱、900 根韧带。在人类历史大多数时间里，人类都没有工具来有效测量它们——当然也没有工具来模拟它们。

它们更接近艺术和雕塑而非科学，医学上也找不到等同于到奥纳多·达·芬奇《维特鲁威人》的东西，这幅素描在一个圆形里描绘出了人体比例。

休·赫尔是在意外发生后，才以最本心、也是最具毁灭性的方式来直面这一现实。失去下肢之前，赫尔没有过多考虑人腿是怎样从地面上跃起或是爆发来产生运动的。但在事故发生后的那段时间，当赫尔试图改进他的石膏"腿"时，他便很难再去想其他事情了。赫尔的残肢末端连着的是僵硬而又毫无生气的重物，相比一般人的双腿，更像是拖曳着他而不是助推着他。赫尔起初觉得自己还很幸运：他可以逃到攀岩墙上，可以躲开地球重力的一般规律，在这番天地里自由挥洒。赫尔可以身居数千英尺的高处，俯瞰数英亩[①]岩壁，一览青葱山谷和溪流的全景风光，他感觉自己跟以前一样自由。

·但最终，这还不够。赫尔的假肢硬邦邦的，缺乏踝部和脚部肌腱所提供的自然缓冲。走起路来，腿和假肢相连的托座处磨得他血肉淋漓，也让他的膝盖承受着巨大的压力。一些假肢带有假脚可以穿鞋，一些塑料材质做成肤色，看起来很像真的躯体。但事实上，这些棒状假肢并不比 19 世纪美国南北战争退伍军人身上装的那种木制假腿好多少。

赫尔在垂直山崖上找到的自由越多，他在普通地面上受限所

---

① 1 英亩 ≈ 4 046.86 平方米。——编者注

遭遇的挫折感就越强，他对于必须有所作为的信念感也越深。

赫尔说："医学界给我提供这些装置，这就是最好的，安心接受吧。我就是没办法接受这是我们能创造出来的、最好的了。"

有一天，赫尔没有试图去改良攀岩用的腿，而是开始尝试做一条走起路来不会痛得那么惨的腿。首先，他尝试往托座里填充皮革和橡胶作为缓冲。接着，赫尔华盛顿山之行的另一名幸存者杰夫·巴策尔向他介绍了一位名叫巴里·戈斯特尼安（Barry Gosthnian）的假肢师和矫形师，此人同意努力协助他进一步实现他的想法。两人一起进行头脑风暴。戈斯特尼安曾在越南担任空军机械师，联想到飞机起落架中使用的减震液压支架，他提议，或许某种液压缓冲垫可以用来减轻托座的冲击力。

这年秋天，赫尔就读于宾夕法尼亚州中部的州立学校米勒斯维尔大学。他一直是个成绩中等的学生，常常拿 C，甚至偶尔拿 D——对上课不感兴趣。但现在，赫尔完全有理由向学业发起进攻，拿出他攻克"超级裂缝"时同等的专注和力度。赫尔在父母的谷仓里制造巨型模拟岩壁时展现出的与生俱来的精准和耐心，如今用在了数学和物理学上。

等到赫尔毕业时，他已经和戈斯特尼安共同申请了一项专利，是带充气囊状物的软垫托座，用来减轻假肢摩擦所造成的痛感。气囊由柔软且有弹性的聚氨酯膜制成，装在腿部残肢压接在托座上的负重处，可以用来缓冲力道，并根据需要减缓残肢上承受的压力。

与此同时，赫尔也完成了从对学术不感兴趣的深谷向高处的攀登，每一步都像他征服"超级裂缝"那场著名的攀登，给人震撼也令人惊奇。这个多年来坐在教室里无所事事，一心想着攀岩的原"后进生"，如今成了"全优生"。除了一份漂亮的成绩单和一项专利，赫尔还拿到了麻省理工学院机械工程专业研究生课程的录取通知书。

‖‖‖·‖‖‖·‖‖

公元 4 世纪，罗马军事专家普布利乌斯·弗莱维厄斯·维盖提乌斯·雷纳特斯（Publius Flavius Vegetius Renatus）详细描述了当时让人闻风丧胆的机械之一：弹射器。这种多功能武器的用途很多，可发射的弹体也很多。你可以像打倒保龄球瓶一样横扫对方的士兵，你也可以把城墙打垮。蒙古人会把患鼠疫的死者的具有传染性的尸体用弹射器抛掷到城镇广场，以恐吓当地居民。

这件装置本身是工程学上的一大创举。然而，弹射器的一个关键组件却是自哺乳动物诞生便已有之：弹射器用来向空中投掷致命弹体的超大号橡胶带就是弹力装置，维盖提乌斯注意到，最好的弹力装置是用牛脖子上拉出来的肌腱制成的，其他装置用的是跟腱制成的编织绳。

有时候，现代科学家会惊奇地回头看这种早期的智慧，然后报以讽刺意味的微笑——在我撰写本书的过程中就有好几个人向我提起此事。尽管人们对肌腱的非凡特性有着广泛的了解，但我们甚至需要花费 16 个世纪，才开始理解肌腱非凡的弹力在人类和动物运动的生物力学中发挥的重要作用。

更准确地说，是另一位意大利人的发现才开始了这一切。20世纪 50 年代，米兰大学生理学者乔瓦尼·卡瓦尼亚（Giovanni Cavagna）招募人类受试者在跑步机上跑步，跑步机上配备有体重感应板，能够记录每个步幅施加于地面上的力量。通过估算受试者的二氧化碳排放量和氧气消耗量（通过事前让他们戴上面罩进行实验加以测量），卡瓦尼亚能够计算出受试者在每个步幅时燃烧的卡路里数值，并将其与每位慢跑者施加的力量数值进行比较。对比结果让卡瓦尼亚十分惊讶。受试者所消耗的氧气量，并不足以转化成他们每一步所产生的全部能量。假如计算无误，卡瓦尼亚确实已经对数值进行了再三核查，那就意味着额外的能量只能来自其他地方。卡瓦尼亚提出了一个革命性的理论：他认为，近一半的力量来自腿部的"弹性反冲能量"——某种形式的动态存储活力，可以提供额外的弹跳力。他认为，某种意义上，人腿的表现类似于一根弹簧。

这还只是理论，直到不久之后，英国动物学家罗伯特·麦克尼尔·亚历山大（R. McNeill Alexander）无意中发现了第一条线索，告诉我们这些弹力装置的运作机理。亚历山大注意到，马匹偶尔会在跳过障碍时断了腿，他很好奇。他想知道的是，哺乳动物的跳跃行为会给下肢带来多大的压力？这种压力距离腿部的断裂点有多近？

　　为了找到答案，亚历山大驯养了一只名叫"高兴"的德国牧羊犬，教它跑过实验室外的长廊，再跳到一个高架平台上。"高兴"起跳前，测力板记录了四肢施加在地面上的力，摄像机记录了"它"两条后肢所有组成部位的位置（用反光带和毡毛马克笔来做标记）。把所有这些数据输入已知的数学公式，亚历山大就能计算出"高兴"在空中自我推进时，施加于腿部每个部位上的力值。

　　有了这些数据，亚历山大又解剖了一只死去不久且体型相近的狗（从兽医处获得），然后使用精确的实验室仪器来模拟"高兴"跳跃时对腿部每一部位产生的力并施加于实验犬的腿上。他想知道这个力距离这些部位的断裂点到底有多近，他得模拟再施加多少额外的力量才能超过断裂点。但要做到这点，他还得弄清楚腿的不同部位是如何相互作用的。亚历山大注意到的第一件事就是，无论你施加多少力，狗的肌肉都不会运动太多。但是当亚历山大把模拟力施加到跟腱上时，他对自己的发现大为吃惊。

　　"当时任何一个解剖学家都会告诉你，肌腱不能伸展，肌腱没有弹性，"他回忆道，"但在那个时候我们得出了一个相当惊人的结论。"

　　当力施加到"高兴"的肌腱上时，肌腱伸长了整整3厘米。亚历山大随后采用袋鼠、沙袋鼠和骆驼等异国动物无可辩驳地证明，腿部弹力的来源并非（如许多人所预测的）肌肉，而是肌腱。

亚历山大得出结论，跟腱贡献了人类跑步所用能量的约 35%。亚历山大研究了截肢后的人脚（来自患外周血管疾病的患者）和骆驼，很快发现了第二个弹力来源，位于足弓，为腿部输送了每一步幅所需的 17% 的能量。人类跑步时，这两条肌腱为每个步幅提供了大约一半的能量。亚历山大解决了卡瓦尼亚的谜团。

科学家们后来认识到，肌肉的作用是可以在收缩时充当某种阻力壁——能让肌腱吸收的能量发生转化，当腿向下着地时可使得肌腱拉伸并转化为势能，正如橡皮筋一样。肌肉越紧绷，肌腱拉伸得越多，储存的能量也就越多。

要把这些发现延伸到体型更大、更难驯服的动物身上，这项课题就落到了年轻的哈佛大学研究生诺姆·赫格伦德（Norm Heglund）头上。亚历山大那篇研究袋鼠的很有影响力的论文发表后不久，赫格伦德就被安排去做一项让人敬而远之的任务：在米兰大学卡瓦尼亚实验室地下室的走廊里，拿着棍棒猛敲锅盖，用尽吃奶的力气嘶喊，试图吓唬、强迫和诱骗多只大型动物在走廊里来回跑动。由更多高级科学家组成的团队则在远处安全地观看，用录像设备和测力板记录测试结果。赫格伦德的受试对象包括两只短尾猕猴、一只野火鸡、一只跳兔、两只狗、一只体重约 185 磅 ① 的公羊和一只袋鼠。

多年后，赫格伦德回忆说："猴子是最麻烦的，因为它们很聪

---

① 1 磅 ≈ 453.59 克。——编者注

明。对重复实验感到厌烦的时候，它们就会开始尖叫、大喊，然后跑遍所有地方，做遍所有事情，但就是不肯做你想让它们做的事。然后，它们开始朝自己手上拉屎，然后把大便丢到你身上。最后，它们会用牙齿、指甲等东西来攻击你。"

后来赫格伦德、卡瓦尼亚和主掌着著名的康科德野外工作站（Concord Field Station）的哈佛大学生物学家理查德·泰勒（C. Richard Taylor），发现了两种不同类别的运动和节省能量的技术。第一种解释了跑步，第二种解释了走路。

当我们跑步时，腿部撞击地面，富有弹力的肌腱随之拉伸，通过改变形状来储存弹性势能或机械势能。当脚离开地面，肌腱就像松开橡皮筋一样释放储存的能量，推动我们向上和向前迈出下一步。赫格伦德解释说，本质上说，我们就像篮球或弹簧高跷一样弹跳着前进。

同时，我们的小腿肌肉也在反复缩短和伸长，这主要是为了调节刚度，从而为跟腱提供有效的容量控制。肌肉越紧绷，肌腱受到的拉力越大，这会影响到肌腱蜷曲的紧密程度。（例如，不妨考虑一下我们该如何应对慢跑过程中可能碰上的水坑。为了调节步伐，我们会弯曲收紧小腿肌肉，使肌腱紧实，带我们先小跑一步、再小跳一步。接着，我们会把所有储存的能量释放出来，在水面上一跃而过。）

这支团队还解释了步行运动。如果说人类跑步时就像篮球一样弹弹跳跳，那么人类走路时节省能量的方式更像是钟摆一样摆摆荡荡，钟摆是一种精心设计用于保存和回收能量的人造装置。更准确地说，当我们走路时，身体就像倒立的钟摆——身体躯干相当于摆杆末端的重物，双腿就相当于摆杆。当我们运动起来，正如钟摆一样，每走一步，身体的质量中心便会上下移动，会加速或减速。与此同时，双腿也会在克服重力向上推动时消耗能量并不断减速，又在向下返回时获得能量、动量和速度，上移时使之放慢速度的重力现在又推动它向前走，如此交替往返。据卡瓦尼亚估计，在人类走路的过程中，这种由重力驱动、可循环的动力，在每个步幅中占据了多达 60%—65% 的推进力，仅有 30%—40% 的能量是由肌肉提供的。

⫿⫿⫿·⫿⫿⫿·⫿⫿⫿

　　卡瓦尼亚、泰勒和赫格伦德的研究成果为休·赫尔过时的假肢提供了其严重匮乏的科学解释。在正常人的腿部，人体肌腱和肌肉构成了一张精巧的网络，能够把能量来回倒腾，储存能量又释放能量。当赫尔戴上毫无生命特征的假肢走路时，没有肌腱也没有肌肉来捕捉和回收能量——完全就是个固定负载。毫无疑问，在不久的将来，这种认知将被证明是赫尔等人努力为假肢设计领域带来颠覆性变革的基石。

　　但在学习了生物力学的基础知识后，起初赫尔还有另一个问题：自己有没有可能把这些知识用来改善他在攀岩壁上的表现呢？

赫尔在麻省理工学院攻读研究生学业几年后，一个天气晴好的日子，他前往科罗拉多州博尔德城外著名的埃尔多拉多峡谷，位于落基山脉的崎岖山麓之间。他正在度假，身穿黑色莱卡紧身衣，两条大腿稳稳地立在一双短小的金属杆上，末端连着一对婴儿尺寸的小脚。不过，赫尔最吸引眼球的配件，恐怕要数与他腰间挂着的那条荧光黄登山安全带相连的绳索了。

赫尔没有使用大多数攀岩者喜爱的标准安全绳和金属夹，而是选择用安全带来固定长长的弹性材料，这种材料有点类似于连在上臂底部的编织式橡胶带。他称之为"蜘蛛侠战服"。如果有人没有听出其中的超级英雄或者超胆侠的主题，赫尔接下来做的事就会让你理解了：他准备不用任何安全绳索就开始向上攀爬了。

赫尔每次往上伸手去够一处新的抓点，与他的三头肌和安全带相连的橡胶弹力织物就像一套人造肌腱一般收紧，迫使他克服阻力，调动他的三头肌和背部肌肉使出气力。当他张开手掌抓住抓点时，这张弹力网也给手指提供了额外的阻力。所有这些势能都会存储在这身蜘蛛侠的战服中，靠的正是人造肌腱从赫尔攀爬期间通常不起作用的肌肉群中汲取的能量。

接下来，当赫尔使用另一块肌肉群使自己克服体重向上升时，弹力织物会把储存的能量缓慢释放出来，帮助他向上提升，同时减轻肩膀和二头肌的负担。很快，赫尔就爬到了6层楼那么高。

今天，你还可以从视频中看到，当赫尔已经爬到顶端并挥舞着胜利的拳头时，他的那些身体健全的攀岩同伴早已被远远甩在了下面。他还是那么厉害，加上有了技术，他甚至变得更强。

"能不能给身体连上一台装置，好让你在干到筋疲力尽前使出更多的力气？"赫尔问，"这是我的问题。答案是肯定的。完成同样的工作量，你的肌肉质量相当于翻了一倍，你可以极大地延缓疲劳的出现。简单地说，你可以让人再强壮一倍。"

受新知识的启发，赫尔又提出了另一个问题。他能不能利用有关人类（以及其他动物）身体弹力装置的已有知识来增加跑步的速度呢？为了找到答案，赫尔开始着手设计跑鞋。这双鞋里有两套弹力装置，一套位于脚跟，另一套位于脚趾。赫尔用一根贯穿整双鞋的碳带将之连接在一起。当脚跟碰击地面时，脚跟弹力装置也紧跟着压紧，储存势能。随着脚掌向前滚进，重量逐渐转移，脚跟弹力装置上的势能也就沿着脚掌与地面接触点的下方逐步往前移动，最后传到脚趾处。接着，当跑步者将脚趾从地面抬起时，脚趾弹力装置就会释放能量——提供额外的能量推着跑步者向前冲刺。赫尔经过实验，最终确定了弹力装置的最佳安装部位，从而确保能量的最大化。新跑鞋不仅可以提高速度，降低跑步的代谢成本，还可以使人体关节承受的力减弱 20%。

赫尔将这双跑鞋提供给耐克（Nike）公司，耐克也对此高度重视，聘请了当时哈佛大学的生物力学领域的专家托马斯·麦克马洪（Thomas McMahon）来做评估。尽管耐克公司最终没有推出这款产品，但此事给麦克马洪留下了深刻的印象。突然间，赫尔意外地收获了一位理想导师，这位导师将他的创作带到了新的水平。1990 年，麦克马洪详细地说明了一套具有重大意义的理论和数学框架，可将人类运动中极其复杂的动力学转化为简单的方程式，从而实现对运动的可靠预测。

麦克马洪鼓励赫尔到哈佛大学来听自己的课程。最终，麦克马洪也成为赫尔攻读博士学位的论文导师。麦克马洪指出，整个肢体可以看作一整套独立的弹力装置，而不是将腿部的所有不同关节、肌肉、肌腱和韧带割裂看待。假如运用这套研究方法，跟腱和足弓腱等弹力装置可以被认为仅仅是一组大型弹性机械中的若干环节。这套方法非常有效，因为就像一根简单的弹簧，肢体的受力也会随着另一个简化变量的变化而不同程度地压缩，这个变量就是身体的不同部位受力叠加并将向下或向外的力施加于空间中一个单点形成的重量总和，物理学上称之为"点质量"。

麦克马洪指出，如果你知道了点质量，如果你还知道角度，比如腿部底部触碰地面的角度，那么你就可以预测出，腿部在向上弹跳之前会在地面上停留多长时间，又会被压缩到什么程度。那么，你就可以确定，腿部会从地面骤然激发出多大的力量，人体的重心又会如何在步与步之间从空中移动。反过来，如果你能测出步幅之间腿部会在地上停留多久，你也可以用其他变量来计算出点质量。

在麦克马洪的指导下，赫尔花了几个月的时间来深入钻研马匹，竭力摸透它们全速疾驰时优雅而迷人的运作机制。由于马在奔跑时会有四肢同时腾空的情形，所以马的生物力学可能使它比其他任何四足动物都更接近于飞行。不过，这种奇特姿势背后隐藏的生物力学此时依然笼罩着神秘的面纱。四肢究竟如何保持稳定呢？赫尔开始相信，马是把4条腿当成一套配合默契而又完美校准的弹力装置，从而可以提供理想的刚度来促进稳定性和速度，精准地找到了既让其腾空时间最大化、又允许动物保持控制之间的最佳契合点和微妙平衡点。赫尔精心建立了一套数学模型，既解答了这个谜题，又体现出其运动的优雅精妙。

赫尔将拿下博士学位，他凭借的是给一大堆四足动物所做的动力学建模，大到大象，小到老鼠。但当他着手做这项研究时，赫尔开始考虑的是一个更加有野心的计划——这个计划在当时的很多人看来可能根本行不通。多年来，赫尔被迫依赖僵硬而又呆板的假肢，完完全全比不上他出生时的双腿的活力、力量和灵活自如。赫尔唯有靠攀岩才能感受到真正的行动自由。赫尔开始考虑，如何制造一套更好的装置。他想造出一副假肢，能让自己像用自然人双腿一般行走。

ᆢᆢ

休·赫尔那间带玻璃幕墙的办公室位于麻省理工学院媒体实验室的3楼。他从椅子上站起来，带我走过一条狭长通道，这时我们可以看到底下是一片广阔的开放式工作区。赫尔抓着螺旋式楼梯的金属扶手下楼，运用他制作的这双机械腿，显得有条有理且无比轻松。

很快，我们来到了一间宽敞的实验室中，这里可谓是机械魔术师工坊，到处堆满了工具箱，长桌上摆放着锤子、电线和电钻，还隔出不少格子间，提供给替他工作的研究生和有抱负的工程师。弯弯曲曲的电线杂乱地挂在桌子边缘，延伸到金属抽屉和文件柜背后看不见的机器和马达里去，犹如丛林堡垒城墙上蔓生的杂草。如果说杂乱是创造力的象征，那么在这里创意绝对不成问题。

我们已经到达了整个计划的核心。这项雄心勃勃的计划由赫尔领导，为的是揭开人类运动的奥秘，并利用这些知识来制造出能够复制，甚至在某些方面超越人类身体的仿生肢体。

我跟随赫尔经过一台崭新的 3D 打印机，他告诉我打算用它来打印假肢部件。接着，我们走过几张桌子，桌面上散乱地放着几根假臂和假腿，还有零星的几台显示器。最后，我们在整个房间中最显眼、也最古怪的东西跟前停了下来：一台略微垫高的长长的跑步机 —— 形状类似于你在机场里会看到的自动人行道的一长段。赫尔和他的团队在天花板上安装了 30 多台摄像机，环绕在跑步机周围，镜头以不同的角度向下对准跑道。

赫尔在指导实验对象踏上垫高的跑步机之前 —— 或者他自己踏上跑步机之前，会在身体上明确规定的解剖学位置贴上大量 1 厘米宽的反光标记。当受试者或者赫尔本人踏上跑步机并开始行走时，只需按下几个按钮，摄像机就会开始跟踪反光标记在空间中移动的位置，从而收集有关人腿各个组成部位是如何相互作用而产生运动的精确数据，并将之传送到计算机进行分析。

有了这些数据，赫尔和他的同事就能够准确判断各种变量是如何随着时间的变化而变化。例如，膝关节的角度；右大腿运动对应于脚踝上下变化的方式，又或是与脚部弯曲的关系。

运动捕捉系统［现在最著名的运动捕捉系统的公司恐怕要数威康（VICON）］不仅彻底改变了近年来包括赫尔在内的工程师研究运动的手段，更是改变了其他一些学科领域。动画制作师用这套系统来记录真实演员的动作，使得屏幕上的动画角色以同样逼真的方式运动。或许你已经看过视频游戏制造商 EA 运动（EA Sports）宣传广告里的勒布朗·詹姆斯（LeBron James），打了几个小反射球，再来个大灌篮。EA 运动的动画制作师就是用了这套系统，才让视频游戏里的人物看起来几乎跟真人无异。但这项技术不光可以改善虚拟运动。与波士顿红袜（Boston Red Sox）、旧金山巨人（San Francisco Giants）和密尔瓦基酿酒人（Milwaukee Brewers）等棒球队合作的教练们，使用这项技术来记录投手的投球动作——然后给出调整姿势的建议，帮助他们最大限度地提高动作的流畅性和产生的力度。得克萨斯州达拉斯市的南方卫理公会大学（Southern Methodist University）的一间实验室里，生物力学教授彼得·韦安德（Peter Weyand）同全世界最顶尖的短跑运动员合作，通过分析运动员在实验室，以及在视频资料上表现出来的腿部运动机制，弄清他们为什么能跑得这么快，同时也给出进一步优化运动姿势的建议。

通过使用动作捕捉和计算机分析，韦安德已经证明，在众多变量之中，顶级短跑运动员产生的速度数值与他们的脚部踩击地面的力量和时长有关——可以使他们弹跳得更远。此速度值与短跑运动员的等长肌力（该运动员双腿可以使出的向上推力的数值）有关。相反，运动员的速度与他们步伐的时机，以及脚部蹬离地面和停留在地面的角度与力量有关——这些要素可以通过适当的形式达到最大化，并在实践中臻于完善。

赫尔拿此技术另有所用。在他取得博士学位后开始设计人腿时，几乎所有的市售踝部和脚部假肢都是无源装置。设计师们已经制造出弹力机械来吸收人们步行时的震动，但并没有努力模拟下肢健全者肌肉中存在的发力能力。赫尔认为，这套设计方案看起来有显而易见的问题。因此，他决定把踝部和脚部作为研究的起点。

赫尔仔细研究了麦克马洪的另一位门生克莱尔·法利（Claire Farley）的设计作品，她在 20 世纪 90 年代已经确凿无疑地证明，人类的脚踝实际上是我们用来调节整条腿刚度的主要关节。由于刚度越大越能使腿部产生更大的弹力（也可在需要时产生更大动力的输出），因此赫尔知道，踝部甚至可以称为腿部的主要"马达"。通过改变肌肉活动量并由此改变刚度和弹力，踝部所起的作用就像音量旋钮，用来调高或降低我们走路时的力量和速度。

"踝关节的变化伴随着整条腿刚度的变化，"密歇根大学生物力学教授丹·费里斯（Dan Ferris）说，费里斯曾是法利的博士研究生，也与法利共同撰写过关于腿部和踝部生物力学的多篇重要论文，"踝部牵引着整条腿。"

在赫尔看来，下肢截肢者戴的假肢踝部多为无源的固定负载，这很显然可以解释他们所经受的许多病痛。即使用上最好的模型，大多数截肢者走路时的速度也会很慢，很难平衡。他们的步态很古怪，他们的装置也常常引发背部方面的问题。也许更重要的是，下肢健全者行走时，小腿肌肉消耗的力量会随着步行速度的增加而增加。赫尔认为，假肢缺乏踝部力量，是下肢截肢者比下肢健全者多消耗 30% 的能量的一大原因。如果没有运作良好的踝部来调节刚度和弹力，那么步行的效率就会低很多。

"我开始考虑自己要戴的假肢，当人们在跑步时，假肢在电脑的控制下改变刚度，这该是多么重要啊！"赫尔回忆道。

赫尔着手创建一套数学模型，用于精确阐明小腿不同部位是如何相互作用的。为此，他必须提出一些有关日常行为的基本问题。例如，一名身高 5 英尺 9 英寸男性的正常小腿肌肉在脚部蹬离地面前能产生多大推力？当肌肉收紧时，它会如何影响附着在其上的肌腱的刚度？当人试图减速时，踝部的刚度会如何变化？

为了获得解答这些问题所需的数据，赫尔和他的团队花了数月时间搜集前人的科研成果，并汇总了所有关于人体腿部动力学和腿部各个部件架构相互作用的已有知识。在文献稀缺的领域，赫尔试着通过招募身强体健的志愿者并使用动作捕捉技术表征其运动来填补研究空白。

　　赫尔一边创立这套有关人腿运作的庞大数学描述，一边开始设计一个机器人假肢，能够将这些数学公式转化为运动。为了复制在走下坡路时踝部自然的减速能力，赫尔改造了他之前创制的用于控制假肢膝盖刚度的发明装置。这套装置包含中间用油性液体隔开的几块滑动钢板，当施加磁场时，油性液体就会变厚。电传感器可测量使用者在踝部上施加的角度和力度，计算机会相应地修改磁场强度。继而，为了确定踝部在空间中的位置并适当调整假肢脚部的角度（比如说，某个人在下楼时脚部悬停在半空中），赫尔将导弹系统里使用的同一套传感器也加入了其中。

　　为了跟踪进展情况，赫尔创造了一个数字化身，并把这个形象显示在大屏幕上。

　　屏幕上粗略展示了一个包含腿部的人体躯干，走起路来像是喝醉酒或是看不见路一般。尽管图形还是很基本的，但实际上这个卡通形象的下肢由数百个虚拟肌腱、肌肉和骨骼构成，而每块虚拟肌腱、肌肉和骨骼皆被编程仿真来模拟实际人腿的不同部位。脚踝或膝盖上施加了多少关节力矩？肌肉发生了多少电活动？腿部肌腱又是如何，以及何时捕捉或释放能量的？这一卡通动画能获得所有数据并将其呈现在屏幕上，借助虚拟形象来表现，哪怕是蒙住眼睛，人体也会服从运动规律行走。

　　这套用来判定卡通形象如何行走的数学描述，也同样被用于软件编程，赫尔此时此刻佩戴在腿部残肢上的脚踝假肢，就是运用这套工具来控制假肢各个组成部位是如何运动的。

当我站在赫尔身旁，隐藏在他裤腿之下的机器里头的小芯片每秒能够执行超乎想象的复杂计算，进而指挥赫尔仿生肢体每个部位的行为 —— 一想到这点就让人惊叹不已。赫尔之所以能推导出这些公式，源于他对现实世界的测量与观察的结果，不仅包括真实的人类肢体各部位单独的行为方式，还包括它们之间相互作用的方式。比如说，机械踝关节在任何给定时刻的刚度，可能取决于等效马达（即假肢中模拟人体小腿肌肉的部位）给等效传动装置（即模拟跟腱的部位）所施加力的数值。但它也可能受到膝关节的扭转方式和角度的影响，可能还得考虑到大腿朝向前方或下方的运动速度。总之，任何给定时刻都会有让人应接不暇的因素在起着作用。

但赫尔的计算机程序并不会直接告诉人们整条仿真腿该怎么运动。他总是喜欢说，这不是一台预设好运动程序的"录放机"。

"录放机是不会有用的，"赫尔说，"你知道当你踩到香蕉皮时会发生什么吗？"

相反，赫尔和他的团队精心编程了一整套电子模块，可以告诉仿生肢体的每个单独部位该如何响应周围众多不同类型的输入 —— 从人造肌腱施加的拉力值，到韧带的角度，以及包裹韧带的肌肉的力量。就像自然人的腿一样，赫尔的机器人肢体也是多个不同部位的动态联动，彼此推拉，弯曲、伸展和回缩。赫尔解释说，其结果是，呈现出来的特性和行为有时甚至让他感到讶异，特别是在"紧急情况"下的行为。

"我们没有告诉模型，它该怎么运动，"赫尔说，"是模型告诉我们，它会怎么运动。"

赫尔说："我们通过假肢上的传感器来获取实际的测量数据，并把它们输入模型里，模型就会及时告诉我们关节应该表现出多大刚度和多大力量。然后，假肢的行为就由体内的数学描述来决定。它会表现得好像有肌肉和肌腱一样，哪怕它是由铝、硅和碳元素制成的。虽然它是由合成结构制成的，但它的行为就好像它有血有肉一样。"

不过，尽管这看起来已经是相当不可思议，但最大的障碍并不是收集数据，而是如何给机器自动充电。赫尔最早的假肢原型连着一个背包，里面装着近 13 磅重的电子元件，用来放大来自壁式插座里的电源功率——这对于出门在外的截肢者来说，恐怕不算什么切实可行的解决方案。赫尔的研究生花费了几个月的时间试图减少输电损耗、削减用能成本，但还是无法制造出更接近真实踝部那样体积足够小、能量足够大的电动踝部。

最终，赫尔找到了解决方案，灵感来源于运动学科文献最早的研究对象之一——跳蚤，以其举世无双的弹射机制而闻名。20世纪 60 年代，科学家们证实，跳蚤能够加速至肌肉所能自发产生速度的 100 倍。为此，跳蚤会逐渐将能量传送到附着在肌肉上的纤维状弹力结构，并将能量储存起来，直到其猛然起跳的时刻为止。然后，跳蚤会把这些储存的能量一下子释放，瞬间变成一架强大到令人难以置信的弹射器，中世纪骑士们攻城拔寨时派上用场的那些器具，在它面前也都相形见绌。

赫尔知道，单靠一台小型马达，无法快速提供充足的能量来重现我们走路时脚部蹬离地面的推力——无法像跳蚤的肌肉那样产生足够的力量使其从狗的尾巴上弹射到背上。不过，赫尔意识到，要是假肢中的一台马达能够逐渐把能量注入弹力装置，就好比跳蚤把能量注入腿部，那么能量产生的速度快慢就并不重要了。只要到了需要推力的时候，这套弹力装置就可以立即释放所有积攒的能量，产生自然人踝部那股爆发力，从而推动人脚离开地面。

研究生塞缪尔·奥（Samuel Au）是赫尔这个项目的主力，他花了几个月的时间对马达进行修补改进，但终告失败。后来赫尔意识到，以往各个版本的马达，无一涉及真正的踝关节中会出现的肌腱二次使用现象。或许，解决的办法是增设更多弹力装置，这一回是和马达并联。

这个预感果然有效。二次弹力装置通过模仿跟腱对小腿肌肉的作用，减少了马达所需的力量，这样小腿肌肉可以不必收缩就能提供动力。测试的那一天，赫尔戴上改进后的假肢原型，开始在实验室过道里跟跟跄跄地走起来。当他走路时，脸上开始展露出灿烂的笑容。赫尔走路的步伐逐步加快。当他宣布脚踝感觉"就跟正常走路的脚踝没两样"时，实验室的助理们无不欢呼雀跃。

实验室充分利用这套刚刚重新配置的弹力装置网络，很快就把假肢内小型马达里的电池发出的功率翻了一番。现在，赫尔走路时，每只脚后部安装的马达都会逐渐把能量注入脚内的弹力装置组。当他只需踩离地面时，部分能量就会释放出来。如果他要爬上山坡或是要加快步伐，那么马达和弹力装置就会根据需要来释放更多能量。

赫尔说："这就是人体真正的运作方式。"

赫尔经常在实验室里戴上氧气面罩，戴上假肢，踏上跑步机，为更新升级做测试。除了使用威康系统来追踪身体各部位的运动情况之外，赫尔还会使用连在身体周围肌肉上的电极来检测肌肉细胞中产生的电位、测量肌肉活动水平——这种技术称为肌电图（electromyogram，EMG）。地板上嵌装着一块 2 英尺宽、4 英尺长的重量感应板，可精确测量人类走路、跳舞和跑步时对地面所施加的力——或者说地面的反作用力。

"我可是个了不起的实验模型，"赫尔说，"因为如果你把完全可编程的机器人放到我的下身，就可以验证假设。如果说我的身体是以正常的方式做出反应，就跟我下肢健全一样，那就说明我们的理论是稳健的、得到支持的。如果说我的身体是以病态的方式做出反应，比如比正常情况下消耗的能量还要多，那就说明我们的理论还得再下功夫。"

不过，实验室以外有一些受试者也尝试过这套脚踝假肢，他们在测试时的反应，以及他们亲人看着他们走路时的反应，为这套装置的实用性展现了更为强有力的证据。他们和亲人经常会哭起来。

"这会让人情绪非常激动，"赫尔表示，"它会让你感觉你天生的脚又回来了。"

||||·||||·||||

休·赫尔的成就折射出生物工程领域正面临着静悄悄的革命，它愈加让我们深切地感到，我们已经跨过了停留在理论的阶段，进入了给现实世界带来变革性影响的时代。从真正意义上来说，赫尔是对完整的人体部位进行逆向工程，然后再运用技术来模拟他在某些境遇下丧失的那些部位。结果是，这样做不仅改变了赫尔自己的日常生活，还改变了跟他类似的无数人的生活——多少男女老少，当他们穿上赫尔设计的仿生肢体后，终于又能活蹦乱跳了，禁不住喜极而泣。这点极为鼓舞人心。

但我们身处同样的时代，我必然会忍不住想知道，赫尔会把这项技术推进到什么地步。

毕竟，赫尔在读研究生时就谈到了蜘蛛侠战服和豪华跑鞋。如今的赫尔仍然满怀热忱，具有体操运动员般的健美体格，以及与之相配的魅力。他向我谈起他去意大利多洛米蒂山攀岩的假期时光。成为科学家和工程师的休·赫尔，今天仍是位运动员，我开始联想起童年时代犯罪题材电视剧里一位名叫史蒂夫·奥斯汀

（Steve Austin）的虚构英雄。你可能还记得，奥斯汀原是一名宇航员，因受了极重的伤，而加入政府的一个秘密项目，接受重新塑造。人们称他为"价值 600 万美元的人"——即使考虑到通货膨胀，他这个身价在今天看来也非比寻常。不过，这个绰号的本意是把奥斯汀等同于一台时髦的机器。奥斯汀拥有仿生视觉，可以像汽车一样快速奔驰，可以举起巨石不偏不倚地击倒一座房子。

　　赫尔会不会考虑，不仅让残疾人恢复失去的能力，还让他们获得比"健全"的同伴更强大的能力？

　　事实上，这种展望早已不再是幻想。就在我登门拜访前不久，赫尔本人就受邀作为科学专家组中的一员加入评审团，参与评判双腿截肢的南非短跑运动员奥斯卡·皮斯托瑞斯（Oscar Pistorius）是否能够获准与奥运会上其他健全运动员同场竞技。这位南非短跑选手戴着 J 形碳纤维复合材料制成的"猎豹腿"参赛，假肢每次撞击地面都会产生弹性反冲能量。包括南方卫理公会大学教授彼得·韦安德在内的一些批评者则认为，这副假肢给皮斯托瑞斯带来了不公平的优势，因为其质量较轻，从而更容易在空中完成跨步动作。另外，赫尔则认为应当允许皮斯托瑞斯参赛，他因残障造成的局限性足以抹杀他的一切优势。最终赫尔这一方赢了。

　　一日深夜，皮斯托瑞斯射杀了他的超级名模女友，自这桩耸人听闻的案件之后，世界早已忘记先前的这番争斗，以及皮斯托瑞斯在真实赛场上易被遗忘的表现。但这丝毫不能削减其在体坛的重要分量。韦安德已经公开预测，截瘫患者很快就会打破世界纪录，这几乎是不可避免的了。

所以当我跟赫尔在一起时，我向他提出了一个问题：他会不会有一天发明出让瘫痪者跑得更快的装置？他又是否会发明出让我这样的健全人跑得更快的装置？

事实上，即使赫尔正在实现制造逼真假肢这一梦想，他也仍然着迷于运用技术来提升人类与生俱来的能力。他仍然是一个毫不退让且最让人瞩目的支持者，坚信技术应当 —— 并且在不久的将来就能够 —— 用来增强我们所有人。赫尔始终站在最前沿，努力破解许多人认为是生物力学中的最大挑战，实现工程师渴求的梦想：制造出让人类变得更强或更快的"外骨骼"。在一些人看来，这个想法可能会令人想起"机械战警"（RoboCop）里凶神恶煞的反乌托邦形象，或者是美国士兵身穿"钢铁侠"托尼·斯塔克（Tony Stark）战服横行沙场的景象。但赫尔是从更为实用的角度来看待技术潜力的。

"到 21 世纪的某个时候，我们会拥有一类人体移动机器，用来增强人体生物学，用来增强走路和跑步的能力，"赫尔说，"从现在算起的 50 年后，当你想去城市的另一头看望朋友时，你就没必要再钻进一个带 4 个轮子的大金属盒里了。你只要绑上某个有源外骨骼，就能跑去那里了。"

赫尔给外骨骼下的定义是：包裹在肢体（既可以是正常肢体，也可以是病理性肢体）外部并且可以恢复或增加耐力、速度或力量的机器人。这个想法由来已久，远远早于 1963 年钢铁侠首次出现在漫威（Marvel）的漫画书里。

第一次提到外骨骼可以减少步行、跑步或负重时所耗费的能量，至少可以追溯到 1890 年。赫尔是从美国专利局里偶然发现这个项目的，由俄国沙皇雇用的发明家尼古拉斯·亚根（Nicholas Yagn）提交。亚根打算制造出一套装置，每跨一步就可以借助弹簧把人体的一部分重量转移到地面上。（暂时没有这套装置制成或演示的记录。）

尽管已有这么长久的尝试，尽管生物力学，以及我们对于人类运作原理的理解已取得革命性的进展——尽管取得了振奋人心的突破，比如赫尔制造的仿生假肢——多年来具有实用性的外骨骼仍难倒了众多工程师。人们开发的大多数外骨骼要么体积太庞大，要么需要太多的能量，要么太笨重。因为缺乏精确的测量和表征人体运动的能力，大多数工程师创造出来的装置都不可行。

不过近年来，一些工程师遵照赫尔制作（如今已得到广泛应用的）假肢时使用的相同生物力学原理，已经取得显著进步。事实上，哪怕是关于肌肉如何运作的最基本认识也能收到强大效果。在东京，我到访了日本机器人专家小林宏（Hiroshi Kobayashi）的实验室，他制造出了一种基本款的上半身力量增强装置，这是最早面向市场的新一类增强装置，可以帮助医护人员在不伤害老年人背部的情况下抬起他们。小林把这套装置称为"肌肉服"，它的主体部分是一个背包式铝框，上面装有 4 块人造"肌肉"，"肌肉"由连有耐拉金属线的网状橡胶囊袋制成。当压缩空气被泵进或泵出囊袋时，它们就会像肌肉一样改变形状，拉动连在滑轮上的金属线，从而缩短铝框，激活人造"关节"，并把穿着"肌肉服"的人给拉起来。这套装置提供了强大的爆发力，增强了穿用者正常的背部肌肉力量。

当我把肌肉服绑在身上时，闪闪发亮的铝制装置在我的背部，感觉很轻巧，没比我空的健身包重多少。事实上，当我弯腰抓住一个装有超过 90 磅重的袋装大米的牛奶箱时，这套肌肉服轻得让我怀疑它是不是真的有用。但是，小林摁下一个按钮，空气"嗖"地一响，我立刻直起身来，毫无思考余地——还有几分晕头转向。我刚刚举起了一个曾经绝对会让我的背部承受不了的重物，而我用指尖轻而易举地就将其拎了起来。那感觉好像自己只是伸出手捡起了一张纸而已。

当然，小林的肌肉服也有缺点。它依赖于压缩空气——压缩空气的机器非常重又非常吵，就像真空吸尘器。如果我想在派对上给妻子和朋友们露一手，比如说扛起几块大石头，或者把车子给翻个底朝天，那么我恐怕还需要几台专门的行李车，装上这一大堆东西。如果要摆在人旁边，这台机器的缺陷还是很明显的。

不过，轻巧的铝质背包依然让我们看到了未来科技发展的潜力，以及它可能让人感受到的轻松自在。虽然小林的肌肉服只是由一种简单的合成肌肉组成，只能朝着单一方向运动，但许多研究人员正在更复杂、也更轻的装置上取得快速进展，这些装置可以更准确地模拟出一张更为复杂的肌肉和肌腱网络，这样很快就会复制甚至超越人类手臂的力量和运动。

帕特里克·范德斯马格特帮助开发的人类的手和手臂的模型，虽然不是外骨骼，但其中也包括了受到人体肌肉、肌腱和骨骼结构启发的马达和部件，德国航空航天中心的团队希望借此尽快给穿戴者提供远超自然世界所见的上身力量。

"10年前，我们甚至还无法制造出类似于人类手臂的仿生手臂——还差得远，"范德斯马格特说，"但技术的质量从根本上得到了改善。现在我毫不怀疑，我们很快就会造出比人类手臂更强壮的仿生手臂。"

目前，人体增强装置最具挑战性的"瓶颈"，仍然是赫尔和他的团队开始制造仿生脚踝时所面临的同样的困惑。虽说要造出一台能够超过正常人体肌肉输出功率，并将之注入比例精确的仿生手臂或腿部的马达相对容易，但要让它足够高效节能、轻巧实用，还是一项重大挑战。德国航空航天中心团队研发的仿生手臂重约20磅，比自然的人体手臂重两倍，太过笨重，很难连在人的肩膀上。换句话说，我们实际上还是能制造出像"价值600万美元"的史蒂夫·奥斯汀那么强大的手臂，但你如果想让他的手臂获得推土机那么大的力气，你就得要一台推土机电机那么大的马达来给它供电。

目前来看，这意味着大多数的机器人手臂和上身假肢都使用电动马达，体积小、重量轻，但能量效率远不如人体。迄今为止，能量效率方面的限制哪怕在最先进的商用假肢手臂领域内也十分明显。2014 年 5 月，FDA（美国食品药品监督管理局）最终批准了一款由 DEKA 研究与开发公司（DEKA Research & Development Corporation）制造的仿生手臂，这家公司的总部位于新罕布什尔州的曼彻斯特市，创始人为迪安·卡门（Dean Kamen），这家公司是美国国防部高级研究计划局（Defense Advanced Research Projects Agency，DARPA）总出资一亿美元资助的一个研究项目中的一部分。卡门这家公司旨在研制出尺寸和重量皆与真人手臂近似的装置，重约 7.9 磅。

DEKA 公司研制的仿生手臂，可以检测皮肤下面肌肉发出的信号——使用的是范德斯马格特用来测量志愿者肌肉活动的同类传感器——这表明我们也可以用增强装置（如上身外骨骼）进行测量。然后，DEKA 手臂可以通过张合假肢和改变握姿设置来对肌肉激活信号做出反应。使用这套装置，使用者能够拿起一枚硬币，端起一杯水来喝。

不过，范德斯马格特指出，为了将 DEKA 手臂设计成跟自然人体手臂同样的尺寸和重量规格，卡门和他的团队必须牺牲其他特性，包括力量。他说，正常的人体手臂可以举起相当于自身重量 20 倍的重物，但 DEKA 手臂和大多数其他假肢的力量／重量的比值要小得多。范德斯马格特指出，重 8 磅的人体手臂可以拉动或推动 200 磅的重量——超过其自重的 20 倍，但卡门的

DEKA 手臂还远远达不到。

"DEKA 手臂的力重比与我研究的非假体式手臂相比并不是很好，当然更比不上人体手臂了，"范德斯马格特说，"而且稳定性也不如你想要的那么好。它的能量效率不高。他们做了一些非常好的工程，它的形状和重量也很好，差不多是最棒的假肢手臂了。但它绝对不能算是仿生。"

如果再考虑到其标价足以制造 16.6 个"价值 600 万美元的人"，恐怕就更让人失望了。从这个意义上说，史蒂夫·奥斯汀仍然是个遥不可及的梦想。

事实上，或许最有希望让人类真正超越自然表现的装置，再次来自休·赫尔。2014 年，赫尔宣布，他创制了历史上第一套能真正帮助健全人在走路的同时降低代谢成本的下肢装置。

赫尔认为，判断外骨骼是否有用的试金石在于，它能否在不增加穿戴者代谢成本的基础上为其走的每一步提供动力。这个挑战目前还没有哪个工程师曾攻克过。

在展现这项新技术的演示视频中，一名受试者身着蓝色短裤，沿着跑步机散步，穿着一双看起来像标准陆军沙漠靴的东西，还有齐膝的黑色袜子。膝盖以下的几英寸处，每只脚踝前面都绑着一个黑色的小物件，不比香烟盒大多少。这个小盒子就是整套装置的"人造肌肉"。

一对长而薄的黑色金属支杆沿着每条腿延伸，连接在足弓下方，然后向上和向后伸入小腿后面的空气中，呈陡峭的斜对角线状。 这对支杆用于帮助位于脚踝另一侧的马达分配能量、增强比目鱼肌 —— 比目鱼肌是一种从膝盖后侧延伸到脚跟的长而有力的一排肌肉纤维，连到跟腱，它在为人类站立和行走提供动力方面发挥着重要作用。

赫尔说，这套装置的关键机械创新在于，试图寻找一种自然的方式将电机能量输送给人体，这样既不会破坏皮肤，也不会对腿部施加压力。 赫尔解决问题的方案相当简练，但违背自然：他将机械能量通过垂直装置直接输入步幅中 —— 从香烟盒大小的马达中导出 —— 加压到脚踝上，这样消除了摩擦皮肤和割开皮肤的风险。

机械动力是以"力矩"形式施加的，这种力有助于把脚踝的前部向后推。 脚踝在地面上扭转，打开了将小腿和脚部相连的踝关节，就像门铰链一般。 这种运动可以拉动肌腱，肌腱又拉动脚后跟，使之像跷跷板一样翘起，同时将脚掌和脚趾推向地面并储存势能。 当穿用者将脚抬离地面，动力被释放，以此给穿戴者提供向前弹射的动力。

赫尔的外骨骼采用了直接来自大自然的精妙反馈机制（他也将此机制运用在他的假体下肢）。 这种机制使得外骨骼马达能够实时调整以适应不断变化的地形和速度。

赫尔在给他自己穿着的脚踝假肢建立数学模型来提供行走所需的能量时，还无意中发现许多强大的所谓紧急特性 —— 这些行事方式非常合理，但都不在他的预测之中。 其中一项最强大的紧急特性就是，我们在走过不平坦路面时人体向下肢提供额外能量的方式。

跟腱和比目鱼肌之间的交界处是一种称为高尔基腱器官的生理结构，其他肌肉与肌腱交界处也是如此。高尔基腱器官是一种生物传感器，主要通过把信号经脊髓传送至大脑，来对施加在其上的力做出反应。大脑通过指示肌肉进一步收缩来做出反应，从而增大腿部的刚度和力量。当赫尔把这个结构放进他的腿部数学模型时，他发现高尔基腱器官在步行中扮演着至关重要的角色。

"它非常简单，我们把它放到脚踝假肢里面去，它就有了这种惊人的紧急行为。"赫尔说。

当截肢者（或穿戴外骨骼的人）从缓步行走转变为快速行走时，高尔基腱器官受到的压力增加，这时数学模型就会告诉马达要提供给脚踝更多力量。

"它是自动发生的，没有任何对于行走速度的直接测量，"赫尔说，"而且，当路面升高时，当人开始爬山时，它会提供更多能量。当人走在下坡路上时，它实际上也会自动地消耗能量，哪怕它没有感应到地面的变化。这种非常简单的肌肉反射，产生了这些非常强大的紧急行为。"

"我必须得说，"赫尔补充道，"即使你在工程学方面很有天赋，而且学遍工程控制理论的每一堂课，他们恐怕也想不到这些简单的条件反射。"

所有这些或许听起来都很简单（大自然的解决办法往往自有

其神奇之处），但结果却是变革性的。赫尔声称，通过运用这种装置，他制作出了一种靴子，可以让受试者步行时少使用 20% 的能量。

"历史上只有一种有源外骨骼是有用的，"赫尔声称，"那就是我们的。"

理论上讲，经过一定的修改，如果一个人背着很重的包或者跑得特别快，那么这种能耗节省是实实在在发生的。赫尔指出，当一个人承受负荷时，主要是膝盖和脚踝会被迫发生生物力学上的变化，利用肌肉的力量来抵消负荷向下施加的力，进而平衡力矩。

"当你扛着重物时，你可以在膝盖和脚踝外面戴上外骨骼，它可以做到人体所能做到的事，"赫尔说，"而里面走路的人就会跟没有扛着重物一样。"

||||·||||·||||

我在离开赫尔的实验室时，很难把治疗方面的潜力同人体增强方面的潜力区别开来——虽然在我这趟行程之初，人体增强这个概念无非是让我想起现实生活中出现钢铁侠战服的精彩景象，让我浮现出有朝一日可以借助机器举起车子的念头。这是我将会不断体验的一段经历。我一次又一次地看到各种技术案例，既能恢复受损机能，又能增强各类人体功能。

当然，治疗是最为鼓舞人心的。我在一次拜访期间，向赫尔问起那个他刚失去双腿时一度折磨他的梦境——梦中的他跑过屋外的田地，风儿拂过他的头发。他还会梦见吗？不会，休·赫尔不再需要这个梦了。他告诉我，如今这么多年来，他几乎每天都会戴上专门设计的假肢，绕着康科德瓦尔登湖周边 1.7 英里长的林荫环道慢跑。

"我昨天就出去了，"他说，"那是一场美丽的奔跑。"

第二章

大力士的诞生

基因组的破译与重写

休·赫尔之所以创制出逼真的仿生假肢和外骨骼，是因为新技术帮助他和其他生物力学研究者精确地记录下了身体不同部位移动和相互作用的方式，然后在身体外部制造出能够实时模拟身体部位的机器部件。这需要数量惊人的瞬时感应和处理能力，既能捕捉并表征健康腿部的行为，又能制造出可模拟它的机器。

然而，这些壮举可能只是给未来的可能性粗略地开了个小头。正如我们将在后续章节中所见，技术精密的机器人专家也同样在努力制造连接在人体外的种种装置，运用着赫尔用来为他的创作提供动力的相同的数学魔法和模式识别软件 —— 所有这些技术经研发后也可以用来记录、表征和理解身体不同部位在细胞水平上共同运作的方式。科学家们也在这里发现和释放着前代科学家可望而不可即的潜在治愈力量，以及未加利用的潜能。

某种程度上，他们正在完成的工作比赫尔实验室里发生的那些事情更令人震惊。一些科学家不只是制造新的身体部位，更是升级我们现有的身体部位：他们侵入人体本身，并且重写或者重新定向人体细胞的指导手册。通过这种手段，科学家们迫使身体实现自我重建或者自我改造。这些技术绝活中的某些理念，就像赫尔创制的神奇自适应仿生肢体，并不完全是人类想象力的产物。其中最棒的想法，也几乎一律来源于自然本身。

比如说，我们不妨来看密歇根州马斯基根市一个名叫利亚姆·胡克斯特拉（Liam Hoekstra）的小男孩的例子。

⑾⑾·⑾⑾·⑾⑾

2005 年冬季的某个时候，达娜（Dana）和尼尔·胡克斯特拉（Neil Hoekstra）夫妇第一次确切地知道，他们的儿子利亚姆跟其他孩子不同。那天，他们的宝宝刚满 5 个月，长着黑头发，乐呵呵地伸手抓住妈妈伸出的两根手指。他死死地紧握着两根手指，然后把自己从地面上径直抬起来，双臂伸展，在空中形成一个人形的 T 字。

他的父母以前在电视上看过奥运会体操运动员表演这套动作，用来展示他们非凡的力量。这种姿势被称为"铁十字"。

"他就是一直悬吊在那儿，一点儿也不夸张。"尼尔说。

到了 3 岁时，利亚姆拥有 6 块腹肌和鼓胀的二头肌。他可以徒手拉长健身力量绳，像摇动拨浪鼓一般挥舞着 5 磅重的哑铃，就跟美国动画片《摩登原始人》（*The Flintstones*）里的班班（Bam-Bam）一样强壮。有一天，他发了一通脾气——一拳在墙上砸出一个大洞。

利亚姆的祖父是一位退休律师，他向一位当医生的好友吹嘘说，自己的小孙子总有一天会到他最爱的球队密歇根狼獾（Michigan Wolverines）去打橄榄球。直到此时，这家人才终于知道利亚姆拥有非凡力量的可能原因。这位医生要求给这个男孩亲自做检查，然后说服利亚姆的父母送他到密歇根州大急流城附近去做基因检测，那里会把利亚姆的基因样本送到匹兹堡大学做检测。

研究人员告诉这家人，利亚姆的超凡能力很可能是基因单一突变（相当于打字时打错了一个字）的结果，突变的基因位于每个细胞里长达 30 亿个碱基对的编码基因序列中。

"我们是假设他存在突变，因为他有这么不寻常的肌肉表型，"匹兹堡大学基因组学和蛋白质组学核心实验室的联合负责人罗伯特·费雷尔（Robert Ferrell）说，"但我们还没有找到它。"

费雷尔认为，突变基因位于另一名婴儿发现的突变位点附近，该案例在利亚姆出生前一年载于《新英格兰医学杂志》（*The New England Journal of Medicine*）上。文章中的匿名德国研究对象存在基因突变，导致他无法合成一种被称为 GDF-8 的信号传导素，而这种物质在调节和抑制肌肉生长方面起关键作用。如果在同一生物通路的某处也存在类似突变，那就可以解释，为什么利亚姆的肌肉质量比同龄儿童多 40%，每天吃 6 餐饭，还可以拿家里养的狗做仰卧推举。

而且，这也预示着利亚姆将来极有希望加入他祖父最爱的密歇根狼獾队。虽然这个德国男孩的身份从未被披露，但已知的信息是：他的母亲是一名专业短跑运动员，基因也有缺陷；他的外祖父是一名建筑工人，可以赤手空拳举起混凝土路沿石。

随着人类进入基因工程时代，像利亚姆这样具有潜在超人身体特征的非凡个体案例开始呈现出新的意义。当然，具有非凡力量、柔韧性、身高和耐力的人类恐怕贯穿于整个历史记载——从赫拉克勒斯，到旅游嘉年华上留着八字胡、剃光头和穿着豹纹连体衣的大力士。

但新技术表明，我们可能很快就能把我们从他们这类个体身上学到的知识，用来治疗甚至有可能治愈我们这个时代最具毁灭性的某些遗传疾病。不过，同样是这些新技术，也会带来诸多复杂的问题。当我们所有人都可以选择把利亚姆·胡克斯特拉的力气永久赋予我们自己或者我们的孩子时，会发生什么呢？如果我们选择不这么做，那么我们是不是就会让自己的孩子一辈子都输给那些被父母选择了基因改造的孩子呢？

‖⋅‖⋅‖⋅‖

我正在新泽西的收费高速公路上，望着车窗外冒着烟、发着臭味儿的化学工厂，此刻我突然想到，我应该打开车载音响收听体育电台，好给接下来的采访酝酿情绪。但直到我驶入费城郊区，才开始真正注意听。

电台里围绕本土橄榄球队费城老鹰（Philadelphia Eagles）的讨论已经转向情绪化，仿佛球队里的四分卫是个长期酗酒或者虐待配偶的私人朋友，他一直在苦苦挣扎。来电者的情绪变化表露无遗，愤怒（"我们应该换下他！我们是在纵容他"）、否认（"这只是暂时的"）、交涉（"如果我们有个好点的接球手，他会做得更好的"）和沮丧（"我再也受不了了"）。

当我驱车进入满是沙砾的宾夕法尼亚大学校园里的一间地下车库时，我认真地反思了我们对于这项体重300磅、身穿紧身裤、戴着填充垫的男人们东奔西跑、相互冲撞的游戏所怀有的匪夷所思的迷恋。对我们当中的一些人来说，赢一场橄榄球赛恐怕真的是关乎存在主义的重大议题了。

我马上要见的男子叫 H. 李·斯威尼（H. Lee Sweeney），他曾以让人震撼、匪夷所思的方式亲身体验过。早在20世纪90年代末，斯威尼就完成了一项非凡的科学壮举。斯威尼创造出全世界最早的基因工程改造超级小鼠——一种大小常见、貌不惊人的实验室啮齿动物，斯威尼魔法般地将之变成一种腿部肌肉极其发达、出奇肿胀的样本动物，媒体甚至没花多少时间就造出一个轰动一时的名字。他们称这只老鼠及其同类为"阿诺德·施瓦辛格（Arnold Schwarzenegger）小鼠"。

斯威尼在旧金山举办的美国细胞生物学学会（American Society for Cell Biology）的会议上告诉热情高涨的听众，他的技术有朝一日能帮到肌肉萎缩的老年人，或者给罹患致命性肌营养不良症的病者再争取一些时间。这个愿景相当鼓舞人心，预示着人们能给没什么盼头的顽固性病症患者重燃希望。

也确实，自从斯威尼回到实验室，绝望的病患，以及我们当中一些最弱者的至爱至亲便纷纷致电给他。斯威尼也接到过运动员打来的电话，这些身强体健的男男女女正值人生的鼎盛时期。运动员们恳求斯威尼在他们身上试试他的实验技术。

"电话和电子邮件就从论文公开那天开始，"斯威尼说，"有好几百条。"

一位高中橄榄球队教练甚至提出付钱给斯威尼，要求给他整支球队的队员改造基因。作为一名温良恭谨、带有低调气质的科学家，斯威尼礼貌地拒绝了。但长期担任斯威尼行政助理的芭芭拉·普赖斯（Barbara Price）的答复往往就没那么客套了。

"我有几次真的是吓了一大跳，"普赖斯说，她被迫接听了大部分电话。"我会说：'你是在逗我吗？斯威尼博士研究的是动物！'我们甚至收到过运动员父母写来的信。"

在斯威尼第一拨肌肉小鼠问世的17年后，他依然身陷于我们这个时代极具伦理争议的科学冲突之中。赫尔似乎轻松自如地畅游在他的生物力学旅程上，在复原和增强两块领地上来来回回。与赫尔不同的是，斯威尼处于极其矛盾的境地。他一边拼命地推动基因工程发展，一边努力遏止基因工程被滥用。事实上，斯威尼选择的研究领域正是让医学伦理学家夜不能寐的那一类。

今天的斯威尼，一方面是学术会议上饱受追捧的演讲嘉宾，热捧者是肌肉萎缩患儿的家长；另一方面是世界反运动禁药机构（World Anti-Doping Agency，WADA）里备受尊敬的顾问，当局想知道"基因兴奋剂"时代何时会正式到来——事实上，当局是想知道是不是"基因兴奋剂"时代现在已经到来，只是他们自己还不知道而已。

斯威尼没有心存幻想。"如果你有足够的科学知识，你可能已经试图给运动员进行基因改造了，"斯威尼说，"WADA确实想知道是不是有人已经在搞基因兴奋剂。这些有地位的运动员里头，确实有些人一心想着要赢，为了赢什么都愿意做，哪怕从长远看这会害了他们。"

被增强和基因改造后的运动员能够恣意妄为地碾压我们剩下来的这些"利立普特人"①。当然，他们只是眼下蓬勃发展的基因治疗革命当中的一个潜在后果。任何能编辑致病基因的技术同样会诱发种种对新产物的担忧，这些新产物也让许多人感到不适：基因工程改造后的超级战士组成的军队不会有痛感也没有同理心，专横的父母为了让孩子考上哈佛大学而改写他们的DNA，设计将婴儿改造成贾斯汀·比伯（Justin Bieber）的容貌。

---

① 利立普特人：出自小说《格列佛游记》，指小矮人。

事实上，正如休·赫尔和他的同事正在寻找革命性的方式，通过连接在我们身体外部的仿生肢体来改造人体一样，斯威尼等科学家正在尽可能从内部来进行改造，方法是深入探究每个人体细胞里的基因蓝图，再添加或改变某些细节。

虽然斯威尼致力于尽己所能地帮助体育运动中可能的基因兴奋剂做好应对准备，他也一直听到有关基因工程的担忧，但这些并没有停下他研究的脚步。有太多人在经受痛苦，有太多治愈的可能。也正因如此，2011 年斯威尼向人体测试迈进了一大步：他转向了"大动物"。

斯威尼利用基因技术改造了世界上第一只"阿诺德·施瓦辛格金毛猎犬"。

||||··||||··||

斯威尼上高中时，在路易斯安那州和得克萨斯州这两个痴迷橄榄球的州里玩橄榄球。他担任四分卫，也就是说他就是对方球队想要玩命压制的那位体重 300 磅的球员。

"我对变壮没什么兴趣，"斯威尼说，"我只希望对方球队的球员不要变壮，这样我还能熬过来。"

或许正是出于这些原因，斯威尼才会面对越来越多有野心却没脑子的恳求帮助而不为所动。但作为科学家，斯威尼也无法理解这些人的心态。追求科学是缓慢而艰难的历程，斯威尼现在把眼光放在长远处。另外，找上门来的健全运动员似乎甘愿牺牲长远的健康来换得眼前的一点点荣耀。"其中有些运动员，"当我们坐在斯威尼实验室外的一间会议室时，他直白地说，"真的是疯了。"

这位冷静而谦逊的科学家，有着宽阔而突出的眉毛，齐整的中分发型，显然使他拥有孩子般的气质。斯威尼早期职业生涯是在实验室中无菌的地界中与世隔绝地度过的，医疗建筑、医院和研究实验室森然耸立的水泥丛林，封锁并阻隔了外部铺满沙砾的费城街道，以及世界其他地方。这里，这位研究人员身穿白大褂，聚精会神地沉浸在分子世界，远离各种紧迫而现实的人间戏剧，而这些故事最终会反过来激励他投身于自己的研究。

从一开始，斯威尼就是那种幸运的科学家，拥有纯粹的、童真的、对知识的好奇之心，这种好奇驱使着最出色的人才去解开自然的奥秘。自 20 世纪 70 年代早期开始，还是麻省理工学院本科生的斯威尼，在距离休·赫尔目前实验室的不远处，蹲在显微镜前，第一次看到肌肉细胞在运动。

"这真是太酷了，你可以看到这些分子微粒的组成体是真真正正地在运动，"斯威尼回忆说，"而且你可以用单独的蛋白质细丝来做出这种运动；你可以给它们打上标记然后观察它们的运动。"

那时候，斯威尼着迷的不是人体肌肉的极限，比如孩子身上长着似乎能一拳把自己撂倒的肌肉，或者浑身大块肌肉紧绷的举重者一门心思想知道自己到底能举到多重，而是更为基本的问题。

当休·赫尔被迫去测量并复制人体肌腱和肌肉捕捉、输送、回收能量的方式时，李·斯威尼想知道的是促成运动的最初爆发力来自何处。比如说，你的手臂是如何从完全静止的姿势转变为投掷石块所需的快速运动姿势的？短跑运动员从助跑器踏板上飞速蹬出，其能量最初爆发的来源是什么？你又是如何一下子从椅子上跳起来跟别人握手的？

斯威尼知道，这股神秘力量的爆发以某种方式潜藏在我们细胞的深处。不过，从我们几乎看不到的微观结构的内部，又是如何产生足够的力量让骨骼运动起来的呢？它是如何生成让体重200磅的人走路、投棒球、转头的力气的呢？除此之外，这种力量又究竟是如何从微小的细胞传递到产生运动的骨骼上的呢？

斯威尼知道，我们的肌肉是由直径不超过头发丝粗的圆柱形纤维束组成。当你把煮熟的鸡胸肉撕成小片时，就能看到这样的纤维。当斯威尼在显微镜下放大这些圆柱形纤维时，他注意到这些纤维本身是由更小的细丝组成的，这种缠绕绞结在一起的细线称为"微丝"。在斯威尼看来，如果说纤维像发丝的话，那么这些更细的微丝大概就相当于细线。组成这些细线的蛋白质中，最粗者称为"肌球蛋白"，较细者称为"肌动蛋白"。

令人惊讶的是，成千上万个"肌球蛋白"和"肌动蛋白"相互结合在一起，虽然小到肉眼难以看清，但能够让12 000磅的非洲大象在平原上纵横驰骋，让NBA球员飞身扣篮，让小利亚姆·胡克斯特拉握住母亲的手指摆出水平十字的支撑姿势。

每个肌肉细胞中，"肌球蛋白链"较粗的团簇与较细的"肌球蛋白链"相平行，后者自身也紧密盘绕在一起。"肌球蛋白链"的粗肌丝末端可以向上或向下弯曲，就像弯曲的手指，指尖排成一长排，在其上方或下方是"肌球蛋白细肌丝"。这些"肌球蛋白头部"形成了数以千计的细丝横桥，桥与桥之间就是"微丝"。

斯威尼进入这一领域时，人们已经知道肌肉收缩过程是如何开始的：运动手臂的决定多半始于大脑中的生物化学冲动——一种会沿着脊椎向下传播直至神经和肌肉自身之间连接处的电活动尖峰。此时，神经会释放一种称为乙酰胆碱的化学物质。接下来，引发运动奇迹的确切分子机制尚未得到完全理解。

已知的是，乙酰胆碱引发的化学反应会导致"肌球蛋白"与称为三磷酸腺苷（Adenosine Triphosphate，ATP）的化学物相互作用。ATP 是人体储存能量的最便捷形式。而且，正如汽车里的汽油或火焰上的火机油一般，ATP 会促进肌肉运动。肌肉的"肌球蛋白头部"（斯威尼认为这是人体真正的"马达"）通过与 ATP 反应，会与"肌动蛋白"发生分离并重新连接，像橡皮筋一般弹性伸展，像抓钩一般牵动"肌动蛋白"，并导致肌肉收缩。我们由此可以见到二头肌突然隆起的景象。

"肌球蛋白"微丝捆绑在一起越多，其抓钩尖端能够牵动的"肌动蛋白"的力量也会越大越快（因为数量越多），肉眼可见的肌肉块也就越大。

"'肌球蛋白'丝拉动'肌动蛋白'丝并使其滑动，"斯威尼说，"肌肉就是这样缩短的。"

当斯威尼认识到这一点时，对于那些我们直觉上理解但停下来思考又觉得存在矛盾的现象，他明白了其背后的生物学原理：为什么我们当中最强大的那些人——橄榄球赛场上全副武装、紧追斯威尼不放的边线球员或者俄罗斯女子铅球队成员——同时也是你最不可能见到去跑马拉松的人？逻辑上好像有些说不通。毕竟，肌肉更多的人难道不是也应该跑得更久吗？

这一矛盾很容易解释：肌肉纤维有多种不同类型。有些肌肉纤维专门用于迅速产生大量能量——你需要借助这种纤维在赛跑开始时从助跑器上飞速蹬出，轻而易举地扛起一袋 100 磅重的大米，或者把高中时的四分卫李·斯威尼撞入内场。还有些肌肉纤维则强度较低、速度较慢但能效较高——你需要借助这种纤维去跑马拉松，步行进城，或者一整天抬头挺胸。后者通常被称为第一型肌纤维，也称"慢肌"。前者被称为第二型肌纤维，也称"快肌"。（事实上第一型纤维和第二型纤维还有多种其他形式，但此处我们尽量保持简化。）

第二型肌纤维迅速爆燃，然后在燃料用完时迅速烧尽。这种纤维就像伊索寓言中的兔子，快速冲出大门，然后在比赛中途打个盹。第一型肌纤维就是乌龟——缓慢却稳定。这种肌纤维运动缓慢，逐渐消耗能量，同时以更合理和更可持续的速度收缩，可以持续一整天。如果有足够的时间，乌龟总会在赛跑中打败兔子。慢速收缩肌肉配备了更多的细胞机器，可将单个糖分子转化为 30 个分子、现成可用、以 ATP 形式存在的肌肉燃料。但这个过程需要的时间更长。当获得足够的糖和氧气时，慢肌纤维可以完成这种化学转化，并且不间断地为人体提供动力。而快速收缩肌肉也可以由糖分子产生 ATP，但转化过程会更快。不过实现这种速度也是有代价的：转化过程的效率也要低得多。在最初的能量爆发之后，快肌纤维经过更粗糙而低效的代谢过程，产生可用的 ATP 分子可能仅有两个，而非 30 个。同时，这一过程还会留下化学废物，比如会导致我们锻炼过后感到灼痛的乳酸。

　　一位运动员体内慢肌纤维和快肌纤维的比例，很大程度上是由基因决定的，由此暗示了运动员更适合参加短跑运动还是耐力运动。动物王国中也很类似，猎豹腿部肌肉中以快肌纤维占主导地位，而在树懒的整个腿部都有慢肌纤维。不过，训练也会影响两种肌肉纤维的比例。根据一些研究，奥运会短跑运动员小腿肌肉可拥有超过 75% 的快肌纤维，而顶尖马拉松运动员的腿部往往由大约 80% 的慢肌纤维组成。

　　所有这些见解最终都会在斯威尼的研究中派上用场。斯威尼在哈佛大学获得生物物理学和生理学博士学位后，加入宾夕法尼亚大学，主要专注于研究肌肉的"马达"——"肌球蛋白"。不过，20 世纪 80 年代中期，波士顿儿童医院一个研究小组的发现，将扩展斯威尼的研究领域，改变他的职业生涯轨道，并最终促使他为了治愈一种毁灭性疾病，而开启一次情感化和高风险的探索。

　　一般来说，研究人体中坏掉的东西，可以告诉我们有关如何使之运作及其原理的大量信息。到了 20 世纪 80 年代，儿科和遗传学教授路易斯·孔克尔（Louis M. Kunkel）已经花费数年时间，探究一种最极端形式的肌肉萎缩症的基因相关性，这种病症称为进行性假肥大性肌营养不良（Duchenne Muscular Dystrophy）。1986 年，孔克尔不仅找出了引发进行性假肥大性肌营养不良的突变基因，而且确定了这种基因所对应的蛋白质 —— 一种参与肌肉功能的蛋白质，这种蛋白质甚至没有人知道其存在。由于某种原因，这种蛋白质的缺乏会引发一连串反应，最终导致进行性假肥大性肌营养不良患者的肌肉日渐萎缩。

对于斯威尼而言，孔克尔发现了他称之为"抗肌萎缩蛋白"（dystrophin）的蛋白质，就好比在太阳系中发现了新行星。这一发现开辟了一个全新的探索领域。斯威尼着手解开"抗肌萎缩蛋白"的功能奥秘，并开始发表有关这类蛋白质的论文。

很快，斯威尼开始接到帮助进行性假肥大性肌营养不良患儿父母的会议组织者打来的电话。

"啊，我没有在研究任何治疗方法，"斯威尼告诉来电者，"我感兴趣的只是这种蛋白质如何运作，以及没有这种蛋白质会出现什么问题。"

"我们还是希望你能来谈谈，"他们会这样告诉斯威尼，"对其他人来说，有机会更多地了解你的看法还有它的工作原理，非常重要，因为这可能会帮助我们思考怎样解决问题。"

所以斯威尼去了。而那些会议改变了他的人生。

|||·|||·|||·|||

　　如果你曾遇见过任何患有进行性假肥大性肌营养不良的人或者这些患儿的父母，就会很容易理解李·斯威尼第一次走进会议厅时所体会到的那种紧迫感。进行性假肥大性肌营养不良是一种毁灭性的疾病，以潜在的残忍特性最大限度地伤透你的心。一段时间内，父母们可以欣喜地见证孩子正常发育，大多数人甚至能看到他们家孩子欢天喜地地学会迈出第一步。

　　但接下来，父母们会逐渐开始注意到有些事情不太对劲。等到孩子2—7岁的时候，大多数患有进行性假肥大性肌营养不良的儿童通常会得到确诊，他们比其他同龄孩子的运动速度慢，也更困难。这些患儿可能显得笨拙，时常摔倒，攀爬、跳跃、跑步都有困难。他们动不动就很疲累，总是想要被抱着。

　　即便如此，"父母仍然很难接受或相信初次诊断"，endduchenne.org网站这样警告称。有时候，孩子看起来正在逐步改善，但其实他体内的看不见的肌肉正在慢慢把自己撕裂。

　　进行性假肥大性肌营养不良发展到第二阶段时，事情就变得极为明朗。6—9岁之间，患儿为了弥补躯干和大腿使不上力气的情况，会演变成一种古怪的步行姿势，向前挺着腹部或者向后扬着肩膀，用脚趾或者脚跟来行走。12岁时，许多患儿需要借助轮椅，15岁左右会出现呼吸和心脏问题。患儿的平均寿命仅有25岁。

会议上，斯威尼解释道，他认为，是一种单一蛋白质的缺乏造成了如此巨大的破坏和痛苦——就相当于人体每个细胞核中携带的分子安装说明书出现了一处微小的拼写错误，结果就引发了肌肉萎缩。

每个人都有大约 2 万个不同的基因，位于每个细胞核内紧密盘绕的双螺旋结构中。每个基因都含有 2.7 万—240 万对 DNA 核心构建块，这种微观分子簇称为核苷酸。每个核苷酸由 4 种被称为碱基的关键分子组成：腺嘌呤（Adenine）、胞嘧啶（Cytosine）、鸟嘌呤（Guanine）和胸腺嘧啶（Thymine）。这些碱基序列（分别用单词首字母 A、C、G 和 T 来指代）编码了分子水平的说明书，我们的细胞可以根据这些说明书来构建我们身体合成的每一种蛋白质。这些蛋白质继而帮助确定我们的一切，从发色到性格，以及快肌纤维和慢肌纤维的比例。也正是"抗肌萎缩蛋白"的碱基编码序列出错，才导致了进行性假肥大性肌营养不良。

"抗肌萎缩蛋白"是一种特大型基因，斯威尼将其比作"非常坚硬的弹簧"。这是一种细胞减震器，必不可少，因为"肌动蛋白"和"肌球蛋白"被脆弱的细胞膜所包被。"抗肌萎缩蛋白"连接在这层脆弱的细胞膜上，可将这些纤维与外部弹性基质相接合，并缓冲肌肉收缩时的力量，从而保护细胞膜。如果膜内的细胞拉得太用力，"抗肌萎缩蛋白"就会像一根柔软的弹簧那样弯曲，从而吸收作用力，阻止脆弱的细胞壁被撕裂。

如果没有这种至关重要的细胞减震器，每当进行性假肥大性肌营养不良患儿运动时，都会导致肌肉细胞损伤（试想一下开着汽车在没有缓冲装置的坑洼道路上行驶）。慢慢地，肌肉开始被撕裂。这就是患儿们开始形成那种笨拙步态的原因。这就是他们久而久之失去力量的原因。这就是他们——即使身体日渐虚弱——肌肉看起来却比以往更大，从而提供了虚假希望的原因。肌肉膨胀不是因为"肌球蛋白"和"肌动蛋白"组成了更多肌肉纤维，而是来自脂肪、厚而结实的瘢痕组织、坚硬团块的堆积物，最终导致孩子们不得不坐上轮椅。

斯威尼在第一次参加进行性假肥大性肌营养不良会议并结束发言时，发现自己被这种疾病患儿的父母团团包围了起来。比起斯威尼在宾夕法尼亚大学讲课后会围拢过来的那一小群学生，这些人的口吻显得截然不同。

"这些父母只有绝望，"斯威尼回忆说，"他们非常渴望学习任何他们能够学到的知识，以便让他们对自己孩子身上发生的事情有更多感受和更多理解。"

最重要的是，斯威尼记得，他们对这个世界似乎冷漠相对而抱以困惑，他们感到孤独，感觉被世人遗忘了。

"他们想知道，为什么没有更多的科学家去努力解决它。"斯威尼回忆道。

突然间，斯威尼深邃的求知欲、他对探寻自然奥秘的喜悦，都变成了更有价值的事。斯威尼一下子被推入真正人类病痛的旋涡，这也改变了他的职业生涯。"我告诉他们，我没有真正努力去解决它，我只是努力去理解它，我为此感到内疚。"斯威尼说。

斯威尼回到家后，脑海中始终萦绕着那些父母和他们的孩子。他想要做些什么。此时，斯威尼对这种疾病机制的理解呈现出一种新的色彩，一种发自肺腑的悲剧色彩。

如果说所有这些痛苦和不幸的原因果真是某种基因变异，那么最显而易见的解决方案就是努力找到一种方法使之倒转回去。不过，斯威尼会如何开始呢？

ılı·ılı·ılı

我们可能真正改写人体自身安装说明书的理念，深入研究人体生物蓝图并对 DNA 进行彻底改造的可能性，都与历史上的科学追求不尽相同。

有人会说，我们是在入侵上帝的代码。确实，我们正在弄乱数十亿年进化过程中形成的基因序列。也正因如此，科学家们长期以来一直警告称，如果我们想要继续的话，须得谨慎行事才行。修补 DNA 可能会产生意想不到的后果。我们可能会释放出新的疾病，新的突变动物物种。我们可能会创造一个"侏罗纪公园"。

与此同时，我们也总能清楚地看到，治愈人类病痛的希望实在太大，我们无法不沿着这条危险的道路继续走下去。研究人员和医生始终认为，只要我们能够主宰遗传学，治愈疾病的前景几乎是无限的。我们可以治愈患有进行性假肥大性肌营养不良的那些孩子，以及无数其他病症的患者。我们可以挽救生命。尽管人们多半会担忧基因技术滥用，担忧这些技术可能会使少数人而非多数人受益，但科学家们几乎是从刚发现DNA时起就已经认清了这一点。

尽管如此，这一美好愿景还需要数十年的时间才能真正用于临床诊治。40年前，这项研究方兴未艾。20世纪60年代末和70年代初，约翰霍普金斯大学的研究人员首次证明，酶可以像一对神奇的微观剪刀那样，将长链DNA在任何点位处剪成片段。不久之后，斯坦福大学的生物化学家发表了一系列论文，描述了他们如何将不同基因片段上的DNA链融合在一起，使用的方法是切割每个片段并使其末端露出一对互补的核苷酸。这对核苷酸会像磁铁的相反磁极一样相互吸引。科学家称这种融合产物为"重组DNA"。

1972年，生物学家西奥多·弗里德曼（Theodore Friedmann）和理查德·罗布林（Richard Roblin）在《科学》（Science）杂志上发表了一篇题为《基因疗法能否用于人类遗传病？》的开创性论文，文中阐述了这些基因技术的根本含义。他们指出，医学的未来可能就在于重写人类所拥有的基因蓝图。

过去几年里，生物学家实现了又一次飞跃，研发出一种新的基因编辑技术，称为CRISPR。CRISPR比以前任何技术使用起来都更容易、更快捷、更价廉。以前的基因编辑工具需要花费数千美元，而且通常要花数月时间才能完成研发——光是改造一个基因就足以写出一整篇论文来了。此前的靶向基因治疗是通过将遗传物质插入染色体上的随机位置而起作用，因而有时会引发意外的副作用。而 2012 年的 CRISPR 技术则大大提高了人类细胞基因编辑工具的准确性。CRISPR 通过重新调整单细胞生物体使用的一套系统来跟踪外源 DNA，包括以前遇到的、对细胞构成威胁的病毒质粒。科学家可以利用"向导 RNA"作为分子标记，精确地标注人体细胞中所需切割的位置，进而指挥一种被称为 Cas 9 的酶（具有切割 DNA 的能力）的运动，然后随心所欲地从细胞中提取不需要的基因或者将新的遗传物质插入细胞。

CRISPR 技术使得技术人员能够对基因进行显微外科手术，进而精确定位并轻松改变染色体 DNA 序列的多个位置。他们可以使用成本低至 30 美元的现成技术相对快速地完成这些强大的基因的改造。许多人认为，CRISPR 很快就可以用来重写由多个基因引起的复杂疾病和性状。

不过，早在 CRISPR 技术出现之前，科学家们就试图利用改造后的 DNA。1990 年，美国国立卫生研究院（NIH）由威廉·弗伦奇·安德森（William French Anderson）领导的一个研究小组，治好了一个患有"泡泡男孩"症[①]的 4 岁女孩，他们先是抽出血液并将白细胞隔离至培养皿中，然后与病毒共同培养，好让病毒的遗传物质注入白细胞的细胞核。这种病毒已经被掏空并且灌入了

---

① 一种重症联合免疫缺陷病。——译者注

重组 DNA，其基因编码蓝图可用于合成抗感染斗士 T 细胞所需的关键酶——这正是女孩体内无法自行合成的酶。当科学家们把细胞重新注入小女孩的身体，并开始首次从她体内检测到所需的酶时，便迎来了科学史上的又一重大时刻。

安德森和他的团队所产生的效果只是暂时的，并没有人们所期望的那么强大，因为小女孩体内大多数旧细胞依然含有错误的 DNA。久而久之，相比安德森重新输送至女孩体内的少数基因改造细胞，女孩身体中患病细胞继续分裂的速度更快，数量也更多。

就在安德森 1990 年完成"泡泡男孩"症患者研究创举的 4 年后，斯威尼的同事，以及他在宾夕法尼亚大学最后的合作者之一、名叫詹姆斯·威尔逊（James Wilson）的生物学家，向世人展示了一种更为持久的基因技术。威尔逊找来一位会形成致命恶性胆固醇的基因病患者，将一种病毒插入其肝细胞中。由于肝脏拥有的再生细胞更多，因而威尔逊的技术也远比任何早期实验都更有效——经过基因改造的肝细胞迅速繁殖，数量庞大，肝脏器官也逐渐变成了新细胞的稳定来源，变成了合成体内缺失酶的生产工厂，并将之源源不断地释放到血液中。

后来，威尔逊几乎是眼睁睁地看着自己的职业生涯险些葬送在另一道障碍——人体自身的抗感染机制上，这种机制会对用于输送新 DNA 的病毒载体产生强烈反应。1999 年，18 岁的亚利桑那州居民杰西·格尔辛格（Jesse Gelsinger）自愿参加威尔逊的一项研究。格尔辛格是一位理想主义者，他所罹患的遗传病也相对轻微。在接受了含有改造 DNA 的病毒注射后的 4 天内，格尔辛格的体温已升至 104.5 华氏度，他的身体被炎症压垮了，表明体内起了极度严重的免疫反应。最终，5 天后的凌晨 4 点，威尔逊的电话响了起来。重症监护室的医生告诉威尔逊，格尔辛格已经用上了体外循环机器。他的器官已经开始衰竭。没多久，格尔辛格便去世了。

"输送这些基因的蛋白质以我们以前从没见过的方式激活了他的免疫系统，"威尔逊说，"这完全出乎我们意料之外。每次电话铃一响起来，情况都变得更糟了。"

这场悲剧引发了法律诉讼、国会听证会，几乎断送了威尔逊的职业生涯，也导致基因工程领域倒退回几年前。经过基因改造后用来输送救命 DNA 的病毒载体有时会受到致命的攻击，在千禧年头 10 年的大部分时间内，设法抑制这种攻击现象将成为基因治疗研究中最棘手的难题——尽管近年来，研究人员在克服此问题的方面已经取得了重大进展。

不过，那些希望推进基因治疗的研究人员所面临的依然是一道更大，甚至也更艰巨的障碍——遗传密码自身的复杂性。

人类基因组错综复杂、难以索解。不同于"泡泡男孩"症，也不同于进行性假肥大性肌营养不良，绝大多数人类特征和疾病是由许多不同的 DNA 片段和环境特征相互影响所致。虽然科学家们已经能够针对由单一突变引起的简单疾病实施基因工程，从而证明了弗里德曼和罗布林所描绘的遗传疗法愿景实际上是有可能实现的，而 CRISPR 也使得科学家更有可能针对更复杂的疾病采取多个点位的靶向微调，但这项研究在很多方面才刚刚起步。

科学家们仍在努力破译人类基因组的组成部分和环境是如何通过相互影响来使我们变好或变坏的——事实上，科学家们最近才开发出某些工具，用于快速且廉价地读取构成单一人体遗传序列的 32 亿个核苷酸。大多数科学家认识到，只有当这些工具臻于完善时，基因疗法才能充分发挥作用。

休·赫尔在他的实验室里解码人体腿部运作机制所用到的处理能力、数学魔力和模式识别分析等方面的先进技术，也同样用来改造分子生物学领域。2000 年，数千名科学家花费了 30 亿美元来解码并绘制人类基因组图谱中的前 32 亿个核苷酸。现在，各家公司完成这项工作只需要 3 天时间，花费不到 5 000 美元。当你读到本书时，不少公司很可能只要花 1 000 美元甚至更少的成本。看起来，每过 1 个月，DNA "测序仪"便会效率更高、成本更低，基因操纵的可能性也就更大。

为了实现基因组测序，科学家们如今使用的是相对较新的自动化技术，首先将 DNA 链剪切成易处理的小片段，快速制作数百万份拷贝，然后使用先进的分子标记技术和视觉识别软件分别"读取"各个基因组的内容。这些技术，再加上用于分析比较日渐增长的完整基因组库中 30 亿核苷酸的大规模计算能力，有望彻底改变我们的认知：不同基因组合之间如何相互作用而引发疾病，又是如何决定我们的外观、行为和思维方式的。

ᴵᴵᴵᴵ·ᴵᴵᴵᴵ·ᴵᴵᴵᴵ

　　李·斯威尼越是希望帮助那些和进行性假肥大性肌营养不良患儿和他们绝望的父母，他就越是意识到，他也想找到方法帮助另外一群遭受肌肉萎缩症蹂躏的患者。事实上，早在参加那场改变了斯威尼的进行性假肥大性肌营养不良会议之前，他已经深入思考过衰老对人类的摧残。几个月来，斯威尼一直沉浸在极度的悲伤和困扰之中，因为人类几乎不可避免地肌肉退化，使得年老者沦为年轻者眼中的孱弱阴影。

　　斯威尼的思考开始于他的祖母玛蒂·西奥·理查森（Mattie Theo Richardson）之死。多年来，理查森一直与斯威尼的父母一起生活在得克萨斯州阿灵顿市。不过，到了她91岁那年，情况变得不太美好。理查森是一位精力充沛的女性，总喜欢在花园里劳作。然而随着年纪渐长，理查森的身体越来越虚弱，直到有一天，她的双腿也不争气了，她跌倒在地，摔断了髋骨。后来，她虽又多撑了一年半时间，但身体终究没能恢复。

　　斯威尼最后一次见到祖母的时候，理查森告诉他，她不能再做自己喜欢做的事情了，她太虚弱了，活下去也没有什么意义了。

　　"从那以后，她基本上就是日渐消瘦，"斯威尼说，"因为她的肌肉太软弱，她只能任由自己死去。"

　　就在斯威尼接受邀请在进行性假肥大性肌营养不良会议上发言之前的几个月里，祖母的去世促使他仔细研究人类肌肉随着年龄增长所发生的变化。在30—80岁之间，我们所有人都会平均失去大约三分之一的骨骼肌重。我们都确实是变得消瘦了。斯威尼想知道，我们非得如此不可的原因，以及解决方法。在他看来，年轻人用来生成肌肉的原材料，在老年人体内也仍然存在。那么，究竟是什么原因导致身体突然不再根据需要修复肌肉和生成新肌肉了呢？

斯威尼从进行性假肥大性肌营养不良患儿的父母讲述的痛苦故事中，听到了类似的肌肉萎缩问题。从那些绝望的、孤立无援的父母身上，斯威尼看到了自己的影子。斯威尼意识到，如果他有能力破解与年龄有关的肌肉萎缩的奥秘，那么他也极可能给那些进行性假肥大性肌营养不良患儿送去福音。帮助这些病患长出更大的肌肉，正如斯威尼梦寐以求的事情——帮助他那虚弱的、卧床不起的祖母，也会为这些孩子和他们的亲人争取宝贵的时间，并提高这段时间内的生活质量。

还有另一个原因值得尝试。斯威尼一直与遗传学家詹姆斯·威尔逊和他的同事保持密切交流。两人甚至共同发表了关于基因治疗和"抗肌萎缩蛋白"的论文。进行性假肥大性肌营养不良确实是由影响这种单一蛋白质的基因突变所引起，但"抗肌萎缩蛋白"基因是自然界中发现的最大的基因，由至少8个独立的组织特异性启动子组成，可测得约240万个核苷酸。这种蛋白质本身含有超过3 500个氨基酸。病毒科学家已经找出方法来挖空并且转化为人造遗传物质的传递机制，只不过人造遗传物质太小，不足以提供"抗肌萎缩蛋白"所需的说明书。DNA 不吻合。

因此，正当斯威尼和威尔逊在研究"抗肌萎缩蛋白"问题时，斯威尼决定立刻尝试做些事情——这些事情能够帮助进行性假肥大性肌营养不良和老年虚弱病患者，比如他的祖母玛蒂·西奥·理查森。

斯威尼试图从诊断老年人的问题着手。他并不完全确定我们随着年龄的增长而失去肌肉的原因，但他怀疑答案可能在于内分泌系统与衰老相关的减缓现象，内分泌系统由一组内分泌腺组成，通过释放激素进入血液，从而在全身传播通用指令——从引发我们的"战斗或逃跑"反应（fight-or-flight response）本能，到告诉身体何时该上床睡觉，或者告诉我们何时在恋爱。

斯威尼知道，内分泌系统分泌的激素也起到了触发和调节肌肉生长修复的作用。实际上，生成肌肉的合成类固醇和基因工程人体生长激素（Human Growth Hormone，HGH）都是通过模仿人体内分泌系统释放的化合物而起作用的——斯威尼知道，这些激素的释放水平会随着我们年龄的增长而直线下降。如果斯威尼可以设法把目标瞄准这些会从全身生长信号中获得指令的肌肉——如果他能够找到办法向肌肉发送一条自己的消息——或许他就能说服肌肉继续生长了。斯威尼决定破解这个系统。

斯威尼仔细斟酌着他的选择。使用合成类固醇是不可行的。老年人和进行性假肥大性肌营养不良患者常常伴有心脏问题，而越来越多的研究表明，合成类固醇会削弱心脏有效泵血的能力，以及心脏收缩间隙放松和补充血液的能力。利用类固醇来治疗他们，固然可以促进骨骼肌肉生长，但如果可能导致心脏功能恶化，那么患者恐怕也无福消受。斯威尼也知道，合成类固醇距离他希望获得的分子开关还有很长一段路途。本质上来说，合成类固醇就是男性激素——睾酮的修改版；（还记得那些生吃睾丸的奥林匹克运动员吗？）合成类固醇也会导致面部毛发，以及其他与肌肉生长无关的症状。斯威尼怀疑，引发老年人肌肉萎缩的根源应该在其内分泌系统的其他部位——毕竟这种现象不限于男性或女性。

接下来，斯威尼考虑的是人体生长激素。人体生长激素是由大脑底部称为脑下垂体的豌豆状结构分泌的，脑垂体会发出信号来增加体重（因此也备受兴奋剂运动员的青睐）。事实上，脑垂体变化可能是老年人身体变化的基础，这一看法可以说非常合理。

尽管人体生长激素似乎是有希望的目标，但对于斯威尼而言，这似乎离他希望获取的肌肉增长机制有点儿太远了。激素是通过"锁钥机制"起作用的。激素在血液中循环流通，直到碰上适当的蛋白质。这种蛋白质称为受体，会从人体各处不同的细胞中探出来。当激素与受体发生结合时，便会启动这一细胞DNA中的细胞过程，就如同把钥匙插入引擎启动汽车一样。

睾酮和生长激素增加肌肉质量的方式之一，就是发出信号通知身体产生第三种化合物，这种化合物称为胰岛素样生长因子1（Insulin-like Growth Factor-1，IGF-1）。IGF-1是由肌肉细胞本身产生的，它实际上启动了一系列导致更多生长的化学过程。一旦启动，人体的巡回施工人员——干细胞便会开始在我们体内肌肉细胞中添加新的"肌球蛋白层"和"肌动蛋白层"，两种微丝相互滑动并使肌肉收缩，从而将化学能转化为可在世界上移动和行动的动能。

"最终，我们决定直接研究 IGF-1，因为这就是我们真正想要的。"斯威尼说。

换句话说，斯威尼决定要试图开启 IGF-1 本身的基因（而不是依靠激素来促进 IGF-1 合成）——并向肌肉细胞内大量微小的蛋白质工作细胞发出相当于开工动员令的信号，这些肌肉细胞能够自行建造和修复。不过，斯威尼并不只是注射一剂最终会消失的激素，而是利用基因工程病毒直接将人造基因输送到肌肉细胞内，使之保持开启状态，且永久开启。

斯威尼建立了 3 组实验鼠，分别相当于人类的年轻组（2 个月大）、中年组（18 个月大）和老年组（24 个月大）。然后，他将病毒注入每只实验鼠右后肢的肌肉中。左肢没有注射，作为对照组。4—9 个月后，斯威尼牺牲了这些实验鼠，将之解剖，检查其肌肉生长情况。

结果可谓一目了然。最年轻的一组实验鼠，肌肉质量增加了15%，肌肉强度增加了14%。不过，当斯威尼检查年纪较大的实验鼠时，给他留下的印象更是深刻。斯威尼从一开始就很清楚，因为光靠肉眼就能看出，右肢上的肌肉更多——IGF-1 有力地启动了肌肉的合成过程。不过，有一天，斯威尼走进实验室，停留在电脑屏幕前，开始跟一位博士后研究人员一起浏览数据，他为实验数字大感震惊。

斯威尼事先预测，肌肉可能会有所改善。不过，当他分析老年组实验鼠的肌肉时，这些实验鼠的年纪相当于90岁老年人 —— 正是他挚爱的身体虚弱的祖母的年龄 —— 斯威尼发现，老年鼠的肌肉跟年轻鼠的肌肉一样强壮和健康。

"那么，这比我们预期的还要好一些。"斯威尼当时宣称，话语中还有所保留。

"我们曾预计结果会更好，"斯威尼现在说，"但并没预料到会达到它们一生之中最好的状态。"

老年组实验鼠中，肌肉质量增长了19%，强度增加了27%。此外，IGF-1表达"完全阻止了最快、最强的肌肉纤维类型的显著损失"，这不仅意味着新的肌肉产量正在增加，而且肌肉再生也得到加强。肌肉再生现象表明，这项技术也许可以通过维持肌肉功能来帮助肌营养不良症患者。对其他人来说，其影响也同样深刻。

"当动物变得超级老的时候，它们的肌肉也永远不会改变，"斯威尼一边说，一边想起90岁的健身狂人参加混合健身（CrossFit）比赛时的模样，"依然跟年轻时一样强壮。"

当斯威尼在一份科学杂志上发表研究结果时，他在论文中留下了一段附言，对于一册很枯燥的科学杂志而言显得极为个人化。这段文字是这样写的："H. 李·斯谨以此文献给他的祖母玛蒂·西奥·理查森，其生命因为缺乏站立行走所需的足够肌肉力量而缩短。"

⑾⑾·⑾⑾·⑾⑾

尽管斯威尼的论文对他个人而言意义深刻，但他也认识到其背后潜藏的危险。斯威尼在发表这篇论文时警告称，对运动员而言，IGF-1 基因治疗可能是"完美的性能增强剂"。

"哪怕不练习，你产生的肌肉质量和力量也会增强，"斯威尼说，"而且它在血液中是检测不出来的。"他打趣称，这项技术"是沙发土豆族的梦想"。

即便如此，斯威尼对于大众反应的程度也是始料未及——不惜冒险的运动员们的电话如潮水般打进来。

2001 年，英国《卫报》（ *The Guardian* ）的两位记者拜访斯威尼的实验室，近距离观察了他创造的最新一代老鼠家族成员。当斯威尼展示这只滑稽的啮齿动物时，记者们给它取了一个绰号叫"希曼"。

斯威尼以实验鼠的肝脏为目标，创建了一座集中式生产工厂，用于加速合成 IGF-1 分子，然后进入血液并在整个身体内部循环，进而促进全身肌肉生长。经过这样一番处理，"希曼"的肌肉质量惊人地增加了 60%，使之能够"毫不费劲"地将重 120 克的梯子——相当于其体重的 3 倍——负在背上。

截至此时，距离斯威尼首次将实验鼠带到世界上已过去 3 年多的时间，运动员打给他的电话从没有停过。这段经历也已经开始影响了他的看法。

"我真的相信，如果苏联没有解体的话，这个国家肯定已经在用基因工程改造人体了，"斯威尼当时这样告诉记者，"谁知道这会发展到什么地步？"

许多其他研究人员也怀有类似的担忧。这种担忧远远超出了那些只埋头研究肌肉的人——正如我第一手所发现的那样。英国体育生物学家克里斯·库珀（Chris Cooper）在其著作《跑步·游泳·投掷·作弊》（*Run，Swim，Throw，Cheat*）中写道，取得运动成就需要"超越疼痛的力量、耐力和竞争能力"。数十年来，打定主意要作弊的专业运动员往往企图增强这些特质，利用的正是库珀所称的"邪恶铁三角"——合成类固醇、促红细胞生成素（EPO）和兴奋剂。事实上，我所遇到过的更为丰富多彩，也更为不可思议的基因追寻故事，不是追求肌肉突变，而是库珀"邪恶铁三角"的第三个组成部分——疼痛耐受度。

21 世纪初，英国遗传学家团队收到巴基斯坦拉合尔一家医院的医生发来的一份异常报告。医生提到一位 10 岁的巴基斯坦街头艺人，他的谋生手段是把刀子刺向自己的手臂，赤脚穿过滚烫的火炭。这个男孩的伤口非常真实——他在表演流血和烧伤之后不断出现在医院，要求包扎处理。不过，奇怪的是，不管男孩当天的伤口多么严重，他似乎没有丝毫不适感。事实上，他根本就不放在心上。医生开始怀疑，男孩有一种罕见的基因突变，使他不会感到疼痛。

　　遗憾的是，等到英国遗传学家研究团队前来检验这一理论的时候，为时已晚。男孩为了给朋友露一手，从楼顶跳了下来，不幸丧生。不过，遗传学家还能够到这位街头艺人老家的村庄里采集 DNA 样本。在那里，他们发现 3 个家族的多位个体都存在同一个基因缺陷，这个基因称为"钠离子通道 N9A（SCN91）"，包括该基因在内的 11 个人类基因含有某种蛋白质编码——这种蛋白质可以控制产生体内传递的疼痛信号。只要他们愿意的话，这些人全都可以赤脚踩热炭，而且根本不会感到疼痛。基因突变在止痛药物方面具有良好的应用前景。但人们可以想象，为什么忍受疼痛的能力在某些比赛中会像结实肌肉之于举重运动那样有用。事实上，这会增加一种令人不安的可能性，那就是不仅是运动员，还有士兵也可能愿意为了打胜仗而不惜一切代价，又或者极权政府可能会强行将士兵变成没有痛感的炮灰。

　　该研究的资深作者、剑桥医学研究所的杰弗里·伍兹（C. Geoffrey Woods）不愿意谈论这项工作，当我联系他时，他挂断了电话。伍兹并不是这一领域唯一小心谨慎的人。约翰霍普金斯大学医学院教授李世镇（Se-Jin Lee）就像斯威尼一样，被认为是世界上肌肉信号传导通路领域最重要的专家之一。不过，李教授拒接我的电话。他向 2014 年《运动基因》（*The Sports Gene*）一书的作者戴维·爱泼斯坦（David Epstein）解释称，他之所以对新闻工作者守口如瓶，是因为"他对于运动员明显企图滥用还不是技术的技术而感到不安，那些技术本该提供给没有其他选择的病患"。李教授担心，他和斯威尼所研究的那些肌肉疗法"可能会和类固醇一样，因为涉及体育丑闻而遭到污名化"。

当然，类固醇提供了可引以为戒的警示故事。我们很容易忘记，早在类固醇与作弊还没联系在一起的很久之前，合成类固醇就已被用作一种强大的力量来一劳永逸地治好我们当中的最弱者——第二次世界大战结束时从奥斯维辛之类的地方解救出来的营养不良、骨瘦如柴的集中营幸存者，烧伤病人，还有遭受发育问题的儿童，不一而足。

说到前后发生如此巨变的这样一个教科书式的案例——斯威尼、李世镇和他们的同侪在思索基因兴奋剂的新时代时也相当关注这一警世寓言——还是有必要谈一谈一位名叫戈登·休斯（Gordon Hughes）的男子的经历。

1961 年，休斯发明了一种名为"诺勃酮"或称为"二乙诺酮"的新化合物，作为他在英国曼彻斯特大学化学博士学位论文的一部分，他认为该物质可以帮助需要合成更多蛋白质的老年手术病患。休斯最后入职的惠氏制药公司［Wyeth Pharmaceuticals，现为辉瑞公司（Pfizer）子公司］也确实将这种化合物作为身材矮小症患者增重治疗的药物来研究。

不过，世界上大多数人听说这种药物，并不是在老年手术患者或身材矮小症儿童的背景下。我当然不是，斯威尼也不是。我得知这种药物是在几年前，我飞往伊利诺伊州尚佩恩市的玉米地，去会见一位脾气不好、胸围宽大的化学家帕特里克·阿诺德（Patrick Arnold），他在医学图书馆研究类固醇时发现了休斯创造的化合物。阿诺德所想到的用途则完全不一样。20世纪90年代早期，阿诺德还是个24岁的实验室技术员，从事着他恨透了的低薪工作，制造用于洗发水和发胶的化学品。阿诺德也是一位狂热的举重选手，但他的日子过得很无聊。

一天下午，在开始了当天的化学反应工作之后，阿诺德查看了他那些肌肉杂志里提到的类固醇的分子结构，内心不由得受到触动："我讨厌我的工作，但我有一间实验室——我可以尝试自己做点儿东西出来，"阿诺德回忆说，"没有人会知道我到底在做什么。"

阿诺德将他所需要的类固醇前体物质添加到他通过公司订购的常规化学试剂清单里，没有人注意到。不久，他每周花10个小时待在图书馆，从鲜为人知的专利和研究期刊纸堆里搜寻分子结构值得进一步探索的化合物。对阿诺德来说，最令他兴奋的一项发现就是休斯的诺勃酮。诺勃酮具有独特的化学结构，不可能被检测出来，同时似乎也具有阿诺德曾试过的其他更有效类固醇的许多特征。

几年后，当阿诺德成为成功的主流营养补充剂大师，产品也被如马克·麦奎尔（Mark McGwire）等职业棒球运动员使用时，阿诺德也出于好玩而酿造了一批诺勃酮。诺勃酮非常偏门，专业兴奋剂项目都没有参考样本，因此也无法检测出来。但随后，阿诺德将这种化合物交给了奥运会自行车手塔米·托马斯（Tammy Thomas）。托马斯完全无视阿诺德对待剂量的谨慎态度，服用了足够多的这种化合物，很快她的蹲举力量就达到了不可思议的350磅。她还长出了突出的喉结、有了低沉的男性嗓音、面部毛发和男性的脱发症状。最终，托马斯的天然睾酮水平（女性体内也会分泌睾酮）远低于正常水平，由此敲响了警钟（这是接受类固醇疗法后的常见副作用）。一旦检验人员仔细检查她的尿液，就会从中找出相关代谢物进而发现诺勃酮，那是迟早的事。

　　阿诺德还把样品发给了一位冒进无礼的企业家，名叫维克托·康特（Victor Conte）。康特在美国加利福尼亚州伯灵格姆市运营一家营养中心，称为海湾地区实验室合作社（Bay Area Laboratory Co-operative，BALCO）。康特给类固醇重新起名叫"清洁药"（The Clear），开始将之分销给顶级运动员。在托马斯被起诉后，阿诺德完成了运动兴奋剂史上几乎前所未有的事情。他仔细检查了默克公司（Merck）的化合物索引，并创制出一种全新的类固醇。最终，BALCO的举动迅速升级为一场重大丑闻，导致美国一些最著名的运动员都身陷其中，棒球巨星贾森·詹比（Jason Giambi）和巴里·邦兹（Barry Bonds）、足球明星比尔·罗曼诺夫斯基（Bill Romanowski）、英国短跑选手德温·钱伯斯（Dwain Chambers），以及3届奥运会金牌得主玛丽昂·琼斯（Marion Jones）等人皆名誉扫地。阿诺德被判在西弗吉尼亚州摩根敦市的联邦监狱服刑 3 个月。

大多数人听说戈登·休斯的研究成果都是拜阿诺德的著名化合物所赐。这位现已退休的科学家对此恶名并不怎么领情。

"人们正在使用这些药物，这事儿困扰着我，"休斯告诉我，"这些药没有通过 FDA 的要求。你对它们一无所知。"

休斯说，当初他首次制成这种化合物时，从来没有想到他的发明最终会被用到这种地方。

不过，世界反兴奋剂组织的官员在认真考虑即将到来的基因治疗时代时，已经想到了这一点。实际上，BALCO 对此也是忧心忡忡。每年 1 月，斯威尼会和其他一些内行遗传学家来到蒙特利尔，前往坐落在已有 200 年历史的维多利亚广场（Victoria Square）、一座 48 层高的摩天大楼。接下来的 8 个小时，他将在这栋摩天大楼的 17 楼会议室里与世隔绝，欣赏城市全景，吃着各类食物，讨论运动员滥用新兴基因工程学来改变他们身体的各种可能的方式。

"他们希望这次能领先一步，"斯威尼说，"他们希望运动员在追逐这些东西时能更加感到害怕，他们不希望再像面对 BALCO 事件一样猝不及防。"

尽管如此，世界反兴奋剂组织能做的事依然有限。一种可能的做法是联系做基因治疗实验的公司，获取样品，寻找任何可能残留于人体内的生物学标记，揭露这位运动员在试图增强他或她的基因；另一种可能的办法是拨款资助一批研究人员，努力想出新方法来检验基因兴奋剂。

问题在于，要证明一名运动员曾入侵他或她的基因，唯一的方法是检测证明新 DNA 传递载体的存在。然而，载体最终都会被人体分解掉，一切痕迹都会被抹得干干净净。一旦如此，便几乎不可能证明此人的 DNA 并非上帝赐予的原版。

"这是我们讨论的事情之一，"斯威尼说，"你得考虑清楚，你必须按照什么样的周期检测才能确保你能抓住他们。"

或许最令人望而生畏的障碍是各种可能性的数量之多，因为斯威尼在老鼠身上 ——2011 年又在金毛猎犬身上 —— 获得成功的基因调整，这只是众多基因调整的可能性之一。斯威尼说，世界反兴奋剂机构"关心你可能想到的可以用基因疗法给运动员带来优势的一切东西"。

根据最新统计，运动领域有超过 200 个基因与出众的体育表现相关 —— 有许多本书都是关于这些基因的（爱泼斯坦所著的《运动基因》便是很好的一例）。尽管就现在而言，这些基因绝大多数自身独立发挥的作用太小，利用现有技术进行调整的价值不大，不过随着 CRISPR 之类的基因编辑技术的迅猛发展，未来的情况不会一直如此。与此同时，一些人造基因已经是触手可及 —— 比如疼痛基因、IGF-1，以及另外一种很快就会吸引斯威尼注意的基因突变 —— 我们在本章开头介绍的突变也出现在一个德国新生儿身上。他生下来就长着健美的肌肉，为此媒体称之为"超级宝贝"。这种突变涉及一种罕见但强大的化合物 —— 肌肉生长抑制素（myostatin）。

ıılı·ıılı·ıılı

　　我之所以想找约翰霍普金斯大学那位不肯接电话的发育生物学家李世镇对话，正是因为肌肉生长抑制素。20 世纪 90 年代早期，正是斯威尼开始独立研究"抗肌萎缩蛋白"的同一时期，李世镇发现了这种只存在于肌肉中的新蛋白质。

　　李世镇和他的研究生发现，肌肉生长抑制素在身体中的作用是抑制肌肉生长。如果说斯威尼专门研究的化合物 IGF-1 是肌肉生长的加速器，那么肌肉生长抑制素便是制动器。没有它，肌肉便会不受限制地增长，通常至少长到其正常尺寸的 2 倍。但事实证明，动物体内的这种基因的突变也可在自然界中找到。就在李世镇和他的团队制造出这种"肌球蛋白"缺陷型啮齿动物（因其体型巨大而被媒体称为"阿诺德·施瓦辛格小鼠"）之后不久，研究小组又从牛身上找到一种自然发生的类似突变，这种超级肌肉牛被称为"比利时蓝牛"。另一支研究团队也从惠比特犬（一种每小时可以跑 35 英里的赛狗品种）身上发现一种肌肉生长抑制素突变。带有两个缺陷基因拷贝的狗会变得肌肉僵硬，在赛道上毫无价值。但只有一个基因拷贝的狗似乎恰到好处，赛跑时往往能摘得桂冠。

　　就在李世镇研究发现后的短短几年内，柏林一家医院的医生就联系了李教授。医生们相信他们已经找到了具有基因突变的第一个人类新生儿。这个婴儿被称为"超级宝贝"。

"通常情况下，如果你抱起一个婴儿，因为小孩儿身体周围有脂肪组织，所以婴儿会让人感觉柔软"，儿童神经科医生马库斯·许尔克（Markus Schuelke）说，但在"超级宝贝"出生后不久，马库斯为婴儿做检查，当时护士注意到了他的震颤，"这个孩子的身体很硬。感觉更像是肌肉"。

许尔克曾经读过李世镇的论文。2004 年，这两位研究人员和其他几人在《新英格兰医学杂志》上发表了一篇论文，报告称他们已经证实这个婴儿体内的肌肉生长抑制素突变。由此引发的媒体狂轰滥炸使得这个家庭心烦意乱。一些批评者要求这位不愿透露姓名、论文中介绍她是职业短跑运动员的母亲，把以前赢得的所有奖牌都退回去。今天，许尔克不会公布任何关于这个德国男孩现状的信息——那场炒作之后，这家人要求医生不要再发布有关他们的任何信息了。不过，也许是在美国范围内得到公开认定的最知名的"超级宝宝"的父母，如今仍然愿意与记者交谈。

这便是密歇根州的利亚姆·胡克斯特拉，正是我们在本章开头所述的男孩，他在我撰写本书时已有 9 岁。利亚姆有 6 块腹肌，背部肌肉凸起。据他的父亲尼尔说，利亚姆平时打曲棍球，也喜欢摔跤。尽管他在曲棍球场上并不具有特别的竞争力，但是他的力气却给他带来摔跤场上的独特优势，哪怕他不知道传统动作，也能够压倒对手。他的父亲说，相比同年龄段的其他孩子，利亚姆在棒球场上投球、击球也能打得更远。肌肉在校园里也能派上用场。尼尔语气中带着一丝骄傲地说，利亚姆最近刚"教训"了一个欺负他好友的大个子。

医生仍然没能准确地找出导致利亚姆肌肉发育过度的确切突变。不过，检测过利亚姆 DNA 的斯威尼、费雷尔和一些人认为，其原因极有可能是基因引起的。假如能找到这种基因突变，就有可能为新疗法指明方向——也可为健身达人和渴望获胜的运动员提供新的增肌手段。

斯威尼和其他许多研究者认为，就目前而言，肌肉生长抑制素是治疗肌肉萎缩症的最有希望的要素。撰写本书的过程中，就有多家公司在临床实验中使用了所谓的肌肉生长抑制素。

2011 年，斯威尼使用肌肉生长抑制素突变创造出"阿诺德·施瓦辛格金毛猎犬"。2015 年，中国实验室的科学家们宣布，他们运用 CRISPR 技术去除肌肉生长抑制素基因，成功创造出肌肉质量双倍于普通狗的比格犬，并且打算创造出具有其他突变的狗，用以模拟帕金森症、肌肉萎缩症等人类疾病。

斯威尼虽然仍相信 IGF-1 的功效，但他把注意力放在了肌肉生长抑制素上，因为这种抑制剂所需插入的病毒载体更少，因此其可能引发机体免疫反应的概率也更低。斯威尼可能会回头研究 IGF-1。1999 年杰西·格尔辛格去世后，威尔逊的合作研究所关闭了，他被判决 5 年内禁止从事人体临床实验。但从那时起，医生们已经找到克服免疫反应的许多新方法，包括使用威尔逊发现的一些其他载体，以及在治疗早期关键阶段使用某些类固醇来确保炎症可控。2014 年，第一项基因疗法获得欧盟批准。今天，估计有超过 2 000 个基因实验正在进行中。这些基因疗法未来将广泛地用于治疗疾病这点是势在必行。与此同时，斯威尼和其他人密切关注着各种实验，看看哪种病毒载体最安全，又能够安全地推进实验到何种程度。

⑅⑅⑅⑅⑅

我从斯威尼的办公室开长途车回纽约市的路上，沉思默想着自己的基因构成。我小时候也参加体育运动，一度还梦想成为职业棒球运动员。高中时，我甚至试着玩过几个月的橄榄球。只可惜，14 岁的我个子特别小。因此，我最鲜活的记忆是在某个下午，有位身材高大健壮、发育过头的跑卫名叫约翰·伯克（John Burke），他从四分卫手中接过橄榄球后，我英勇无畏地径直拦截在他的进攻路线上。无论如何，我下定决心要让他吃点儿苦头。当伯克从我身上碾压过去时，我拽着他的脚踝，就像利立普特人紧抱着格列佛那般于事无补。伯克拖着我推进了至少 30 码① 远，可能他根本就没注意到我，最后把我撂在 15 码线以北的某处，一群人在那里垂头丧气。

---

① 　1 码 ≈ 91.44 厘米。——编者注

　　如果那时就存在肌肉生长抑制素，情况可能会有多不同啊。一段时间里，我让自己幻想着另外一个世界，我可以选择扮演约翰·伯克的角色，能在其他未充分发育的蠢蛋面前横冲直撞。我突然想到，高中时期周围就已经出现了类固醇。健身房也出现了。而不管其中哪一样，我从来都没打算尝试。

　　就像斯威尼那样，我也认定，我不会想要通过改写自己的基因组来换取运动场上的荣光。不过，如果某些基因突变可以更直接影响我的生计（比如，假如我可以调整自己的记忆或智力），那么情况可能会不一样。事实上，正如我后来将会得知——我们也将在后面的章节中探讨——近期的一些研究发现提供了这种诱人且又在道德上令人不安的可能性，我们或许很快就可以通过调整基因来改善记忆力、认知功能甚至提升幸福感。

　　在驾车回家的路上，那些进行性假肥大性肌营养不良患儿和他们绝望的父母在我心中留下一片哀伤的阴霾。让几个浑身肿大的病患通过基因修饰来改变肌肉，这种可能性看来要付出的代价和要承担的风险都很小。正因如此，斯威尼和李世镇等研究者的工作仍在继续快速发展。

　　基因治疗并不是侵入人体并指挥其重塑自身的唯一方法。近年来，科学家们开始探索其他具有同等变革潜力的技术。这些技术旨在释放潜藏于我们身体细胞中的再生力量——这种惊人的力量是科学家长期以来怀疑其存在，但直到最近才弄清如何加以利用的。

第三章

撒精灵尘的男人

再生医学与再生肢体

他严重受损的右大腿肌肉出现了一丝微弱的脉搏，但起初太过微弱、缓慢、差点就被他忽视了。接着，脉搏跳动的次数变得越来越多。有些人会认为，这是不可能发生的。不过，伊萨亚斯·埃尔南德斯（Isaias Hernandez）下士可以感觉到，他的股四头肌变得更强壮，肌肉正在逐渐恢复。

2004 年 12 月，当他第一次到达位于美国圣安东尼奥的布鲁克陆军医疗中心（Brooke Army Medical Center）的创伤病房时，埃尔南德斯的腿看上去像是肯德基（KFC）店里的东西——就像你朝鸡腿一口咬下去直到露出骨头为止。

埃尔南德斯是在伊拉克西部一座沙漠空军基地行走时被击中的，他当时胸前抱着一台紫黑相间的 12 英寸电视机。塑料电视挡住了他的重要器官，缓冲了炮弹碎片的冲击；搬运 DVD 机的那位伙伴就没那么幸运了，他没能活下来。

医生不断地告诉埃尔南德斯，截肢会让他的状况变好一些。安上假肢，运动灵活性更强，疼痛也更少。在他拒绝时，医生们从他背部取下一块肌肉，缝在他大腿的空洞处。他竭尽一切努力康复。他拿出了当年通过新兵训练营的坚定决心，忍受了物理治疗的刺骨疼痛，伴着呻吟和汗水——他甚至偷偷溜到楼梯间，尽管医生们都觉得他做不到，但他几乎是把自己一级一级地拖上台阶，直到他的腿突然变得僵硬，才终于倒下。

不过，伤口并不会因为他这样做就能重新长好。炮弹炸毁了埃尔南德斯90%的右大腿肌肉，使他失去了一半的腿部力量。失去任何一块肌肉的一大部分，都可能会导致失去整个肢体——再生的机会遥不可及。身体会转而进入生存模式，用瘢痕组织敷在表面，最后可能一辈子都得一颠一跛地走路了。

对埃尔南德斯来说，已经过去3年时间了，结果很显然，他的身体状态没什么变化。最近，截肢的话题再次摆上台面。痛苦始终不变，而他正在失去希望。

然而，埃尔南德斯从《探索科学》（Discovery Science）频道上看到一档电视节目，一切都改变了。这一集介绍了辛辛那提一位越战老兵李·斯皮瓦克（Lee Spievack）的故事，他的指尖被一架模型飞机的螺旋桨削断了。斯皮瓦克的哥哥是波士顿的一位外科医生，哥哥送给斯皮瓦克一瓶叫作"精灵尘"的魔法粉末，让他撒在伤口上。现在，他的指尖已经重新长回来了。

这时候，埃尔南德斯突然想起：他第一次遇到那位医生的时候，医生不是也跟他提到过某种实验性治疗方法吗？可以给伤口"施肥"并有助于痊愈。

那位医生名叫史蒂文·沃尔夫（Steven Wolf）。2008 年 2 月，埃尔南德斯找上门来时，沃尔夫同意拿这位 19 岁的海军陆战队士兵当小白鼠。首先，沃尔夫让埃尔南德斯做了一个物理疗程，过程很痛苦，以确保他的新肌肉的生长能力确实已经达到极限。然后，沃尔夫切开埃尔南德斯的大腿，植入一块像纸片一样薄的物质，其材料跟"精灵尘"的相同——猪膀胱的一部分，称为细胞外基质（extracellular matrix，ECM）。最后，沃尔夫给这位年轻的士兵安排了另一个痛苦的物理疗程。

不久，了不起的事情发生了。在大多数科学家看来已经永远消失的肌肉竟然开始长回来了，他的肌肉力量增加了 30%，然后增加到 40%。6 个月后达到 80%，进而达到 97%，现在达到手术前的 103%。最初几个月里，埃尔南德斯的肌肉力量增加了 11%，并一直在持续增长。今天，他可以完成一些他以前根本做不到的事情，比如缓缓地坐到椅子上而不是一下子跌坐进去，弯下膝盖，骑自行车，或者爬楼梯不跌倒。

两年后，匹兹堡大学麦高恩再生医学研究所（McGowan Institute for Regenerative Medicine）的研究小组获得批准，开始在 5 家机构开展一项针对 80 位患者的研究，该项目将使用同一种细胞外基质，帮助已失去至少 40% 特定肌肉群的患者促进肌肉再生——这种程度的损伤对肢体功能具有极大的破坏性，往往会导致患者截肢。埃尔南德斯是第一位志愿者。他希望恢复更多的力量并重回部队服役。

如果实验成功，这将有助于从根本上改变我们治疗重大肢体损伤的办法，开始一段其倡导者希望有朝一日能"让假肢产业破产"的进程。

对一些人来说，休·赫尔的仿生学冒险，以及李·斯威尼的基因工程学研究，听起来都像科幻小说。不过，人类运动增强领域还有第三个前沿阵地，在某些方面甚至更加奇幻。美国各地的顶尖大学里，生物工程师正在研究如何利用和提高细胞及信号传导剂，并构建和修复人体部位的能力。凭借这些知识，他们试图在斯威尼和李世镇的基础上更进一步，从某种程度上说，这两人所关注的只是打开或关闭已存在于肌肉中的细胞开关。"再生医学"领域的生物工程师，正在诱导细胞完成一些直到几年前还看似不可能的事情——通常永远不会再长出来的断骨碎肉的再生，新的人体器官在体外生长并植入患者体内，皮肤细胞从气雾罐里喷至烧伤患者体表。

有些人甚至在断肢重新生长方面取得了初步的进展——就像蝾螈可以重新长出尾巴一样。还有些人将遗体捐赠者的手部、脚部甚至面部移植到患者身上。所有这一切都为人类提供了可能的范式转变时刻——在不远的将来，人类或许可以重新生长或更换新的身体部件，就像现在汽车换新轮胎那样容易。这种科学发展可以重新定义老龄化的概念，大大提高数百万人的生活质量。

虽然这种发展本身是新的，但这种想法久已有之。数个世纪以来，研究人员一直在探索这种神秘的机制，一方面限制了某些物种的再生，另一方面却能让其他物种不断再生。蝾螈可以重新长出尾巴、四肢甚至眼睛。龙虾可以长出新的钳子。一些蠕虫可以长出新的大脑。许多人想知道，为什么人类做不到呢？

到了 18 世纪，这些现象在低等动物中表现得非常明显，法国哲学家、讽刺家和作家伏尔泰在切断蜗牛头部并观察其头部再生后，给他的一位盲人朋友写了封信，信上说，他认为人类很快就会解开这些谜团，也能做到再生。

事实上，纵观有记载的人类历史，也有一些诱人的证据表明，或许这种能力确实潜藏在我们自己的身体中，等着被发现、研究和利用。头号案例便是癌细胞生长的某种出名变种，最著名的携带者是兰斯·阿姆斯特朗（Lance Armstrong），这种怪异的癌变肿瘤被称为畸胎瘤，古希腊人称之为"肿大怪物"。大多数肿瘤只含有一种类型的细胞，而畸胎瘤则经常由许多不同类型的细胞和组织混合在一起形成巨大且可怕的肿块。里面可能含有骨骼碎片、肌肉纤维、软骨结节、流体、大量毛发和婴儿牙齿，也可能会有心脏组织块的搏动或者脂肪的颤抖。畸胎瘤相对罕见，通常可以在卵巢或睾丸中发现，偶尔也会出现在颈部、心脏、肝脏、胃、脊髓，甚至眉下部位。

这真是一幅骇人的景象——试想一下，从牙齿里发现一颗肿瘤，还带有心脏肌肉的搏动。但几十年来——甚至几个世纪以来——畸胎瘤或许已成为最具吸引力的证据，证明人类细胞某处存在着这样的能力，休眠着、隐藏着，能够在任何时候生长出各种各样的组织和细胞类型。只要我们能学会利用这种能力，就能获得无限的可能性。毕竟，如果说我们可以在眉下或者胃部长出由婴儿牙齿、大量毛发和皮肤组成的肿瘤，那么是不是可以由此推断，假如我们的身体得到恰当的引导，也可以在正确的部位长出一条新腿甚至一个新的头呢？

然而，几个世纪以来，科学家、医生和哲学家都在思考这些谜团。蝾螈是如何重新生长出尾巴的？成年人身上怎么会长出畸胎瘤呢？

就此而论，医生告诉伊萨亚斯·埃尔南德斯下士，他的腿已被永久性地毁坏了，世界上其他99.9999%的医生可能会告诉他应该截肢，但他为什么能够重新长出腿部肌肉呢？

⑾⑾·⑾⑾·⑾⑾

为了寻求答案，我飞往匹兹堡，会见20世纪80年代中期发现猪膀胱肌肉再生技术的人，一位名叫斯蒂芬·巴德拉克（Stephen Badylak）的瘦削且外向的研究人员。一个冰冷的冬日，我坐在巴德拉克旁边，驱车穿过这座城市。巴德拉克刚刚在匹兹堡大学医学院的主校区举办了一场讲座，我们此时正在回程的路上。

我们驶过满是沙砾的街道，两旁是挨挨挤挤的排屋，车子沿着蜿蜒曲折、绿荫夹道的山路向下开，最后停在一座闪闪发光的办公大楼前，高楼俯瞰着莫农格希拉河，另一侧是陡峭且树木繁茂的山丘。这座由钢铁和玻璃建成的 5 层高楼刚刚落成，耗资 2 100 万美元，是麦高恩再生医学研究所的总部，该研究所在此蓬勃发展的新兴研究领域处于世界领先水平，巴德拉克那些宽敞的实验室便位于其中。

当我们坐在巴德拉克的办公室里时，我向他提出了一直困惑我的问题，毫不掩饰我的怀疑态度。这个问题他之前回答过千万遍，且多年来一次又一次地折磨着他、吸引着他、指导着他和困扰着他。尽管我了解关于肌肉生长抑制素、遗传学甚至 IGF-1 等信号传导剂的全部知识，我却问他，你怎么可能做到用一块猪膀胱来再生肌肉呢？巴德拉克懒洋洋地微笑着，带着反复练习的耐心，爽快地承认这个想法听起来不靠谱——实际上根本就是太离谱，以至于他几年来都"不愿意和临床医生讨论这个问题"。

"他们不相信我的结果，"巴德拉克说，"大多数人都不相信。"

巴德拉克的发现之所以总是让那些初次听说的人难以相信，不仅仅是他声称可以用另一种物种的细胞以某种方式来使人体的组织再生——这一过程几乎肯定会引发免疫反应。巴德拉克还坚持认为，他的材料实际上可以在几个月内就发生转变，从一块看似只能用于收集尿液的膜片，转变成任何类型的受损身体组织——肌肉、皮肤或血管。这种论断远远超出了科学界可接受的范围，直到最近才有所改变。

最怀疑此事的，莫过于为巴德拉克的研究资金申请做审核的专家了。20 世纪 80 年代和 90 年代，巴德拉克就向美国国立卫生研究院提出了申请。对方的回应是："这是一个疯狂的想法。永远不可能成功。谁会尝试这种事情？"最后是怎么成功的呢？

光靠思考是徒劳无益的，因为除了事实上真的有效以外，巴德拉克对这个问题也没有很好的答案。不过巴德拉克承认，他不能解释其中发挥作用的神秘机制，他自己也并不理解个中原因。事实上，他最初甚至根本没打算要研究组织再生。

现代科学中这种情况屡见不鲜，巴德拉克发现这种疗法也纯属偶然。与斯威尼不同的是，巴德拉克的身份更接近临床医生而非后台实验室科学家。当然，他的探索最终会像我们迄今为止所遇到的科学家们一样，指引他义无反顾地追寻人体逆向工程这一宏大目标。但一开始，他并不想探求如此破天荒式的认识。巴德拉克最初的做法，反而跟年轻时的休·赫尔有更多共同之处。他是一位实用主义者，比起揭开大自然的奥秘，他对制造人体替换部件这样更具现实意义的问题更感兴趣。

巴德拉克调皮地眨着双眼对我说："这一切都开始于一个'轻率毛躁'的主意和一只名叫'罗基'（Rocky）的杂种狗。"

1987 年，巴德拉克刚刚入职普渡大学（Purdue University），他与一位名叫莱斯利·格迪斯（Leslie Geddes）的血管生物医学工程师共事。这位年轻的印第安纳州人有着异乎寻常的学术背景。

大学毕业后，巴德拉克在普渡大学获得兽医学学位，并开始诊治动物，后来他意识到要确诊那些令他着迷的病症所需的检测费用太高，大多数宠物主人都付不起。巴德拉克备受挫折，也担心自己会日渐无聊，于是他又回到普渡大学拿到了动物病理学博士学位。然后，他在权衡了多份教职工作后，转而决定去医学院。

巴德拉克利用他的关系网来帮助自己勉强度日——他在家中开了一间实验室，为之前的兽医同学寄来的样本诊断雪貂淋巴瘤和狗乳腺癌病例。

当巴德拉克开始他的研究生涯时，很自然地会在他最了解的动物受试体上检验某个面向人类患者的假设。匹兹堡大学的外科医生开创了一种用于人类心脏病患者的实验性技术，叫作心肌成形术（cardiomyoplasty），该技术先从患者的背部肌肉取下一片肌皮瓣，将其包裹在衰竭的心脏周围，然后对其反复施加刺激以促进其挤压血液在全身流通。

但是心肌成形术有一个缺点——它依靠合成管来代替主动脉，这通常会引发免疫反应，导致炎症和血块的形成。巴德拉克认为，如果他能够在患者体内找到血管替代品，那他就可以消除免疫反应，从而解决问题。

一天下午，巴德拉克给那只名叫罗基的可爱杂种狗注射了镇静剂，取下了它的一部分主动脉，并用最接近它血管管状结构的部位，即部分小肠代替。巴德拉克并没有真正期望罗基能够活过当晚。但他认为，如果罗基到了次日早上没有血流不止，就证明肠子用来导通血液是足够坚固的，这点值得进一步去实验。

巴德拉克后来承认，这个实验是"轻率毛躁"而又"不按套路"的，换作今天，这个实验可能永远无法通过大学动物保护和使用委员会的审批。即使在当时，巴德拉克的第三年心血管外科住院医生也称这种想法"残酷"和"荒谬"，因此拒绝参与。

然而，就在罗基接受手术后的第二天早上，巴德拉克来上班时，他发现这只狗正摇着尾巴，准备吃早餐。巴德拉克一直在等待罗基死亡，但几天过去了，几周也过去了，罗基依然生龙活虎。

"我那时还不想给它做外科手术来打开看，因为我想看看肠子到底能坚持多久。"巴德拉克说。

事实上，巴德拉克还在另外 15 只狗身上重复了这一步骤。6个月后，巴德拉克终于剖开了其中一只。他回忆说，就在那时，"事情真的变得很奇怪"。巴德拉克没有找到移植的肠道。经过检查并复核确认果真是这只狗之后，巴德拉克将一块从移植目标区域中采集到的组织放到显微镜下。观察到的结果使他无比震惊。

"我看到的是一些本不应该发生的事情，"巴德拉克说，"这违背了我在医学院学过的所有知识。"

显微镜下，巴德拉克仍然可以看到缝线的痕迹。不过，肠道组织消失了。取而代之的是重新长回来的主动脉。

"没有人会把肠道和主动脉弄混的，"巴德拉克说，"两者的微观图像完全不一样。我试图让自己能想到的每个人都过来看看。我不停地问：'我没看错吧？'"

　　肠道由柔软、光滑、薄薄的管壁组成，带有称为肠绒毛的毛状突起。主动脉则较厚，带有肉质横纹层，其组织特性与肌肉类似，李·斯威尼花费了很多时间就是在研究这种微丝和纤维。接下来的几周里，巴德拉克检查了另外几只狗。因为这几只狗愈合的时间有长有短，他就得以一次又一次地观察到肠道组织转变成血管组织的过程——证明实验绝非偶然。

　　巴德拉克已经明白了罗基是"怎样"奇迹般地康复的——这只狗实际上还可以再活8年。但他接下来将面临一个更大的谜团，也就是奇迹背后的"原因"。

　　巴德拉克提出了一个初步的理论。也许身体一直存在着某种再生组织，只不过被身体的天然炎症性免疫反应给遮蔽了。这也解释了为什么使用合成材料取代主动脉的手术中没有出现这种情况——因为会一直受到炎症的干扰。

　　巴德拉克为了检验他的假设，改变了条件重做实验，如果他的理论正确，那就必然会引发炎症反应——他用另一只狗的肠道替换了宿主狗的主动脉。巴德拉克预计，宿主狗的免疫系统会将肠道作为外来物质加以排斥，导致免疫细胞出现并发炎症，从而抑制再生反应。

　　不过，在巴德拉克将外来肠道缝合进宿主狗的主动脉之后，并没有出现任何炎症反应。巴德拉克重复了这个实验——这次是把猫的肠道用在狗的体内，他确信这样会引发预期的反应。但结果又一次令他大为震惊。狗的身体接受了它。

　　这下子，巴德拉克知道，他会花很长一段时间来研究小肠，而且他需要很多小肠。因此，为了接下来的实验，巴德拉克从普渡大学附近的印第安纳州乡村里数百家猪屠宰场中找了一家，使用了他家的猪肠。如果这也能起作用的话，那么他所需的材料肯定是够的。

　　果不其然，受试狗在接受猪肠道手术后的第二天就等着吃早餐，很多天之后仍是如此。从那以后，猪的内脏便一直是这位医生实验室的必需品。

　　此时，巴德拉克确信，这些小肠除了能促进再生外，还具有某种抑制炎症的功效。他回想起，他曾经在一场兽医学院病理学讲座中听说过一篇关于肝组织再生的奇特论文。他似乎还记得，假如你吃了毒药，所有肝细胞都毁了，但这个器官仍然能自我再生——只要被称为"细胞外基质"的器官结构支架仍保持完好。不过，一旦这个支架也毁了，身体就会产生大量瘢痕组织来做出反应，并且不会再生。

　　巴德拉克开始剥离肠道组织表层。他的怀疑很快就得到了证实——当他剥去了黏膜内部和肌肉外层所包含的所有活细胞，只剩下薄薄一层小肠结缔组织（称为"黏膜下层"）组成的细胞外基质层时，再生效果会变得更好。

　　巴德拉克已经开始梦想这种神秘材料的医疗用途。在令人兴奋的最初发现阶段，也即 1987—1990 年，他突破了其可能用途的极限。他先是将其从大动脉转移到大静脉。然后，他发现这种材料对小静脉也起作用。最后，巴德拉克在完全不同的身体部位上加以尝试——他取走了狗的一大块跟腱，将猪肠道的黏膜下层覆盖在上面。

任何哺乳动物对重大损伤的正常反应都是形成瘢痕组织，而不是更加旷日持久的损伤再生过程。这样做很可能具有明显的进化优势：身体可迅速封闭，免遭致命感染，阻隔细菌，使我们得以活下来。不过，巴德拉克的狗的跟腱并没有产生疤痕，因此也没有出现永久性跛足。相反，狗的整根肌腱都长回来了。

为了真正理解细胞外基质具有神秘再生能力的原因，巴德拉克需要深入细胞水平，实时观察组织中各个组成部分的相互作用。但是当他开始将生物化学领域的各种可能性全部应用到细胞外基质结构上时，却收效甚微。

我们已经知道，细胞外基质是一种将细胞组织结合在一起的胶状物质——一种细胞层面的骨架结构，我们生物过程的真实机器（神经、骨骼、肌肉）由此才得以各居其位、各谋其政。细胞外基质由人体最庞大的蛋白质——被称为胶原蛋白、层粘连蛋白和纤连蛋白的结构部件组成，它们共同编织成一张复杂且看起来坚不可摧的网，形成一个支架。几乎没有人提出细胞外基质不止于此。

不过，这张网还包含了另一类天然存在的蛋白质，称为生长因子，它可以刺激细胞生长，看起来很值得研究。巴德拉克和他的团队借助电子显微镜和生物化学理论，花费数年时间分析，并发表了有关这类蛋白质的论文。他们还将肝脏、膀胱、心脏和食道作为细胞外基质的其他潜在来源。此外，他们完成的实验还揭示了细胞外基质的另一项重要特征——当巴德拉克在培养皿上放置已知细菌样品并添加不同细胞外基质的切片时，细菌便无法生长。看来巴德拉克的神秘物质不仅可以抑制体内天然的免疫反应，还自带抗菌特性，因此身体也不必产生免疫防御反应。

　　尽管取得了上述这些进展，但巴德拉克也承认，当他在1996年与一家买下这所大学研制材料出售权的私人公司代表们坐下来进行一系列商谈时，当他与美国食品药品监督管理局（FDA）讨论这种生物支架在人类身上进行初步测试时，细胞外基质治愈能力的真正机制仍然没有得到解决。尽管结论尚不清晰，但巴德拉克和他的赞助商依然通过一种变通策略赢得了FDA的批准——这种产品类似于已经被批准用作支架或伤口"补丁"的其他材料——只是作为简单的填充剂，不提供任何再生方面的优势。

　　FDA批准这种材料用于测试后，美国各地的外科医生首次开始在人类患者身上使用这种新材料。也正当此时，巴德拉克再一次偶遇了根本设计不出来的幸运的意外，因此获得了第二次顿悟。

　　1999年，巴德拉克在洛杉矶拜访了一位使用这种材料的外科医生。这位医生名叫约翰·伊塔穆拉（John Itamura），他将一个支架植入患者肩部，患者需要在8周后接受另一场手术以治疗某个无关的问题。这一幸运的巧合让医生们得以提前从患者肩部手术区域取出样本并检查其效果。正如预期的那样，活组织检查结果显示，支架已经消失。但还有一个惊喜——手术部位仍然非常活跃，数目反常的不同细胞占满了这块区域。

起初，巴德拉克大感困惑。他知道，导致细胞活跃的不是支架，因为支架早已分解了。他意识到，原因只能是支架分解后留下的产物——也许就是一直潜藏在支架内部等待释放出来的分子。巴德拉克开始翻找科学文献以寻求答案。

巴德拉克很快发现，一种叫作隐性肽的成分或许可以解释细胞外基质的许多独特现象。其他领域的研究人员此前已经确定这些肽片段是较大母体分子的组成部分，并且证明当这些较大母体分子降解时，肽片段可以被释放并激活。科学界已经知道，这些隐性肽具有强效的抗菌作用和重要的信号能力，这在某些方面与我们在上一章中了解到的肌肉生长激素很类似。

"过去几乎人人都认为，细胞外基质只是一种结构支撑，它能让你站起来，支撑体重，把东西连接在一起，"巴德拉克说，"但现在我们知道，情况几乎恰恰相反。它主要是一种信号蛋白和信息的集合，这些信号蛋白和信息被保存在胶原蛋白之类的分子结构中。"

巴德拉克回到显微镜前，观察众多微小细胞聚集在细胞外基质分解后的位置，显然它们是被这些信号肽的集合召集过来的。从其数量和特征来看，这些新来者并不像肌肉、神经或血细胞，而是某种完全不一样或不寻常的东西。这些是异常光滑的圆形细胞。巴德拉克知道他正在接近答案。

而这些细胞有些似曾相识。

⑪⑪·⑪⑪·⑪⑪

1960 年 4 月的一个星期日的早上，一位名叫欧内斯特·麦卡洛克（Ernest McCulloch）的年轻加拿大科学家驾驶着他那辆破破烂烂的道奇车（Dodge）穿过多伦多街头，前往安大略癌症研究所（Ontario Cancer Institute）的一间实验室去检查他的实验鼠。

麦卡洛克的主攻方向是白血病，在 20 世纪 50 年代早期，他一直密切跟进一系列振奋人心的实验，这些实验首次表明了一种名为骨髓移植的新技术具有神奇的治愈能力。

通过研究核武器的破坏性影响，科学家们认识到，辐射暴露的主要影响之一是破坏人体补充血细胞供应的自然能力。这是个大问题，因为血细胞是体内所有细胞中更新速度最显著的，每个细胞的平均寿命只有 120 天。红细胞的作用是携带氧气、并通过血管运输到身体各个部位，任务艰巨。我们全身血液中仅有 25 万亿个红细胞，这意味着我们必须以每秒 200 万—300 万的速度补充血细胞，才能维持氧气供应。

与此同时，负责伤口凝血的血小板和负责抗感染的白细胞，通常只有一天的寿命。

假如科学家不施加干预以帮助实验鼠补充损失的血细胞，受到辐射的实验鼠很快就会失去向身体其他部位输送氧气，以及在受伤时凝血的能力，这些动物便会死亡。但科学家们发现，如果他们将健康鼠的骨髓重新注入受辐射的实验鼠的骨髓中，这只实验鼠便会奇迹般地恢复。骨髓细胞似乎在血细胞再生过程中起着不可或缺的作用。

对于富有开拓精神的研究人员来说，不必花太长时间便可从中窥见治愈癌症的潜力：如果让患有肿瘤的小鼠接受足够多的辐射，就可以把小鼠骨髓中的肿瘤和健康细胞同时杀死。然后，只要通过骨髓移植来替换健康细胞即可。

在那个决定命运的星期日之前，这项技术就已经被其他人证实，但这项新兴技术仍有很多未解之谜。究竟是什么机制在起作用——为什么骨髓如此重要？受到不同程度辐射的细胞的死亡率是多少？拯救一只动物需要移植多少骨髓？

正是这类问题指引着麦卡洛克和另一位名叫詹姆斯·蒂尔（James Till）的年轻研究员努力寻求答案。实验室中，他们让数十只实验鼠接受辐射照射以杀死其骨骼中的骨髓，代之以取自健康鼠的骨髓细胞。两人精心设计了详尽周密的实验方案，旨在精确地计算出细胞死亡、再生和存活的数量。

但是，在多伦多那个安静的星期日，麦卡洛克在前往实验室检查老鼠时，几乎没有理由相信他将就此永远改变科学界，并为再生医学这一新领域埋下种子。不过他在实验室做出的一个仓促决定成了这一切的理由。

原本，麦卡洛克和蒂尔打算在照射小鼠后等待几个星期，然后再去除股骨和脾脏，详尽检查其体内产生细胞的数量和健康状况。等到他们剖开大部分实验鼠的时候，神秘再生现象的一切痕迹都消失了——尽管接受骨髓移植的实验鼠健康状况有所改善，并足以证明对某种形式的再生确实产生了影响。但就在那个星期日，移植手术后只过了 10 天，麦卡洛克决定提前牺牲一只小鼠。

当他剖开实验鼠的后翼部时，他为自己发现的结果大为惊讶。清晰可见的是，老鼠脾脏（在造血方面起主要作用的器官）处出现了发育成熟的老鼠体内从未见过的大结节块。麦卡洛克仔细统计这些结节后，发现了注入实验鼠的骨髓细胞数量与其脾脏肿块数量之间有明确无误的相关性。利用放射性标记法，研究小组很快就能证明每一个肿块中都鼓鼓地填满了红细胞、白细胞和血小板的前体细胞。结果发现，所有这些前体细胞都衍生自一种单细胞，这种细胞就藏在一并注入受体鼠骨髓中的众多细胞之中。

这些单细胞被称为"干细胞"。

麦卡洛克初次瞥见了一个捉摸不透的影子，研究人员早就猜测到它的存在，却未能将其分离出来。他和蒂尔证明了干细胞的存在，后来为之下了定义。麦卡洛克写道，干细胞是单个的未分化细胞，可以增殖产生分化细胞。实验鼠接受骨髓移植后，体内这些健康的干细胞使它们再生出生存所需的血细胞。

科学家后来发现，干细胞可以解释癌性畸胎瘤（也即"肿大怪物"）能够分化出牙齿、头发和皮肤的惊人能力。蝾螈之所以能让四肢再生，也正是因为干细胞。

而在外科医生约翰·伊塔穆拉从患者身上取得的肩胛组织中，这些干细胞正在使肌肉再生——斯蒂芬·巴德拉克终于开始理解，他多年前偶然发现的那种物质为什么会具有神秘的愈合能力。

在这位洛杉矶外科医生的办公室，望着显微镜中这些异常光滑的圆形细胞汇集在肌肉上，巴德拉克意识到，他已经找出方法把麦卡洛克和蒂尔的干细胞大军召集到受伤肌肉区域——并以某种方式改变其身体默认的愈合机制。他想要召集的那一类细胞位于骨髓中。虽然骨髓干细胞不是可塑性最强的干细胞——可塑性最强的是分化程度较低的干细胞（例如，胚胎干细胞可以发育形成任何类型的组织）——但这种细胞被认为是人体内部的多面手，可以修补身体并产生我们所需的组织。（李世镇的肌肉生长抑制素实现抑制作用的方法之一就是抑制干细胞的活性。）

2003年，巴德拉克前往实验室，最终证实了他的怀疑。依照麦卡洛克和蒂尔的一篇论文，巴德拉克首先用X射线照射小鼠，杀死它们骨髓中的所有干细胞，然后再用带有荧光标记物的干细胞重新填入骨骼。当他取出一只小鼠的跟腱并加入细胞外基质时，带荧光的干细胞在几天内便涌入这处区域。几个月后，部分带标记的细胞仍然存在——意味着其中一些细胞已经发育成熟为再生组织。

自那时起，巴德拉克实验室的研究人员便一直在试图分离细胞外基质中能够吸引干细胞的各个组成部分。他们通过使用酶和洗涤剂来分解细胞外基质的母体分子，并根据多种特性（如分子量）将产物分离成不同的组分（混合物中的各个成分）。然后，研究人员珍妮特·莱茵（Janet Reing）对所得"组分"进行分析检测，使用由一排独立井组成的设备，每个井都覆盖有过滤器，可将之与公共通道隔开。她在每个通道底部都放置了细胞外基质的不同组分。当将不同类型的干细胞插入公共通道时，她便可以观察哪个独立组分对干细胞的吸引力最大。

21 世纪的头 10 年，莱茵和其他研究人员将这些组分的数量越筛越少，从含有数千个分子的一团迷雾逐渐缩减到越来越小，也越来越具体的片段，锁定追踪个别的肽类。巴德拉克和他的团队此时认为，这些肽中的一部分还负责抑制自然的结疤反应——在现代医学出现之前，生成伤疤有助于存活，因为那时，一个小伤口也可能导致感染致死。

"从进化角度来看，伤疤是有意义的，"巴德拉克实验室的一位医学—哲学双博士研究生里卡多·隆多尼奥（Ricardo Londoño）说，"在现代医学出现之前，因为血液流失和感染，人类只要一受伤就很可能会死亡。在数百万年的进化过程中，封闭伤口是最重要的。生成伤疤是一种应急式的修复方式。"

过去的 5 年来，隆多尼奥一直致力于研究植入式细胞外基质生物材料的早期免疫和干细胞反应。他指出，组织再生和修复离不开细胞和分子信号，一旦身体组织受伤，如果要从头开始产生这些信号就太迟了。他指出，蛋白质表达和信号生成可能需要数小时甚至数天的时间。因此，大自然的完美解决方案就是预先创造出这些信号，但会给这些信号加密。

"这差不多就像你把核武器密码发送给潜艇时那样，"隆多尼奥说，"指令就在那里，但它们是加密的，直到确有必要时才会发送密钥。这些信号以隐性肽的形式藏在细胞外基质里面，加密的方式是把它们做成较大分子的一部分，并让它们的活性部位无法被邻近的细胞读取。"

腿部的一大块肌肉被炸毁后，正如那天伊萨亚斯·埃尔南德斯下士在伊拉克西部被炮弹击中后，加密信号便不再表现为待解密的状态了。巴德拉克发现，你可以把这些信号以细胞外基质生物材料的形式添加到受损部位，此时身体就会降解细胞外基质，解码其中所包含的加密信息，然后召集干细胞来完成任务。

除了巴德拉克在罗基身上见证到的神秘愈合能力外，干细胞和其他类似细胞还解释了很多其他现象。研究表明，肌肉生长抑制素（上一章中我们提到斯威尼专门研究的对象）产生抑制作用的原因之一就是，可以使干细胞处于"静止"状态并抑制其自我更新。另外，IGF-1（斯威尼用来有效创造出"施瓦辛格鼠"和"施瓦辛格狗"的物质）则有助于促进干细胞的活性。

更重要的是，干细胞的建造能力远远超过肌肉。全身上下每种身体组织，只要追溯得够远，你总会找到干细胞。干细胞形成我们的大脑、心脏、血液和牙齿。干细胞解释了我们如何长出骨头。

不过，干细胞如何知道该怎么做呢？究竟是什么决定了干细胞该变成罗基的一根肠子，还是一块新的肌肉呢？干细胞是如何长成内脏器官的一部分的？又或者是长成一个新的人体呢？我们可以在多大程度上利用这一发现？

身处生物工程这一蓬勃发展的新领域，许多人都在积极追求这一问题的答案。一位在塞尔维亚出生的研究专家戈尔达娜·武尼亚克－诺瓦科维奇（Gordana Vunjak-Novakovic）也不例外，她也在向外推动有关人体如何建造、愈合和再生的知识疆界。

20 世纪 80 年代，大约是巴德拉克在罗基身上进行第一次实验的时候，武尼亚克－诺瓦科维奇凭借富布赖特奖学金从祖国塞尔维亚来到麻省理工学院，进入另一位再生医学先驱的实验室工作，这位科学家后来可谓是组织工程学领域的代名词——罗伯特·兰格（Robert Langer）。

武尼亚克－诺瓦科维奇与兰格，以及实验室里的其他人员一道从事的实验研究，揭示了一系列有关人体自愈反应和指挥这些反应的内部信号的重要见解。通过理解这些信号，武尼亚克－诺瓦科维奇和她的合作者（其中包括巴德拉克）正在帮助科学界朝着控制组织再生这一长期难以实现的目标迈进。

他们不仅发现了如何将干细胞召集到伤口的位置——正如巴德拉克所做的那样——还发现了如何将之隔离出来并在体外进行实验。他们正在学习如何指挥干细胞变成人们想要的组织类型——如何控制那些捉摸不透的，能产生由头发、牙齿和皮肤混合形成的"肿大怪物"癌变组织的干细胞。他们正在生产了不起的产品——不只是肌肉，还有皮肤、软骨和骨骼。

⫼⫼·⫼⫼·⫼⫼

我去拜访武尼亚克－诺瓦科维奇，她的办公室位于曼哈顿第 168 街的哥伦比亚大学医学中心范德比尔特诊所（Vanderbilt Clinic）的 12 楼。她带我进入一间摆满了小瓶子的冷藏室，然后，她从一个橱柜中取出一块在实验室里制成的心脏，这简直不可思议。这块心脏组织似乎自己在搏动。

"干细胞获得的指令来自它们接受的营养物质、它们感受到的电脉冲强度、它们获得的氧气，以及它们所经历的运动。"武尼亚克－诺瓦科维奇说，"所有这些因素不仅向干细胞指明了它们周围的物理环境，还指明了它们所处的身体部位。我们需要创建一个人造环境，来模拟出所有这些，以'指示'细胞何去何从。"

巴德拉克的兽医经历帮助他成为蓬勃发展的组织工程领域的实验外科医生，而武尼亚克－诺瓦科维奇的学术专业则帮助她在另一个前沿领域扮演了领导者的角色：建立这些人造环境并找到控制环境的方法。

在 20 世纪 80 年代早期，当武尼亚克－诺瓦科维奇还在贝尔格莱德大学攻读化学工程博士学位时，她从来没想过有朝一日人类可以制造出身体部位。那时，她感兴趣的是弄清液体中气泡和微小固体颗粒混合所产生的力和运动。她的研究涉及封闭式反应器的数学建模和实验，最明显的应用领域是依赖于发酵的行业，比如食品生产，以及青霉素等抗生素的生产。这份科研需要她建立能够精心模拟和控制化学反应的反应器。

作为贝尔格莱德大学的一名年轻教员，武尼亚克－诺瓦科维奇很快就被生物体内分子间发生的化学相互作用所吸引，这种兴趣是偶然产生的。1986 年，她在麻省理工学院参加富布赖特项目研究期间，引起了罗伯特·兰格的注意。兰格正在试图为患者体内的血液解毒，同时也正在寻找人选来制造可选择性去除血液中药物的机器。

武尼亚克－诺瓦科维奇返回贝尔格莱德大学之后，每半年都会到波士顿旅行，此外还与兰格及其他合作者保持联系。在 1991 年的一次回访期间，她祖国的种族紧张关系演变成了战争。"我越来越清楚地认识到，离开南斯拉夫是件好事。"武尼亚克－诺瓦科维奇说。最终，国内局势极度恶化，直到 1993 年，麻省理工学院里关心她的同事在获悉她的签证即将到期时，成功地帮她争取到永久职位，使得她与丈夫和儿子能够一同留在美国。

大约同一时间，兰格宣布获得一笔资金从事"组织工程"研究，并问她是否愿意加入该项目。

兰格即将开发出一些组织工程领域最重要的实验室技术。巴德拉克的贡献依赖于信号传导剂，而兰格的主要贡献则证明了插入伤口部位材料的形状、结构和降解性也可能对其再生过程起到关键作用。他制作了某种三维模具，即可以播种再生细胞并安全置入人体的"支架"。这些支架能在合成材料被生物降解的同时指挥新生组织发育。

当武尼亚克－诺瓦科维奇自 1993 年开始在麻省理工学院工作时，她接手的第一个项目是制造软骨——软骨是构成鼻子和耳朵的柔韧结缔组织，可在许多关节之间找到。比起较硬、不柔韧的骨骼，以及较软、易伸展的肌肉，软骨似乎更容易再生。这种凝胶状组织由单一类型的细胞组成，其结构复杂度小得多，也没有血管，而血管对骨骼和肌肉的生存却是至关重要的。她与另一位年轻的科学家莉萨·弗里德（Lisa Freed）合作，努力寻找办法来培育这种"简单"组织。

那时候，体外培养干细胞的组织工程师们认为，他们使用的主要手段是在细胞生长成熟的过程中，为其提供比例适当的营养素、矿物质和蛋白质。他们了解到，即使他们注入模具中的营养液发生极小的变化，也会产生极大的影响。例如，额外添加一些钙元素会向干细胞发送分化成骨骼的信号。

不过，武尼亚克－诺瓦科维奇怀疑还有其他因素在起作用。她当时正在阅读很多机械生物学著作，发现许多生理系统，包括遗传学、分子学、电学和机械学系统之间存在惊人的关联，她为此很着迷。她特别指出，长期卧床的患者往往会发生骨骼和软骨退化。要维持这些组织，物理运动似乎是不可或缺的要素。她想知道，发育中的细胞有没有可能也对运动敏感呢？一种机械现象（涉及力量或者位移）究竟是如何在细胞层面上影响骨组织的呢？武尼亚克－诺瓦科维奇、她的合作者弗里德及她们的学生通过缓慢旋转生物材料支架上含有细胞集落的容器来检验这一假设，并马上获得了令人兴奋的结果。运动果真有助于细胞生长——但个中方式却是出乎意料。

"我们发现，运动会有帮助；生长因子也会有帮助，"她说，"不过如果你能以聪明的方式一起使用它们，你就会产生这种协同效应。2 加 2 不是 4，而是 9。如果你交互使用它们，就会获得极大的改善。"

"结构完整性方面的改善，"她说，"超出了我们的想象。"

即便如此，武尼亚克－诺瓦科维奇和她的同事直到多年后才能完全理解其中的原理。他们将会在一种意想不到的环境——外层空间中发现这种现象。

1996 年，美国国家航空航天局（NASA）的科学家决定在国际空间站（International Space Station）的实验室进行首次组织工程实验。麻省理工学院与这一太空计划有着长期的合作关系，该学院的科学家显然是优先考虑的候选人。而武尼亚克－诺瓦科维奇和弗里德开展的开创性研究仅限于精心约束和易于控制的生物反应器之中，太空这样的环境似乎很理想。

由于 NASA 不知道什么时候会发射生物反应器，也不知道什么时候能将实验样品带回来，为此武尼亚克－诺瓦科维奇和弗里德设计了她们所能想到的最稳当的实验。一旦提议被认可，她们就会把经过生物工程改造的软骨片装入生物反应器，加上混有氧气且每天可灌注至细胞培养物的营养溶液，将之全部装入跟小微波炉差不多尺寸的盒子里，然后再把盒子送往太空。

当这只盒子遨游太空 4 个半月后最终回归时，武尼亚克 - 诺瓦科维奇和她的同事们满心指望会看到一种表现出优异生长的细胞培养物，因为太空中没有重力作用，而重力原本会给缓慢旋转的生物反应器添加阻力。毕竟，太空环境能模仿胚胎发育的环境，使细胞可处在悬浮状态下自由浮动。

然而，武尼亚克 - 诺瓦科维奇和弗里德震惊地发现，结果恰恰相反。这些细胞根本没有生长好 —— 细胞生长得更差。此时她们意识到，医院里病患逐渐康复过程中，身体组织之所以萎缩，并不是缺乏运动导致的，而是缺乏足够的力量 —— 缺乏足够的机械负荷，一种由肌肉运动和重力共同产生、可向下推动细胞的机械负荷。

"当时的口头禅是'太空里一切都会更好 —— 没有重力就能运作得更好，'"武尼亚克 - 诺瓦科维奇说，"我们发现刚好相反。这个结果很有意思，因为它也显示了为什么宇航员会出现许多生理问题，包括大量的骨质流失和软骨损失。"

这些发现形成了一篇备受瞩目的科学论文，同时也引发了一项组织工程技术方面的重大创新，大大提高了她培育出的骨骼和软骨的质量。她研制出一种柱塞泵，可以轻轻按压在组织上，使化学药液冲刷其表面。进一步的实验研究表明，间歇性挤压的效果最好。

"我们不会整天都在跑步、走路，"武尼亚克－诺瓦科维奇解释说，"我们会走路、坐下，然后再走路、坐下。"

正如在她之前的许多生物工程师一样，包括后来就在校园对面工作并最终与她的昔日同事罗伯特·兰格共同开设生物工程学院的休·赫尔，武尼亚克－诺瓦科维奇逐渐认识到，最有效的方法就是"仿生"——复制自然条件。

"很长一段时间，整个领域都受分子因素驱使，"她说，"后来生物材料进入视野，人们认为理想的生物材料应该是惰性的，什么都不做。我们花了很多时间、精力和人力才真正弄明白，必须由生物材料来告诉细胞做什么事。因为细胞接触它、拉动它、按下它并感受它。我们开始认为，理想的生物材料的外观和功能应该更像是天然的组织基质。"

这正是巴德拉克从他的实验狗身上学到的教训。如果植入细胞外基质后，给狗的运动限制过多，其跟腱就不可能恢复。细胞基质哪怕放入了体内，也需要处于自然条件下才能发挥其魔力。

20世纪90年代，麻省理工学院博士后、在兰格实验室与武尼亚克－诺瓦科维奇共用一间办公室的劳拉·尼克拉森（Laura Niklason）也将这一教训牢记于心。尼克拉森是培育人造动脉的先驱。最初，她的主要手段是通过复制胚胎发育各个阶段周围的化学药液环境来诱导干细胞生成动脉。不过，当她尝试使用不同类型的支架来固定干细胞时，她也有了惊人的发现。

"当时的一个信念是，如果想要生成动脉，就必须有一种不会降解的强大聚合物，"她说，"因为动脉必须承受物理力量，如果动脉破裂了，会对病人不利，对吧？"

然而，当尼克拉森采取这种方法时，培育出的动脉却很薄弱，而且看起来完全不像真实的动脉。当她开始尝试使用不同降解率且不同性质的支架时，她惊奇地发现，降解最快的支架实际上能创造出最强大、也最真实的动脉。事实再一次证明，解决方案就是观察自然条件并效仿之。如果不能处于支架迅速降解后释放出的物理力量条件，动脉就会错失必不可少的关键环境，以使细胞恰当调整并校准为正常动脉的强度。

武尼亚克－诺瓦科维奇说，对干细胞发育环境的控制，远比科学家原本认识的要重要得多。

"所有这些因素，不仅是周围环境的物理特征，都向干细胞指明了它们是在身体的哪个部位，"她说，"我们需要创造出能模拟所有这些因素的人造环境，指挥干细胞在正确的地点和正确的时间形成正确的组织。"

2005 年，武尼亚克－诺瓦科维奇抵达哥伦比亚大学，瞄准下一个研究前沿——心脏组织。在武尼亚克－诺瓦科维奇看来，人工培育健康的心脏组织，大概算得上是最具挑战性的科研追求了。如果动脉阻塞导致心脏病发作，心肌细胞会因为缺氧而在15—20分钟内开始死亡。与身体其他组织不同的是，心脏组织不能自行愈合。相反，身体会给死亡区域糊上瘢痕组织，留下一处没有活性且会降低泵血能力的永久性障碍物。这处疤痕不仅会导致身体其他部位变弱，还会使得心脏变薄、变大，并最终引发心脏衰竭。

武尼亚克－诺瓦科维奇解释说，如果她能够培育出可替代死细胞的组织，就可以收拾这处烂摊子，并帮助阻止心脏体积膨胀。此外，通过允许新血管生长进入该区域，人造心脏还可以引入能够取代死亡组织的再生细胞、营养物和氧气，清除阻塞并为新组织生长开辟道路。2001 年的一天早晨，武尼亚克－诺瓦科维奇突然认识到这种奇迹般解决方案的可能性。现在她知道该从哪里开始。就像对待软骨一样，武尼亚克－诺瓦科维奇也师法自然，不断改良她的生物反应器，诱导心脏细胞尽快成长起来。

心脏组织最吸引人的特质在于，它是身体中第一个开始发挥功能作用的器官。实际上，当胚胎发育至 3 周时，心脏就开始跳动，它发出的电信号会从上至下传遍所有细胞，使细胞膜去极化并导致细胞收缩。2001 年，武尼亚克－诺瓦科维奇想知道，如果将临床用心脏起搏器的电脉冲施加到心肌细胞上，会发生什么情况。这有可能成为刺激心肌细胞生长的因素吗？为了找到答案，她和当时的研究生米莉察·拉迪希奇（Milica Radisic）将老鼠的心脏细胞放置在柔软且有弹性的支架材料上，添加一种流体介质，然后开始用起搏器间歇地刺激它。

大约一个星期后的一个早晨，武尼亚克－诺瓦科维奇走进她的实验室，从起搏器中取出细胞，放在显微镜下。正当她俯身观察时，她的一个博士后走进来，"砰"的一声推开了她身后厚重的实验室大门。

"等等，"武尼亚克－诺瓦科维奇说，"你把一切都打乱了。整个系统都在震动。"

她站起身，锁上门，回到显微镜前，再次观察，发现细胞还在运动。原来细胞根本不是在震动——细胞是在独立自主地跳动。

"一周时间内，它们从一开始完全无组织且散乱的东西——一个细胞在这里、一个细胞在那里——形成了一个有组织的群体，然后开始运转。"武尼亚克－诺瓦科维奇回忆说。

实际上，人造组织看起来与天然心脏组织极其相似，这导致她一开始还以为自己把人造样品跟天然心脏组织给弄混了。于是，她重复了这一实验，并将之送给瑞士的一位同事进行独立分析。结果他无法区分两种心脏样本。

"门槛比你原先想象中的要低，"武尼亚克－诺瓦科维奇在起搏器实验后意识到，"你意识到你不需要做太多事就能让细胞按照你想要的方式行事。你所需要做的，就是给细胞提供它们习惯于在体内接收到的线索。一旦你这样做了，你就能激活细胞的基因机制，细胞就能识别出它们环境中的某些东西。"

"根据这些经常会在时间和空间上发生变化的因素组合，某些基因就会被开启，其他基因就会被关闭，"她说，"结果可能介于超级有利（即细胞进行组织再生）到非常不利（即细胞死亡）之间。"

细细想来，巴德拉克用来再生肌肉的方法与武尼亚克－诺瓦科维奇和劳拉·尼克拉森的并没有什么不同。为了指挥干细胞行动，尼克拉森和武尼亚克－诺瓦科维奇依靠的是人造"生物反应器"，从而能精心控制间歇性施加的力量，以及含有众多信号传导剂和营养素的化学药液的特性。巴德拉克只需要将这一神奇支架插入伤口部位，就能让身体替他完成任务了。

通过我们现在已有的知识，很容易看出人造生物反应器和巴德拉克的天然生物反应器中其实是有同样的因素在起作用。伊萨亚斯·埃尔南德斯下士之所以长回了大腿的肌肉，不仅仅是因为巴德拉克将生物支架插入剩余的组织中，也不仅仅是因为支架分解后释放信号传导剂并将干细胞召集至该处。肌肉之所以逐渐恢复，是因为埃尔南德斯每天都哼哧哼哧地在物理治疗之路上洒满汗水。每当埃尔南德斯让自己的体重向下拉动这些干细胞时，也同时发出了信号——这也同样是武尼亚克－诺瓦科维奇用人造生物反应器中的柱塞泵人为传达的信号，她正是通过轻轻按压组织上方的柱塞来诱导其长成骨头或软骨。

〰〰〰〰

再生医学领域追求的目标之一就是人工制造出错综复杂的整个器官，而非仅仅是器官的一部分。

尼克拉森正是突破了此边界的研究者之一。拜访期间，我跟着她的一位博士后进入耶鲁大学实验室的冷藏间。他将手伸入一个架子，取下一只罐子。不同于武尼亚克－诺瓦科维奇向我展示的无定形心肌，这只容器里的漂浮物形貌确凿无疑。这是一对保存完好的鼠肺，取自一只老鼠，进行"去细胞化"后保存在容器里。

与较简单人造组织的生产者一样，尼克拉森在制造肺脏时，也依靠物理力量和化学药液来复制这种器官生存所需的天然环境，从而诱导干细胞发育成她想要的组织。不过，她在研究初期阶段就相信，科学技术尚不足以构建精细程度可与真实肺脏的形状和结构相媲美的人造支架，肺脏的复杂结构正如古希腊神话里的弥诺陶洛斯（Minotaur）的地下迷宫一般千条万道。人类吸入空气经过气管，气管是一条单一的通道，这条通道很快分成较小的分支，然后再分出更小的分支。实际上，人类肺脏气道中共有23级分支，几亿个直径200微米的肺泡囊，每个泡囊里都充满着毛细血管，毛细血管可以将氧气吸收进入血液。

"如果你试图制造出含有所有内部结构的聚合体……"尼克拉森告诉我，她一想到其挑战的艰巨程度，便压低声音，鼻头紧皱成一团，"根本没有这样的技术。不存在。就是这样。做不到。"

相反，尼克拉森是依靠自然条件来为自己所用的。她从遗体捐赠者体内取出肺脏，将之浸泡在洗涤剂和浓盐溶液的混合物中，把放入新身体内时最有可能引发免疫反应的肺脏细胞给洗掉。剩下的就是一个原始支架，其纤维材料类型与巴德拉克在肌肉再生时所使用的一致，这种结构的生物化学成分在不同的个体和物种身上都基本相同。然而，与巴德拉克不同的是，尼克拉森早期步骤中的关键是支架的复杂结构、确切形状。将支架清洗后，她便将干细胞灌注其中，并将之放置于生物反应器中，目的是复制正常的肺脏处于体内的自然条件。

"我们的肺脏充满了血液，"她解释说，"所以，我们有一种装置，以便可以灌满肺组织，同时也能让它们呼吸，因为呼吸对肺脏发育很重要。然后，我们也花了很多时间研究药液。所以，它是支架、生物反应器和药液的混合物。"

尼克拉森尚未准备好在人类患者身上检验她的肺脏组织。她指出，到目前为止，哪怕是在老鼠身上，也没有人能让这种人造肺脏植入后使其存活超过一两天。她强调，用于人类的技术必须是零瑕疵的，因为接受器官移植的病人可能还会再活很多年。她提到了基因疗法的教训，惨剧导致杰西·格尔辛格英年早逝，也几乎葬送了斯威尼的前任合作者詹姆斯·威尔逊的职业生涯。

"这就像建造布鲁克林大桥（Brooklyn Bridge），"她说，"你必须先决定它要使用多久，需要多宽，承受多少重量。它能扛得住风切变①和温度变化吗？它必须符合所有这些标准后，才能允许人们开车驶过大桥。否则，他们只会一头栽进东河（East River）里。"

---

① 风切变：风向、风速在空中水平和（或）垂直距离上的变化。——译者注

尼克拉森的前任办公室同事武尼亚克－诺瓦科维奇也在研究肺脏再生的方法，但她采用的方法有所不同。她指出，需要肺移植的患者人数是肺部器官捐献者人数的 10 倍。此外，捐赠的肺脏中大约有 40% 因存在缺陷或运输途中遭到损坏而被排异。

武尼亚克－诺瓦科维奇和她的肺脏研究团队，并没有选择建造一颗全新的肺，而是将这些受损的肺脏置入一台她称之为"深呼吸"的加湿机器中，这台机器可将含氧血液（或含有营养素和氧气的血液替代品）灌注到肺脏器官中，从而模拟出真实世界里的呼吸条件。然后，她和她的团队找到受损区域，添加来自患者本人体内的干细胞，并利用它们来再生肺组织的各个泡囊，从而在整个肺脏器官中构建起健康组织的中心。他们认为，只要播撒一些新的干细胞集落就能改善肺脏功能，使之不再因为功能达不到移植标准而被排异，并且很可能拯救他人的生命。

"我们找出最糟糕的区域再设法修复，而不是全部移除再重新填补一切，"武尼亚克－诺瓦科维奇说，"外科医生告诉我们，大多数情况下，只要我们能够将肺功能改善 10%、15% 或 20%，我们或许就能达到移植的标准，身体就可以完成剩下的工作，而不用从零开始。"

⑴⑴⑴·⑴⑴⑴

到 2007 年，巴德拉克的出版物清单越来越长，在蓬勃发展的再生医学领域引起了轰动，他的专业声望也蒸蒸日上。不过，对外行人来说，这位研究人员依然鲜为人知。直到那一年，一连串的古怪事件才使得他成为公众视野的焦点。

若干年前，巴德拉克在亚特兰大的整形外科会议上遇到一位名为艾伦·斯皮瓦克（Alan Spievack）来自波士顿的外科医生，这位医生在听完巴德拉克的细胞外基质讲座后走近了他。早在 20 世纪 50 年代，斯皮瓦克还是俄亥俄州凯尼恩学院（Kenyon College）的本科生时，他就对蝾螈进行了截肢手术，并研究了蝾螈四肢再生的方式。之后他做了很长时间的外科医生，职业生涯很成功。不过，巴德拉克的演讲重新激起了斯皮瓦克对组织再生的兴趣，斯皮瓦克说服巴德拉克陪他喝了一杯咖啡。不久之后，斯皮瓦克拜访了巴德拉克的实验室，并且也加入了自行开展细胞外基质研究的日渐壮大的研究人员队伍中。

到了 2007 年，斯皮瓦克与巴德拉克合作撰写了多篇论文，他甚至还创办了一家名为 ACell 的公司，推销自己的特殊粉末配方。因此，这一年的一个下午，时年 73 岁的艾伦·斯皮瓦克接到弟弟李·斯皮瓦克的电话并寻求医疗建议时，他恰好知道应该怎么做了。

李是一名如同钉子般坚韧的越战老兵，一辈子都在制作模型，退休后在一家爱好者商店找到了一份工作。那天，他帮一位顾客修理了一架大型模型飞机，他们在商议时飞机就在一旁空转，结果他用食指指向飞机时，因距离螺旋桨叶片太近了，螺旋桨将李的食指距指尖约半英寸处齐齐削断。等到李打电话给艾伦时，已经止住了出血，但怎么也找不到切断的指尖，李后来去了医院，甚至预约了下周一去看手部外科医生。

李的手部外科医生想要从他的大腿上取下一块皮肤，缝在他的断指末端。但艾伦有个更好的主意。他让弟弟取消预约。

"他们非常不满，"李回忆道，"医院接待员说：'你会感染的！你会遇到各种各样的问题。你很可能会失去你的整只手！'"

艾伦告诉李，他会给李送一瓶细胞外基质粉末，并指示他如何将其施用在断指上。奇迹般地，手指在几周时间内就长回来了。

"这块指甲似乎比我身体的其他部位长得快，因为这块指甲大约 4 岁半，其他部位则已经 72 岁了，"李在不久之前告诉我，并解释说他注意到剪食指指甲比其他手指更为频繁，"这根手指末端很硬，但我对它有感觉，完全可以活动。"

李用一种他称之为"精灵尘"的神秘粉末使指尖再生了，并用生动的图片演示其再生过程来加以证明。此消息传出后，引发了媒体疯狂热炒。故事和照片点燃了世界各地截肢患者的想象力，其中就包括伊萨亚斯·埃尔南德斯下士。多年后，巴德拉克每天仍会收到好几封电子邮件来咨询"精灵尘"（艾伦·斯皮瓦克未能享受太多荣光；他在 2008 年 5 月就因癌症去世了）。看来，巴德拉克的再生研究终于彻底走向了主流。

李·斯皮瓦克的故事提出了一个引人入胜的问题。迄今为止，研究人员已经证明他们可以再生肌肉、皮肤、肌腱，甚至器官。但是，能不能再生由多个组织构成的更复杂的身体部位呢？比如说，有没有可能有朝一日让休·赫尔的断肢重新长出来呢？

巴德拉克和武尼亚克－诺瓦科维奇两人都在独立探寻这一问题的回答。他们通过与一位业界新秀合作，分别在不同场合找到了答案。此人便是塔夫茨大学（Tufts University）生物医学工程系主任戴维·卡普兰（David Kaplan）。卡普兰一直在研究一种由硅、橡胶和蚕丝等材料制成的防水套筒。这种被他称为"生物圆顶"的装置，可以直接放置在截肢部位，使他的团队能够控制条件，从而使伤口愈合，并最终达到他们希望的彻底再生。

卡普兰和他的合作者以老鼠和成年青蛙等趾部截肢后通常不会再生的动物为研究对象，使用这种套筒营造出类似胚胎周围的生命维持环境，即受保护且富含营养的液体环境。除了别的物质，卡普兰还添加了巴德拉克实验室分离出的肽以抑制炎症和瘢痕反应，他完善了周密控制湿度的方法以防止伤口干涸和死亡，研发了可控制外部压力的新型凝胶，并实验了许多其他的外部线索以期诱导趾部全面再生。

不过，卡普兰为他的"生物圆顶"添加的最强大的潜在转化因素，恐怕不是来自巴德拉克或武尼亚克－诺瓦科维奇的实验室，而是来自一位满怀热情的生物学家迈克尔·莱文（Michael Levin），他是塔夫茨大学再生和发育生物学中心的主管。莱文认为，培育新的手、腿甚至头部所需的最重要的信号，皆编码于每个细胞膜上存在的电压之中。

　　莱文利用基因工程学和药理学来控制细胞外表面某种特殊蛋白（称为离子通道）的活性。当这种中空的额外蛋白质存在时，更多带正电荷或负电荷的离子就可以涌入或涌出细胞内部。这会导致细胞边界上的电位差发生改变。莱文认为，通过身体改变细胞电位之间的自然差异会造成极大的后果，因为会开启或关闭关键的基因，这不仅关系到带有这种额外受体的细胞内的基因，还会关系到对周围一切细胞发出电信号都极为敏感的大量邻近细胞内的基因。

　　这不仅限于理论。莱文的实验室正是利用这些方法，诱导一只青蛙长出 6 条腿，蠕虫长出 2 个头，并把蝌蚪的部分肠道变成了一只眼睛。他激发了通常不会长回的断尾连同脊髓完全再生，并能将肿瘤重新编程为正常的组织。莱文相信，未来有一天，他的技术可能成为人类肢体再生的关键。

　　莱文认为，电信号是身体用来控制大型细胞集合体如何在不同地方共同形成不同形状、不同大小的器官和身体部位的通用信号之一。莱文希望通过解码和调整这些电信号，最终控制这一过程。

　　莱文和卡普兰利用这一技术，以及"生物圆顶"来改变截肢部位的电信号，近期证明了他们可以诱导成年蛙开始重新长出断肢的一部分，连同骨骼和其他组织。

　　"再生肢体的生物工程方法就是事无巨细地管理这一过

程——'我会制造出一大堆不同类型的细胞，再把它们一一安排在制作功能性附器所需的模型里头，'"莱文说，"但是对肢体来说，这样做永远不会奏效。这种办法太复杂了。我们要做的事情是理解天然情境下的细胞，它们如何决定自己应该变成什么样的形状、它们如何变成这种形状，又是如何知道何时该停止的？"

卡普兰和莱文如今正在试图让实验鼠的肢体再生，老鼠的肢体再生比青蛙的挑战更大，因为老鼠是温血动物。温血动物的血压要高得多，如果截肢伤口没能马上结痂，就会面临大出血的风险。温血动物的新陈代谢也更快，因而更容易快速死于感染。因此，身体的自然反应是发起一场大型的炎症攻击，而这也必须予以遏制才行。所有这些因素都让卡普兰的"生物圆顶"（现在已是第五次迭代更新）变得至关重要。

"如果有人说他们能靠自己的力量飞到月球上去，那么你可以说'那是不可能的'，"莱文告诉我，"'没有这样的先例。'对吧？但没有人会说肢体再生是不可能的，因为有些动物可以做得到。就是这么回事。这显然是可能的，因为我们看到蝾螈就做到了。"

一种折中的方法可能是让细胞先行一步，而不是试图在伤口部位诱导全面再生。在另一项研究中，卡普兰、莱文与武尼亚克-诺瓦科维奇合作创造了一种"逻辑模板"，用来指导干细胞生长成不同类型的组织。

"这就像乐高（Lego）：你把各个部分组合起来，然后每个部分都有自己的生物同一性，"武尼亚克－诺瓦科维奇解释说，"它必须具有形状、内部结构、组成，以及机制。你可以使用3D打印机，也可以使用不含原始细胞的无菌支架，你可以将支架加工成需要的形状。"

武尼亚克－诺瓦科维奇已经证明，她可以用多种组织类型来再生身体的成分。她指出，假如这项技术能提早几年开发出来，已故的电影评论家罗杰·埃伯特（Roger Ebert）或许可从中受益。（埃伯特罹患癌症后大部分下颚被摘除。）她还表示，如果在埃伯特手术之前能拍出完整下颚的图像，或者哪怕是另一侧的下颚的图像，她就可以在计算机上制作出三维镜像。然后她可以利用此三维镜像制作出形成多组织支架所需的不同材料的积木块，分别加工成骨骼和软骨，然后组合起来，像乐高积木一样将之装配到下颚的空洞之处。

"现在这已经可以实现了，"武尼亚克－诺瓦科维奇说，"我们已经完成了大动物模式的临床前研究，我们获得了很棒的数据，所以我们开了一家公司，在朝临床实验迈进。"

制造出一只全新的手依然是"大目标之一"。

"这是一个非常大的奋斗目标，但我认为这是可行的，"莱文说，"最后一定会实现的。"

⑾⑾·⑾·⑾·⑾

　　2014 年一个温暖的春日，我飞往佛罗里达州德尔雷比奇市，前往创伤医生欧金尼奥·罗德里格斯（Eugenio Rodriguez）的办公室，他近年来的医学功绩让他占据了当地新闻和报纸的头条位置。罗德里格斯并没有一直坐等巴德拉克应用这些新技术的实验结果。

　　2011 年，罗德里格斯的病人发给他一篇主流杂志上刊载的关于巴德拉克手术的文章，并要求这位医生在他身上试试看这种技术。当我第一次致电时罗德里格斯告诉我，从那以后，毫不夸张地说，他用了"几百次"这种技术。

　　当我从机场驾车前往罗德里格斯的办公室并一路欣赏风景时，我觉得这位医生的诊所真是选对了地方，这里非常适合寻找患者进行人体再生的自然实验。这是阳光炫目的一天，我附近便是佛罗里达的海滩。当我在距离目的地几个街区的停车灯处停下车，朝左侧看去时，注意到旁边的车子尾部拖着一台带轮子的金属架子，是通常用来运载水上摩托艇的那种架子。不过，这位驾驶员并没有水上摩托艇，而是将一辆装有马达的四轮老年实用摩托车绑在了车背上，钢丝笼上挂着一部闪闪发亮的金属步行器。

　　我意识到，我路上经过的许多汽车都是美国制造的宽敞的厢式轿车，驾驶员都是 80 来岁伛偻着腰的老年人。

　　罗德里格斯在阅读了他的病人推荐的那篇文章后，联系了艾伦·斯皮瓦克的旧公司 ACell（如今巴德拉克在 ACell 担任首席科学官），并订购了一些细胞外基质。

当我到达罗德里格斯的办公室时，他领我穿过一条长长的走廊，走进一间检查室。坐在医生座椅上的是扬西·莫拉莱斯（Yancy Morales），21 岁，娃娃脸，留着小胡子，身穿松松垮垮的红色短裤和迈阿密热火队（Miami Heat）球衣。莫拉莱斯与我握手后，径直伸出他的右腿，示意我注意他右腿膝盖上方内侧的一道骇人的疤痕，足足有几英寸长。然后，他指着大腿中央疤痕尾部上方的一个点，告诉我说，这个点是一名医生用毡头笔画下来的，原本打算在此处截肢。

莫拉莱斯几天前发生了车祸，他的腿裂开了，"骨头伸了出来"。经过多次手术后，医生安排一名护士通知莫拉莱斯，他们没有办法挽救他的腿。

"我一直在想象没有右腿以后自己的模样，"扬西说，"我脑子里始终是这种念头，因为我的腿要没了，你知道吗？我没有说谎，我真的哭了。"

其中一位护士从当地新闻中见过罗德里格斯。所以护士们找到这位医生。罗德里格斯给莫拉莱斯做了检查，并告诉他，能挽救这条腿。

罗德里格斯用细胞外基质培养出扬西腿部某些失去的组织后，从扬西的大腿上取下皮肤，移植到伤口中，以填充孔洞的部分。从那以后，扬西一直在不遗余力地修复它，不停地用新组织填满它，好让它重新长回来。扬西说，如果他太用力，腿还是会疼，也会肿起来，不过他毫无疑问地向罗德里格斯表达了感激之情。

"罗德里格斯救了我的腿！"他说，"他们本来要截掉我的腿！"

在我和扬西交谈之后，罗德里格斯带我进入了另一间检查室。坐在一把椅子上的是来自委内瑞拉首都加拉加斯市的35岁家庭主妇梅塞德丝·索托（Mercedes Soto），周围是她的家庭成员，她在迈阿密已经有了第二个家。2013年，索托在怀孕22周后来到佛罗里达，打算在美国生孩子。2周后，索托经受了感染、流产和大出血，并发生感染性休克。

迈阿密的医生们诱导她进入昏迷状态，并利用机器将血液泵送至她全身主要器官，帮助她活了下来。然而，她手脚的血液流通严重受限。当她终于醒来时，她的脚和部分手指已经变黑，长有坏疽。血管外科医生告诉索托，她打算从脚踝处截去整只脚。不过，索托在迈阿密的邻居恰巧在德尔雷比奇市担任护士，她把罗德里格斯的故事告诉了索托。

索托坐在医生座椅上，拿她的苹果手机给我看她的脚原本的样子。脚趾的顶部和脚的前部全是炭黑色。底部发肿，表面看起来像是深绿色的坏疽气泡。现在，这只脚已恢复了正常，但脚趾没来得及救回来。如今，索托这只脚的前部是矩形楔体的形状，红色和黄色的皮肤用钉子固定在一起。罗德里格斯一直试图使用细胞外基质让其脚趾长出来，但到目前为止，结果并不能如他所愿。不过，细胞外基质的确成功地让索托被罗德里格斯截去的手指长了一点回来。

"食指长回来得非常明显；指甲之类的都长回来了，"他说，"脚趾不尽如人意。那里受损得更严重。但至少我们不用把脚给截掉。"

从我外行人的角度来看，索托的脚趾看起来像是塞进了绞肉机一般，趾头几乎完全被切断了。但是当索托示意我，医生原本告诉她打算截肢的部位时，奇迹就很明显了——她指着的是她的脚踝底部。

我曾经花了那么长时间与休·赫尔交谈，回想他与杰夫·巴策尔一道进入新罕布什尔州白雪皑皑荒野中的惨痛徒步事故，很容易想象，莫拉莱斯和索托与我分享的故事还有另一种结局。意外发生多年后，杰夫·巴策尔和休·赫尔二人重新向我描述起他们刚刚失去肢体时的日子，那种鲜活感始终萦绕于怀。每当佛罗里达诊所里的一名病人回忆起当初一位神情肃穆的医生或护士大步走到病床前，通知他们必须截肢时不寒而栗的那一刻，我总会涌起强烈的似曾相识感。当他们宣布这样的消息时，时间仿佛都凝固了。

然而，那天我遇到的莫拉莱斯和其他病人的故事却又是截然不同的。如果再生医学技术继续快速发展，未来众多事故受害者的生活也将会是何等不一样。当然，目前仍处于再生医学发展的早期阶段。但很明显，身体具有非凡的自愈能力，我们才刚刚开始发现和理解，这也引发了更多的问题。

如果我们能够通过现代科学和工程学，学习制造新的腿，重新编程并改变天然腿的特征，甚至长出新的腿，那我们还能够创造什么呢？在我们体内别的领域，还存在什么其他尚未开发的再生、复原和超越的力量吗？

对于其他某些方面受限的人，我们可以做些什么——比如说，对于那些运动不成问题，但无法感知周围世界的人，我们还可以做些什么呢？

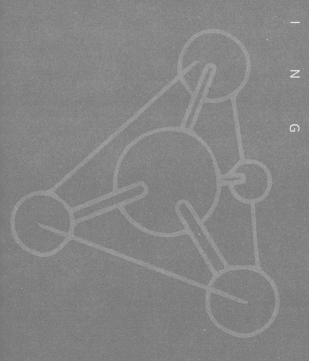

第二部分

感知

S E N S I N G

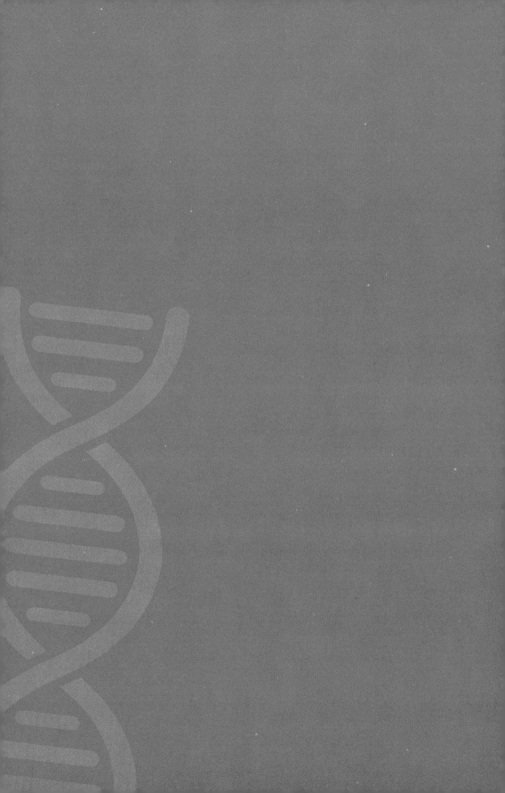

第四章

用耳朵"看"世界的女人

神经可塑性与学习药片

爆炸发生前，21 岁的帕特·弗莱彻（Pat Fletcher）看到的最后一样东西就是她身旁填满化学品的钢罐突然向外膨胀。随着警报响起，她意识到手中的塑料软管变得异常灼热。然后，整个世界闪烁着耀眼的光芒，之后又转为明亮的蓝色，火焰的色彩吞噬了她的身体。

醒来后，帕特以为自己仍在做梦。周围的世界朦胧且黑暗，她仿佛迷失在一片灰蒙蒙的烟雾中。这可能跟她服用的镇静剂和止痛药有些关系，也可能跟她脸上裹着的厚厚的绷带有关系。很快，一位神情严肃的医生来到她的床边。帕特这才明白，事情比她想象中的更为严重。她工作的手榴弹工厂发生了一起工业事故，起因是两种具有挥发性的化学物质相互反应。帕特失去了一只眼球；另一只眼睛虽然保住了，但再也看不见了。医生说，帕特能活下来已经很幸运了，但她再也不可能看见东西了。

帕特花了将近 30 年的时间，才终于在某种程度上证明医生所说的话并不正确。25 年后，这位性格外向、头发灰白的纽约州布法罗市居民，通过文字转语音的程序"浏览"网页，她偶然发现一位荷兰工程师设计的计算机程序。这位工程师声称他设计的程序能把图像里的各个像素点转换成声音，借此帮助盲人"看见"周围的世界，这个程序名叫"看声"（vOICe）。帕特对此将信将疑。当她试着播放其中一个"音景"的样本时，她甚至被逗乐了。这段"音景"里有数十种不同音量和音高的声音同时发出声响。乍听起来似乎十分荒谬。这简直就是一段无法理解的混杂噪音。

然后，帕特在书房里把一幅"图片"通过一对立体声扬声器播放了出来，图上画着一道长长的带栅门的谷仓栅栏。此刻，她不由得屏住了呼吸。帕特大脑中的"眼睛"确实发生了变化，这种感受与单纯"听到"声音全然不同。

"我转过身，几乎可以看到那道栅门就横在我的书房里，我说：'天哪，这是什么？'"帕特回忆道，"我开始觉得自己后背发凉。"

更令人难以置信的是，帕特能分辨出声音就在远方某处——超出她伸展手杖所能触碰到的范围、超出导盲犬拽着她往前的皮带绳距之外——超出她的一切触觉范围。不知何故，帕特从这种音景传递出的动态杂音中，能够感觉出栅门的尺寸、形状，以及一根根栅条之间的空隙。盲人的世界通常被描述为严重的幽闭恐惧症的模样, 因为他们关于周围形状和物体的全部认知和感知都在指尖末端突然结束了。 不过, 帕特的世界却一下子开阔起来。

声音是怎么做到的呢? 她大为惊叹。

"我感觉图像是真实的," 帕特说, "这里是一道栅栏 —— 看, 那里是一扇栅门 —— 而远处是黑漆漆一片, 就像大门是开着的……这太让人震撼了。 感觉就像是你可以沿着它走下去, 这真的让我非常震撼。"

帕特到商店里买了她能找到的最小型的摄像头, 把它挂在棒球帽上, 然后将它连接到一台笔记本电脑上。 接着, 帕特把软件的声音开到了最大, 走到她家的走廊里环顾四周。

"那简直让我跪倒在地," 帕特说, "我可以看出面前有一堵墙, 然后我走到塑料百叶窗前, 伸手摸了摸叶片, 我简直不敢相信。 我都快要忘了这个世界究竟是什么样子了。"

不久, 帕特发现, 她能看到自己失明前喝水所用杯子上的图案。 她会被牙医候诊室里的装饰壁纸迷住。 她能看见叶子在树上晃动。 她能看到一张张面孔(虽然还有些模糊不清)。 帕特邮购了一台小望远镜, 把摄像头藏在与双眼齐平的一个小洞里, 升级了她的工具。 她开始每天都使用这套设备。 很快, 帕特随身带的手杖, 仅仅在设备出现技术故障时才需派上用场。

4 年后的一天下午, 更令人吃惊的事情发生了。 在这之前, 帕特在注视房间或者环顾四周时, 只能感觉自己在看一张二维平面照片。 她能看到客厅里有一张沙发, 或者蓝天下一棵大树的形状，但无法感受到深度。然而这一天，帕特正站在水槽边洗碗，她往后退一步，用毛巾擦干手，然后往下看。在她看来，水槽一直以来不过是一个简单的方形罢了。但是随着她运用了新的设备，帕特突然意识到，她已经恢复了对深度的知觉。

帕特·弗莱彻正在往水槽里面看。

〓〓〓〓〓〓〓〓

帕特·弗莱彻的经历听起来不可思议，至少像是某种精心设计的迷心术。但这不可能是真的，毕竟这跟传统科学理论背道而驰。这也不符合传统的观点。你怎么可能用耳朵"看"呢？大脑又怎么会突然间恢复消失了整整 4 年的深度知觉能力，就像有人突然间把电灯开关打开那样呢？

然而，帕特·弗莱彻的说法已经得到一些世界顶尖科学家的证实。几年前，这位勇敢的 58 岁技术探险家来到波士顿，戴着她那套胡拼乱凑的设备，在哈佛医学院接受了测试。帕特躺在一张大桌子上，医生将她推入一台核磁共振成像仪（MRI，用于跟踪检测大脑不同部位使用的氧气量）的狭窄管道里。医生指示帕特注意听音景。

帕特·弗莱彻仍然没有可以看到这个世界的眼球。不过由于某种不明原因，当她听到自己的"音景"时，与视觉处理有关的大脑区域——这处大脑区域通常会在我们用眼球盯着空间中某一

物体时被激活 —— 也重现生机。同时，当帕特听到正常的声音
（比如研究人员在她旁边敲击键盘）时，帕特的听觉皮层也像正常
情况下一样亮起来。不知怎么回事，她的大脑还能区分正常的声
音和她的音景，并将后者传送至大脑的正确区域来处理视觉 ——
即使这两类声音是同时进入她的耳朵的。

　　一系列的补充实验似乎也都证实了这一点。从某种意义上
说，失明了 30 多年的帕特·弗莱彻，用自己的耳朵重新看到了
（有时也同时听到了），她的大脑自己重新连线了。

⑴⑴·⑴⑴·⑴⑴

　　过去几个世纪，人类在科研领域做出了巨大尝试，努力恢复
我们变弱或受损的感官，采用的手法从看起来普通的（助听器、
鼻腔喷雾剂）到更先进的（耳蜗植入物、准分子激光原位角膜磨
镶术），比比皆是。毕竟，人类的 5 种感官 —— 视觉、听觉、触
觉、嗅觉、味觉 —— 是我们感知世界的门户，是我们彼此联系的
纽带。

　　数十年来，科学家们一直致力于加强或修复外部器官 —— 我
们的眼睛、耳朵、鼻子和味蕾；换句话说，也就是那些我们与周
围世界直接接触、并获得感官数据的身体部位。

　　不过到了近期，科学进步则提供了各种各样的全新设备，就
像帕特的音景机器，它从根本上改变了我们对大脑如何处理人类

从环境中接收到信息的认识。这些设备表明，科学家们几十年来都可能忽略了这一点。

"我们是用大脑看东西，而不是用眼睛看东西，"已故的神经科学家和感觉替代先驱保罗·巴赫－丽塔（Paul Bach-y-Rita）曾有此著名论断，"你可以失去你的视网膜，但只要你的大脑完好无损，那你就不会失去看东西的能力。"

大脑恐怕是世界上最复杂的模式识别机器了。而且只要给出足够的调整时间，大脑就能更好地理解外部和新的感官输入模式。科学家们逐渐发现，如果想恢复视觉之类的能力，其实没必要重新复制人类眼睛给大脑发送电脉冲的确切模式。如果想让聋人恢复听觉，也没有必要弄清楚人类耳蜗究竟在何种确切时间，使用何种确切模式的脉冲来编码进入内耳的声波。我们不必修复破损的外部人体部位，也不必将之替换为精确的复制品来恢复已经丧失的功能。

要想恢复"视觉"或者声音，工程师唯一需要做的事就是创造一种设备，确保把感官信息转化成能够以一致方式传送给大脑的信号即可。只要经过充分的实践，大脑中的连接和通路会重新开始连线，进而能够解码以各种方式传递到大脑的感官信息。帕特·弗莱彻的音景设备仅仅是新兴技术应用的众多案例之一，这类技术所利用的是人类大脑的非凡可塑性。然而直到最近，大多数人还以为，大脑的可塑性在过了童年关键期以后就会基本消失。

⫶⫶·⫶⫶·⫶⫶

2002 年夏天，帕特·弗莱彻打包了两只随身行李袋——一只袋子装衣服，一只袋子装她的音景设备——跳进了一辆出租车，前往布法罗机场。那个时候，她使用"看声"软件已有很多年了。帕特再也没用过导盲犬——既然她现在已经没有需求了，也就不用再依赖牵着皮带的狗了。有了手杖和音景，她就可以随时出门。

美国受"9·11"恐怖袭击事件的影响依然深远。机场金属探测器在检测她的设备袋时警报大作，一群惊慌失措的安保人员使她在机构滞留了半个多小时。

"告诉别人我看不见——他们能看出来，"帕特说，"但是后来看到我的黑色设备袋里那些电线缠着电池，着实让他们非常紧张。我打开我的电脑，向他们演示它是如何工作的，他们这才松了一口气。"

帕特那天是前往亚利桑那州参加"意识研究"的爱好者会议，其中有一个新兴的研究领域被称为"感官替代"。

一到会场，帕特就得知有一种设备能把图像转换成刺激舌头的电脉冲，称为"舌头相机"，听起来很神奇也很有用。她还听说将来有可能造出一种机器能把声音转换为刺激皮肤的电脉冲，从而帮助极度失聪的人再度听见。但在其他与会者看来，没有几项技术能真正与帕特·弗莱彻的设备一较高下。她当时已是得心应手，成了光芒四射的明星。

在这次会议上，帕特与彼得·迈耶（Peter Meijer）共同登台。迈耶是一位说话柔和的荷兰工程师，正是他发明的软件造就了帕特的音景设备。对帕特来说，这场会面就像遇见亨利·福特（Henry Ford）或者托马斯·爱迪生（Thomas Edison）一般。而在迈耶看来也很特别。迈耶苗条纤弱，前额宽阔，有一头蓬松的棕发，柔和的棕色双眼露出一抹浅浅淡淡的笑意。他花了将近10年的闲暇时间在自家客厅里修修补补才做出一些有用的东西。不过，帕特是迈耶面对面见到的第一个如此频繁使用这套设备的人。对于这个成果迈耶和帕特同样特别开心。

会间休息时，迈耶和帕特一起绕着会议中心园区散步，并开始了闲聊。彼得问了她许多问题——他想知道如何改进这套设备。他想知道她对这套设备的感受如何。几天后，他们两人就像老朋友一样。当会议主办方把参会者带到沙漠中的一家博物馆时，两人悄悄溜了出去，站在外面一处炎热而又尘土飞扬的平原上，凝望着地平线。

帕特一直热爱大自然。失去视力后，最残酷的一部分现实就是她知道自己再也无法去徒步旅行了。

"我几乎连浴室都去不了，我又怎么可能去爬山呢？"帕特依然记得在毁灭性日子刚刚到来时涌起的那些悲伤念头。"我还怎样放眼眺望大海，怎样观赏风卷残云的美景呢？一切都不可能了，你知道吗？我还怎样自己一个人坐船钓鱼呢？再也做不到了。"

　　自从那场事故以来，帕特就再也没有"看到"过大自然。此时此刻，当他们站在沙漠之中时，彼得叫帕特抬头向上看。帕特可以看到天空中有一道条纹，于是她问彼得那是什么东西。

　　"那是喷气机的尾迹。"他告诉她。

　　"那么远处那些东西又是什么呢？"帕特问道。她可以看到一片带有小点的三角形，处在不同层次，在一片白色沙子之中相当惹眼。"你能看到那些吗？！"迈耶问道，不敢相信她竟然既能看到那么远的东西，又能感知到其距离。

　　"嗯，对。"

　　"那些是山。"他告诉她。

　　帕特记得的下一件事便是泪水顺着她的脸颊流了下来。她喜极而泣。帕特看近处的事物也更清晰了——她可以看到大型仙人掌的形状，肥厚的块茎，甚至这株植物上下起伏的边缘和沟壑（尽管她还看不见仙人掌的针刺）。远处，山脉呈现出简单的三角形状，一座又一座排布成高低不同的样子。但这一切已经足够了。

　　"我喜欢山，"帕特说，"山是我在世界上特别喜欢、特别喜欢的东西之一，在这里我竟然能再一次看到山脉。当我看到我以为再也看不到的东西时，我就变得很激动，我简直不敢相信。"

　　也许就在此刻，迈耶这位谦恭有礼、温和可亲，来自埃因霍温市的知名工程师，才充分领略到他的这件作品所带来的强大情感冲击。迈耶给他的软件起名为"看声"（vOICe），因为中间 3

个英文字母 OIC 的读音就相当于"Oh, I see"（哦，我看见了）。
两人静静地站着，深陷在这一美妙的时刻中。

⑾⋅⑾⋅⑾

迈耶并没有想过能真正改变别人的生活。他最早想要做一台
将视觉转换成声音的机器时，不过是名正在学物理的研究生，他
当时想要寻找一种使用新的计算机技术的方式。他考虑的并不是
神经科学，只想制造一些有用的东西。因此，他脑中才冒出这样
的念头，觉得如果能造出他所谓的"反向摄谱仪"来帮助像帕特
这样的人借助听觉判断图像，会是件很酷的事。

声谱图就是用来表征声音的可视化图表。声谱图上，水平的
X 轴代表着时间的推移，垂直的 Y 轴代表频率，人类可以根据频
率来感知音高。如果你沿着指尖从左往右穿过一幅表示某个音调
的声谱图，你可以一路追踪这条水平 X 轴上方各个连续点的峰顶
和谷底，并能够清晰地感受到随着时间的流逝，声音所表现出来
的音高上扬或下降。你从右往左移动越远，时间就越久。点的位
置越高，音高也越高。振幅或音量以深浅不同的灰色来表示——
灰色越浅，也越亮。大多数的声谱图绘出了任何给定时间点上堆
叠在一起的多个点，以表示某一时刻同时发出声音的所有音调。
声谱图常用于语音分析——你可能曾在某些间谍恐怖片中见过这
种图，电影里的坏蛋们会通过监控电话线路来窃听逃跑的主人公。

迈耶的想法是创造一台机器，一种解码器，可以反其道而行——能把视觉点或者图像中的像素点反向转变为声音。他的第一台原型机极为笨重。几年后的会议上，帕特从头部取下那台胡拼乱凑的设备拿给迈耶看，考虑到当时的技术水平，这已经比他一开始想象的要运作得更好。首先，帕特装在两面太阳镜镜片中间的微型间谍相机采集影像，然后以其数字形式输送进一个计算机程序，也就是一台主解码器。然后，迈耶的算法会将每个像素点转换成适当的音调。

一列之中像素越高，迈耶的设备相应发出的音调也就越高。像素的亮度对应于声音的响度。"立体声平移"的时间或速度，以及由此产生的声音，反映了相机拍下图像水平特征的变化。从根本上说，当这套系统扫描图像表面时，混杂为一体的音调会在一系列的声波中上下波动，在音高振幅对应的轮廓线处加以编码。其结果就像涡轮增压喷墨打印机吐出墨点，从而构成一张照片一样，只不过"看声"移动得更快，吐出的不是墨水而是振荡的声波。迈耶设备的关键在于其一致性。特定的形状产生出特定的声音。特定的音高模式编码出特定的轮廓线。久而久之，大脑似乎就可以慢慢学会将这些音高模式与物理世界中相应的轮廓线联系在一起，并将特定的声音与特定的形状联系在一起。

这套设备之所以有效的另一个原因就是，人耳能够在同一时间惊人地分辨出多重音调——30—100多种，具体要取决于图像，迈耶在这之后发现了这一点。每一个时间间隔内，迈耶的设备都能够播放一个完整的像素列，同时由多种不同音高和音量的多个音调来表示。通过从左向右快速移动图像，迈耶能够在非常短的时间内传达出大量的信息。值得注意的是，大脑不仅能够辨别这些多种多样、快速变化的音调，还能立即加以分析，并同先前习得的声音模式进行对比，从而使帕特能够立即明白自己"看见"的是一道栅门、一扇窗帘，又或者是咖啡杯上的一个图案。

对迈耶来说，这是一个长期项目，他在自己的单间公寓里为之辛勤耕耘了无数个晚上和周末。当他最终完成的时候，时间已经到了 20 世纪 90 年代初，那时迈耶正在荷兰科技巨头飞利浦（Philips）的研发部门工作。虽说迈耶的专长是给新的计算机芯片开发模拟器，但他把自己的这项发明带给上司以后，上司帮他申请了专利，还鼓励他就这套设备发表一篇论文。

"我引起了人们极大的兴趣，提问来自世界各地，还有想要再版的人；太惊人了，几百个人要求再版，"迈耶回忆说，"但过了一段时间，我们有了一个便携式的原型机，你没法用它来做太多事。虽然我们可以提供演示，但却无法有效地训练别人。"

事实上，当迈耶联系上盲人组织时，他也遭到了怀疑和漠视。尽管起初知识界对他的设备充满兴趣，但当他接触到那些真正需要使用这套设备的人时，似乎没人知道到底该怎样理解迈耶。因此，迈耶把整套设备放到了互联网上，鼓励盲人和大学研究人员去下载软件，自行试用。

换句话说，他们等待着一个像帕特·弗莱彻这样的人能够出现，助推这种装置更上一层楼。

⑴⑴·⑴⑴·⑴⑴

全世界并不只有迈耶和他的同事在等待帕特·弗莱彻的出现。在波士顿的贝斯以色列女执事医疗中心（Beth Israel Deaconess Medical Center），一位出生于西班牙的、衣冠楚楚的哈佛大学神经学家阿尔瓦罗·帕斯夸尔－莱昂内（Alvaro Pascual-Leone）获得了一笔数百万美元的资金，用于脑扫描设备和一个研究人类大脑可塑性的项目，项目旨在检测像帕特·弗莱彻一样的人——这些人的经历违背了传统观点，可以教给我们有关大脑是如何运作的新知识。

不过，研究这些不寻常学科的问题在于，这样的人很难找到。

所以，当帕斯夸尔－莱昂内第一次在一本科学杂志上读到迈耶发明的设备时，他决定在下一次回祖国西班牙度假时顺道去一趟荷兰。2001 年 8 月，迈耶在他简陋的家庭工作室中，为这位哈佛大学神经科学家做了一次演示，他为帕斯夸尔－莱昂内戴上一副眼罩和一对耳机，让他亲身体验音景软件。

"这绝对相当惊人，因为对于非常简单的东西我多多少少能理解，至少某种意义上是这样，"帕斯夸尔－莱昂内说，"但是对更复杂的图像、场景和物体，我就根本不知道我在听什么了，让人摸不着头脑，对我来说完全不着边际。"

之后，迈耶提到，在布法罗市有一位开朗的女人，几年前在搜索互联网时发现了自己这个程序，而且她实际上已经学会了如何在现实世界中使用这套程序。迈耶告诉帕斯夸尔－莱昂内，这个女人声称她可以用耳朵"看见"世界。帕斯夸尔－莱昂内会愿意和她聊聊吗？

"你一定是在跟我开玩笑吧！"帕斯夸尔－莱昂内记得当时是这样回答的，"我快惊呆了。"

几十年来，成人大脑发生改变的能力究竟如何，学界对此争论不休。很少有人会怀疑，大脑可以在早期发育阶段自发实现彻底"重新连线"。但人们普遍认为，这一时期是有限的——未发育成熟的人类和动物在某个短暂的"关键期"之后，大脑的连接会发生硬化，就像窑里的黏土一般，固定成型。

不过，帕斯夸尔－莱昂内属于那一小部分想法与众不同的科学家，这些人认为上述观点过于简单化。虽然帕特·弗莱彻的故事听起来很极端，但帕斯夸尔－莱昂内已经意识到，他绝不能错过这个案例。如果迈耶所言属实，那么这就是一个疯狂却有力的例证，证明大脑确实可以"重新连线"——这是一个打破范式的绝好例证。

一天下午，帕特·弗莱彻在布法罗市家中的电话响起。此后，她总会乐此不疲地对人说起这件事，"哈佛大学邀请我过去拜访！"她会大声欢叫起来，"你相信吗？"

‖‖‖·‖‖‖·‖‖‖

　　为了帮助读者理解帕特所讲的事情为什么如此非凡，我们不妨首先来了解一个研究，正是这个研究让众多神经科学家坚信此事不可能发生。

　　最关键的证据来自戴维·胡贝尔（David Hubel）和托尔斯滕·维泽尔（Torsten Wiesel）在 20 世纪 60 年代和 70 年代对猫和猴的视觉皮层所进行的一系列开创性实验。这些实验极大地拓展了我们对于大脑如何帮助我们感知周围世界的理解，并最终摘得诺贝尔奖桂冠。如果你仔细阅读并研究过，就像帕斯夸尔－莱昂内和他同时代的每一位神经科学家那样，那么要解释帕特·弗莱彻的非凡能力就不那么容易了。

　　20 世纪 50 年代末，加拿大科学家戴维·胡贝尔在约翰霍普金斯大学见到了来自瑞典的托尔斯滕·维泽尔。这两位研究人员都很年轻，只比帕特·弗莱彻失明时的年纪大 10 岁左右。这两位年轻博士后的是职业生涯才刚刚起步，满怀雄心壮志。

　　两位科学家的事业开始于这所大学著名眼科研究所地下室的一间狭小、肮脏且没有窗户的房间里，他们在这里着手解决一个长期困扰着科学家的谜团：当我们"看见"物体和形状时，大脑究竟发生了什么？当时他们提出这个问题可谓适逢其时。脑科学家们刚刚开始使用一种革命性的新技术，称为"单细胞记录"。实际上，胡贝尔是在摆弄一台车床和不同材料的过程中，想出能让钨丝电极有效记录大脑信息的新方法，许多科学家也在使用他的这项新技术。单细胞记录技术的神奇之处在于，它让科学家第一次得以实时监测人类大脑的最基本单元（即单个神经细胞，称为神经元）的活动。

我们每个人都拥有大约 1 000 亿个神经元，这些神经元通过名为"突触"（即两个细胞之间的微观连接）的微小结构相互隔开，神经元也通过这些突触传递电化学信号来相互沟通。自细胞核连接到突触并可以传递信号的神经元分支称为轴突。从突触接收信号并将信号传送到细胞体的神经元分支称为树突。信号如果足够强，从一个神经元轴突传递给下一个神经元树突时将导致第二个神经元激发电脉冲。神经元被激发时，会通过其轴突将其自身的电化学信息传递给与其相连的神经元，从而又使得这些相邻的神经元被激活。其他类型的突触则会"抑制"相连的神经元放电。

许多神经元同时一致或者依次相继激发的现象，往往被比作一支"交响乐"，多种乐器共同演奏形成美丽且协调的交响乐，产生整体大于部分的效果。［我第一次见到这个比喻是在杜克大学米格尔·尼科莱利斯（Miguel Nicolelis）的书中。］正是这首交响乐，使我们能够思考、感觉、运动和看见。

胡贝尔和维泽尔坐在那间没有窗户的巴尔的摩地下室里，希望能听到这首交响乐，以及交响乐的各种乐器，之前几乎没人做过这件事。为此，他们麻醉了一只猫，并将细小的针状微电极直接插入其灰质。微电极获取了猫的单个神经元激发时的声音，并将之从大脑里传送到一台放大器上。于是，每当有神经元激发时，整个房间就响彻着独特的"咔嗒咔嗒"声。这些信号也可以转换成视觉表达，并在屏幕上闪现或绘出图样，这能够帮助这两位年轻的科学家检测每次动作电位的频率和持续时间。

胡贝尔和维泽尔打算探究的领域是神经元的最外层，就在颅骨和一片薄薄保护盖层的下方，位于大脑中构成主要视觉处理中枢的区域。这处区域位于脑袋后部的大脑皮层中，大脑皮层是一块 2—4 毫米厚的组织，含有丰富的神经元，不仅对我们的运动、感知和应对外部环境的能力至关重要，对各种类型的高级处理也极为关键，正是这些高级处理才使人类区别于其爬行动物的祖先。

一个世纪的时间里，神经科学家已经在大脑皮层的大型组织领域取得了积极进展，采用的方法之一就是研究中风患者的脑损伤，并在动物大脑制造新的损伤。［如果中风杀死了大脑皮层某一特定部位的脑细胞，而这些脑细胞的死亡又与某种特定功能（比如语言功能）的丧失有关，那么科学家便可推断，被杀死的脑细胞就起着实现相应功能的作用。］

不过，至于大脑在微观层面的精确细节是怎样的，单个神经元之间如何合作——大脑中数十亿的活动细胞的具体功能组织如何——这在很大程度上仍是一个谜。未开垦的处女地，向这两个雄心勃勃的年轻科学家敞开了大门。

对于当时的胡贝尔和维泽尔来说，日子非常漫长，工作有时令人沮丧。他们经常工作到筋疲力尽，维泽尔甚至开始用瑞典语跟胡贝尔交谈（每当此时他们就知道该收工歇息了）。至少有一回，胡贝尔回到家中，家人们已经坐下来吃早餐了。不过，约一个月后，努力有了回报。两位科学家给猫戴上一副坚固耐用的头部绑带，任凭它再闹腾也无法挣脱。头套上固定着若干电极，电极连接到猫的大脑神经元，并引出一堆杂乱的电线，由此记录当科学家使用一种可将不同图案和形状直接投射到麻醉猫视网膜表面的设备时，这只猫的大脑视觉皮层中的特定神经元会做何反应。

　　他们的目标是找到某个单一刺激可使视觉皮层中某个特定的单一神经元出现激发反应。胡贝尔和维泽尔试着在明亮背景上投射黑点。他们也尝试在黑暗背景上投射亮点。他们试过大大小小的光点。最后，他们甚至挥舞手臂在猫面前跳舞，为了减轻猫的郁闷情绪，他们开始把杂志广告上的性感女人照片拿给猫看。结果什么也没有。神经元依然处于休眠状态。

　　有一天，大约过了4个小时，他们把带有一个黑点的新玻璃幻灯片投放出来时，某个神经元"就像一部机关枪一样激发了"，胡贝尔后来回忆道。神经元激发的声音跟这个点本身无关。当他们插入幻灯片时，幻灯片边缘向猫的视网膜投下一道微弱却锐利的阴影——背景中出现一条黑色的直线阴影。他们意识到，他们正在研究的神经元对这条线做出了最强烈的反应。

　　不久他们就得出结论，某些单个神经元对处于特定角度的直线形成的激发强度最大，而另一些神经元则对倾斜线条朝特定方向运动而产生激发。 换句话说，大脑的特定神经元是被分配来响应并表征来自身体外部的特定刺激。 他们有各自的"感受域"，在许多情况下，如果外部刺激位于感受域的中心，那么神经元则会用尽全力激发。 如果刺激位于感受域的边缘，那么引起的神经元激发则较慢。 只要刺激位于感受域以外，神经元便会始终处于休眠的状态。

胡贝尔和维泽尔发现，正是这些单个神经元协调一致地产生激发，才帮助我们在脑海中构建出复杂的图像。 这些神经元按序排列，视觉分析也能井然有序地进行：当电信号从一个神经细胞传递到下一个神经细胞时，每个神经细胞各自负责呈现视觉图案中的某个特定细节。

长期以来，眼睛传递给大脑的信号信息，始终"只有大脑才拥有解读信息密码的钥匙"，卡罗林斯卡医学院的戴维·奥托松（David Ottoson）教授在 1981 年将诺贝尔奖颁给两人时说道："胡贝尔和维泽尔成功破解了密码。"

꘎꘎꘎꘎·꘎꘎꘎꘎·꘎꘎꘎

胡贝尔和维泽尔仍然想知道，这些视觉细胞是如何发育的。神经元是如何响应对角斜线或垂直边缘的？ 为什么有些神经元对运动很敏感？ 这些神经元是如何共同工作形成一幅图像 —— 从而成为更大视觉处理回路的一部分的？

　　胡贝尔和维泽尔怀疑，经验在其中起到了关键性的作用。生来就有眼睛晶状体缺陷的儿童，即使接受了白内障摘除手术，也会留下永久性视力损伤。不过，老年白内障患者则没有这种损伤。如何解释这种差异？

　　为了在小猫身上创造出相似的环境，胡贝尔和维泽尔把小猫的其中一只眼睛的眼睑缝合，并让另一只眼睛正常发育。然后，他们用发育成熟的猫重复实验。对成年猫来说，眼睛拆去缝线后能够恢复视力。但对幼年猫来说，被缝合的那只眼睛即使重新睁开，也依然会永久失明。胡贝尔和维泽尔获得了似乎无可辩驳的证据，证明大脑存在所谓的"关键期"，在此期间大脑得以发育并可对其编程。这个实验发现令人振奋，但它提出的问题却远比能解释的现象要多。这些"关键期"究竟如何运作？关键期可逆吗？大脑发生这种变化的生化基础是什么？

　　近年来，神经科学家已经能够实时观察幼年动物大脑中形成的神经回路对刺激的反应，从而解答上述的一些问题。其中一个最精练的实验是由斯克里普斯研究所（The Scripps Research Institute）的神经科学家霍利斯·克莱因（Hollis Cline）主持的，她在 2015—2016 年间担任美国神经科学学会（Society for Neuroscience）主席。20 世纪 90 年代中期，她使用了一种称为双光子显微镜的技术来窥视蝌蚪的大脑，以前所未有的高分辨率清晰地见证了神经元如何在大脑发育过程中形成初始连接的。

　　克莱因所见到的是一幅比以往任何时候都更具活力也更优雅

的画面。在蝌蚪的大脑中，来自不同神经元的分支投影不断地增长和缩回，像是寻求接触的细长手指一般伸向彼此。大多数时候，不同神经元分支之间的接触就像快速撞击那样短暂——它们相互接触，然后迅速缩回，彼此反弹，再继续与其他神经元分支连接。不过偶尔它们接触一段时间会发生其他事情，导致两个神经元分支暂时黏合在一起。这种神奇的连接现象只发生在一种时候：两个分支都各自连接在细胞体上，而两个细胞体恰好在接触的瞬间同时激发。克莱因捕捉到了突触诞生的瞬间。

关于克莱因目睹现象的实现原理，科学家们长期以来有所质疑，但直到最近几十年才开始得到证实。1949 年，一位名叫唐纳德·赫布（Donald Hebb）的加拿大心理学家认为，大脑本质上是一台强大的重合检测器，而决定神经元之间如何形成和加强这些联系的物理规律，旨在反映和记录这些重合。因此，当两个神经元紧密连续激发时，大脑中产生的某种东西增强了它们彼此之间的物理连接——这使得一个神经元未来更容易激活其他的神经元。另外，当两个神经元各自独立激发时，它们之间的连接会有所减弱。这通常被称为"赫布理论"。

卡拉·沙茨（Carla Shatz）给这条定律做了最精彩的总结。沙茨在 20 世纪 70 年代早期曾是托尔斯滕·维泽尔和戴维·胡贝尔实验室里的一名年轻研究员，如今是斯坦福大学"可塑性"领域的首席研究员。

"一起激发的细胞也连接在一起，"沙茨写道，她实际上通过测量连接神经元之间传递的电位升高证明了这一点，"非同步激发的细胞会失去彼此的联系。"

在人类胎儿中，神经元之间的许多初始连接正是以这种方式形成的。自发性电脉冲以随机模式在大脑中脉动，未成熟的神经元随之起舞、碰撞、探险且又混杂相连。在此初始阶段，大多数神经元将形成数量远远超过自身需要和能够维持的连接。后来，随着大脑逐渐发育成熟，这些连接会在每次恰巧再次出现相继激发现象时得到增强，否则连接会逐渐减弱。最终，无关连接会像树篱中旁逸斜出的树枝一样被剪除，这一过程被科学家称为"修剪"。

随着时间的推移，单个神经元之间的连接，再加上无关连接的修剪过程，共同形成了大脑回路，如我们视觉系统或听觉系统中紧密连接的、超高效的基础结构。

胡贝尔和维泽尔所做的小猫眼睛缝合实验表明，在大脑的某些区域，这种回路的形成机制只发生在有限的时间内 —— 所谓的关键期。看来一旦关键期结束，一切就已经来不及改变了。黏土已经变硬，回路已经形成。大脑中的通路也已经完全排布完毕。

或许更值得注意的是，胡贝尔和维泽尔还发现，小猫大脑中通常用于那只被缝合盲眼的皮层实体并没有被白白浪费掉。取而代之的是，另一只主视眼传递感官信息的连接向外扩展到未使用的空间，并将其接管过来。大脑的效率很高，这显然是按照"非用即失"的原则来进行操作的。

　　这些发现改写了接下来几十年里大脑科学领域，以及研究人员对大脑发育的观点，其影响实在是不可估量。大脑在出生后存在一段具有高度可塑性的关键期，而这些关键期会戛然而止，这种看法影响的绝不仅仅是视觉发育领域。

　　没过几年，科研机构不仅接受了胡贝尔和维泽尔关于视觉系统存在关键期的发现，而且许多人还进一步认为，大脑皮层的大部分（如果不是全部）可塑性机制会随着年龄的增长而消失。毕竟，这似乎可以解释很多问题。比如说，为什么成年人想学会第二语言的完美发音要困难得多；为什么随着我们长大成人，就会逐渐"固步自封"；为什么我们的孩子更乐意探索、学习和提问。

　　许多未经实验证实的假说也很快就变为传统观念。不少医疗机构认为，中风患者永远无法恢复功能——因为中风会导致大片神经区域被浪费，而且大脑被认为无法在成年后重新自我连线，也无法绕过那些死区。教育工作者认为，患有阅读障碍和其他学习障碍的人永远无法完全克服这些障碍——因为他们的大脑连线也只能如此了。当然，像帕特·弗莱彻这样在成年后丧失视力的人最终能学会用耳朵"看"，这样的故事似乎很是荒谬。

　　然而，几乎是这些实验刚出现在公众视野里，就有证据开始表明，可能存在某些例外——事实上，情况可能比他们最初看上去还要复杂一些。克服根深蒂固的教条恐怕需要几十年时间，这一过程似乎直到千禧年之交以后才慢慢改观。不过，现在人们普遍认为，中风患者可以恢复功能。患有阅读障碍的儿童也可以学会阅读。或许，帕特·弗莱彻也可以用她的耳朵去"看"世界。因为尽管胡贝尔和维泽尔在很多地方是对的，但大脑在人的成年期也确实保留了相当高的可塑性。

　　要想改变大脑，我们只需更好地理解大脑的工作机理。

⑪⑴·⑪⑴·⑪⑴

　　事情并不像乍看上去那样简单，或许最有力的早期线索来自一种与帕特·弗莱彻的音景机器类似的设备，使用耳部机器作为进入大脑感觉处理区域的入口。这个设备便是"人工耳蜗"植入物。

　　这位男子是开创植入物领域的先驱之一，后来被许多人誉为"神经可塑性之父"，他的成果将对帕特的新朋友阿尔瓦罗·帕斯夸尔－莱昂内产生深远的影响。讽刺的是，他的研究开始于距离胡贝尔和维泽尔事业起步处仅数百英尺之遥的地方，就在约翰霍普金斯大学的神经科学大楼之内。

　　他的名字叫作迈克尔·默策尼希（Michael Merzenich），一开始他并不想颠覆传统，完全没有这种念头。当默策尼希来到巴尔的摩攻读博士学位时，胡贝尔和维泽尔已经在大约 5 年前离开了他们在哈佛大学附近的办公室，默策尼希本来的打算是走传统的研究道路。

　　后来，默策尼希经历了一系列深刻影响他世界观的事件。在威斯康星大学麦迪逊分校从事博士后工作的同时，默策尼希和他的合作者正在研究一种怪异现象，这种情况在脑部和身体皮肤之间传递信号的大神经受损之后时有发生。与中枢神经系统不同的是，"周围"神经（例如传递来自手部皮肤信号的神经）如果被切断，是能够自我再生的。不过，当手部神经被切断时，有时当它重新长回来时，信号会被搅乱。例如，假如你去触摸一根遭受过神经损伤后又自我修复的中指，那么很可能在这之后，你的大拇指会一直感受到这种触觉。

为了更好地理解其产生的原因，默策尼希和他的团队利用电极记录单个神经元的活动——这是默策尼希在约翰霍普金斯大学掌握的那项技术，用来映射正常青春期猴子的大脑中与触觉相关的大脑皮层区域。接着，他们把从猴子的手向大脑这一部位（即躯体感觉皮层）传递信号的末梢神经给切断。切除部位是连接3根手指和手掌的一束神经纤维，属于经由脊椎上行至大脑的神经束。

下一步，默策尼希和团队将这束神经纤维缝合在一起，使之稍稍接触。这有助于神经再生和重新连接，只不过是以随机顺序。默策尼希和他的团队希望，他们能够由此弄清手部神经交叉后造成感觉扭曲的过程。

不过，当默策尼希和他的团队在7个月后重新映射大脑同一区域时，他们对发现的结论十分惊讶。神经确实杂乱无章——但大脑创造了一种新秩序。大脑已经在考虑到神经交叉的基础上实现了完全的重新映射，导致出现了以前没有过的信号拼接。很多人以为这种情况只会发生在"关键期"，但大脑却在"关键期"结束后很久也实现了。大脑做到了一些大多数人认为不可能发生的事情。

默策尼希说，从那之后，"我知道大脑是可塑的，大脑一直在改变自己。"

默策尼希所不知道的是，这种可塑性会达到何种程度，其影响又会有多深。直到多年后他才找到答案。研究生毕业后，默策尼希前往加州大学旧金山分校（University of California San Francisco，UCSF）工作，在耳鼻喉科和生理学系担任助理教授，主要研究耳科。任职后不久，他遇到了一位名叫罗宾·米切尔森（Robin Michelson）的外科医生。米切尔森想制造出一种能帮助耳聋人再次听到声音的设备，他使用的是当时其他人也在努力研究的方法，目的也是希望造出我们今天所熟知的人工耳蜗植入物。他问默策尼希是否愿意帮忙。

"他是一个大胆的冒险家，"默策尼希后来回忆说，"他曾在洛杉矶找来一个工程师造出一种设备，然后植入一些病人身上，但他并不知道如何改进。"

默策尼希认为米切尔森的方法颇有成功的希望，于是便同意加入了。人耳可以用微小的毛发状结构来察觉会产生声音的各种振动，将振动转换成电脉冲，然后传送到大脑，交由听觉神经处理。这一过程发生在耳朵的贝壳形骨骼腔内，称为耳蜗（耳蜗的英语名称cochlea在希腊语中意为"蜗牛"），是进入大脑听觉处理区域的门户。

人工耳蜗植入不像使用传统助听器那样只是简单地把声音放大，而是使用多组细长线状的刺激电极来直接电击听觉神经，其模式为模拟完全健全人耳在听觉神经产生的电脉冲。起初，默策尼希认为，要制造人工耳蜗，那就必须尽可能接近健全人耳中毛发状纤维运动所产生的电脉冲模式。

但要做到这点并不容易，这套设备必须非常耐用，电子装置得一直用上几十年。但它还必须足够安全，好让外科医生将其植入脆弱的人类听觉器官。最大的挑战就在于，耳蜗中产生电脉冲并通过听觉神经传送到大脑的这一过程，其确切模式太过复杂和精细，无法靠现有的技术捕捉下来。默策尼希和他的合作者的雄心壮志很快就被挫败了——他们只能大体上复制"人类原装内耳既简练又精妙的模式"。

"这就像是拿上臂去弹钢琴，"默策尼希后来告诉我，"你不能真正控制细节，只能以相对粗糙的方式对信息进行编码。"

默策尼希和他的合作者将第一批模型植入患者体内，等到患者到默策尼希的办公室开展随访时，他们很快证实了研究人员最担心的事情。

"他们说这就是'废物'，"默策尼希回忆道，"他们听到的声音完全是模糊的、混乱的、凌乱的，根本无法理解。就是垃圾。"

默策尼希和他的团队尝试了许多方法来改进设备。不过，所有的训练方法、实验和微调似乎都无济于事。

不过实验仍在继续。没办法。默策尼希的团队已经为这套设备投入了极大的努力和巨大的成本。那些病患也没有其他更好的选择了。他们完全听不见；在一个周遭人们说话、交谈、开玩笑和大笑不止的世界里，他们仿佛被拘禁在一只看不见的隔音罩之中。他们被排除在外，但他们也不急于放弃。所以他们还戴着这些设备。

这是个明智的选择，因为几个月后，惊人的事情发生了。

默策尼希记得，第一批病患原先闷闷不乐，对这套设备并不是特别满意，之后前来复查时却个个热情高涨。

"哇噢！"他们告诉默策尼希，"现在我开始什么都听得清了！"

变化正在发生，测试结果证实了这一点。

"在2个星期到3个星期的时间里，他们可以清晰地听见，而且效果惊人，"默策尼希回忆道，"突然间，他们显示自己能够在较高水平上理解内容了。这点太让我震惊了。"

这些设备并没有改变。默策尼希意识到，是他这些患者的大脑发生了改变。当时，默策尼希在研究人工耳蜗项目的同时，也一直在他的实验室努力探索猴子的神经可塑性。但即便如此，这样的结果也让他相当吃惊。

"大脑可以接受这些粗糙的信号信息，并把它转化成一种新形式的代表性言语，"默策尼希说，"这些设备比我们想象中运作得更好。我只是没料到大脑的改变会达到这种程度。"

此外，默策尼希很快地了解到，其他竞相制造人工耳蜗植入物的研究人员也获得了相似的结果，但他们使用的是完全不同的编码方案和脑电活动模式。

由此看来，重要的不是信号传送到大脑的模式的细节，而是模式的一致性。大脑本质上是一个复杂精妙的模式识别机器。大脑是动态的、不断变化的，并且能够学会将特定的电刺激脉冲与表达外部世界思想的特定声音和词语联系在一起。当这些脉冲和组合远比天生的耳朵机制所产生的信号更粗糙且又完全不同时，大脑仍然可以做得到。赫布的联想学习理论认为，一起激发的神经元最终也会连接在一起，这种规则远比默策尼希所猜想的要强大得多，且可靠又持久得多。

"你把一个新的前端放在听觉系统上，等上 6 个月，然后大脑也就接受了，"默策尼希说，"这太惊人了。"

￼

2006 年的一个炎热夏日，帕特·弗莱彻抵达波士顿，来到阿尔瓦罗·帕斯夸尔－莱昂内的实验室，接受第一次测试。帕斯夸尔－莱昂内的团队安排她入住一家贝斯以色列女执事医疗中心附近的提供住宿和早餐的旅馆，他们打算在医疗中心里的实验室进行测试。

他们还邀请了另一位名叫亚当·沙伊布勒（Adam Shaible）的盲人测试对象，以及他的妻子丹尼丝（Denise）一同乘飞机前来。帕特和亚当曾通过一个电子邮件留言板互相通信，留言板是彼得·迈耶设立的，为的是将使用"看声"软件的人联系在一起，不过这是帕特和亚当第一次见面。每天早晨，在测试之前，帕特、丹尼丝和亚当都会在这家舒适旅馆的餐厅里碰头，互相交换彼此的人生故事。

亚当告诉帕特，当他第一次"看到"妻子的脸和头发时是何等喜悦，他只要能"看到"她就会无比快乐。亚当住在佛罗里达州，离帕特多年前发生事故的地点不远。而当亚当描述起他第一次站在岸边，惊奇地看着一艘雄伟的单桅帆船滑过海湾清澈见底的水域时，帕特几乎可以自己想象出这一幕场景。帕特想起了她视力受损前见到的帆船，想起了船的帆布是如何随风起舞，她很喜欢这些事物。

当亚当告诉帕特他第一次发现薯片边缘有波浪时，帕特会意地点点头。亚当形容当看到蒸汽从咖啡杯顶端升起来的时候，她感到奇怪又惊讶，她甚至被逗得大笑起来。

"我不会这样想，因为咖啡里冒出蒸汽，这对我来说太常见了！"帕特说，"但是想象一下，如果说你以前从来没见过呢。"

不过，有些问题还在困扰着亚当，折磨着亚当。像帕特一样，别人也会时常告诉亚当"你不可能看见东西的"。帕特知道看见东西是什么样的感觉。她记得这种感觉。毫无疑问，她现在所感受到的确实是视觉。但亚当不一样。与帕特不同的是，亚当天生就失明。那么他怎么能确定这是真实的，他怎么能确定，他现在所经历的东西真真切切地就是他一生中一直听到的所谓"视觉"呢？

实验室里，帕斯夸尔－莱昂内和他的团队共同设计了一系列精密复杂的实验。他们向亚当保证，到最后，他们至少能回答他部分的疑问。事实上，帕斯夸尔－莱昂内也怀疑自己是否已经知道答案是什么了，因为某种程度上，他将对帕特和亚当所进行的实验已经是下一步工作了——证实一项价值重大且又日益广泛的研究。

帕斯夸尔－莱昂内出生于西班牙巴伦西亚市（Valencia），在德国获得医学博士和哲学博士学位，之后在美国明尼苏达大学研究神经病学，然后转到贝塞斯达区的美国国立卫生研究院工作。

早在还没到达美国国立卫生研究院之前，帕斯夸尔－莱昂内就一直饶有兴趣地密切关注着迈克尔·默策尼希的研究。自从第一次猴子实验和最早的人工耳蜗植入以来，这位不修边幅的加州人便一直忙得不可开交。事实上，他已经进行了一系列的猴子实验，帕斯夸尔－莱昂内非常希望迈出下一步——人类实验。这些猴子实验也深刻地影响了帕斯夸尔－莱昂内的世界观。

从加州大学旧金山分校休假期间，默策尼希与范德比尔特大学（Vanderbilt University）的乔恩·卡斯（Jon Kaas）合作，共同设计出了一种激进实验，目的是找出大脑在关键期结束后是如何

"硬连线"的。为此，他们再次使用微电极来大范围映射猴子的躯体感觉皮层区域，该区域看来是记录了来自一只手不同部位的神经输入。

然后，他们把将连接手掌与可将信号传送至大脑的通路的周围神经切断了。这一次，他们没有把神经束缝合在一起。而是像切断电话线一样，中断了手部和大脑中专门处理输入的相应部位之间的所有通信。

几个月后，默策尼希和卡斯回过头来重新映射大脑，看看是否发生什么变化。胡贝尔和维泽尔已经证明，如果一只眼睛未被使用，那么小猫大脑视觉中枢未使用的皮层实体就会自动重新连线，从而执行不同的功能——但这一现象仅限于发育的关键期。实验对象枭猴的年龄早已过了大多数神经科学家普遍认为的关键期。那么，按照现有的理论体系，专用于处理已切断神经发出信号的躯体感觉皮层区域，应该很可能是处于休眠、未被使用或死亡的状态。然而，默策尼希在重新映射大脑时的发现并非如此。

事实上，当默策尼希和卡斯接触到手部被切断神经的邻近区域时，躯体感觉皮层中本该是休眠的部位却被激活了。这次可错不了——被认为是早已硬连线并且固定不变的大脑，却不知什么原因再次改变了自己。激活的手部区域大举占领了被遗弃的神经区域。

这怎么可能呢？这个实验结论似乎是在公然挑战胡贝尔和维泽尔曾获得诺贝尔奖的研究成果。整个科学界想必也不会接受这些结论。但是默策尼希仍然继续跟进这条线索。接下来默策尼希想验证的是，经验本身是否足以改变用于执行特定任务的大脑空间占用量。

为此，默策尼希再次映射了与猴子单个手指相关的躯体感觉皮层区域。不过这一次，一位名叫威廉·詹金斯（William Jenkins）的博士后花了3个月来训练猴子掌握一项任务，而这项任务需要猴子发育出一套异常精细的技能。研究小组想知道，这是否会在猴子的大脑中有所体现。这项任务可谓难上加难：猴子们要学会用两根手指的指肚部位与一只旋转的圆盘保持接触，但是同时又要足够轻柔，以确保手指既能保持静止，又不会被转盘拖动。这就要求猴子使出刚刚好的力气。

詹金斯需要确保猴子们有很强的驱动力去学习这个技巧。一旦任务失败，猴子们就得等到训练结束才能吃上东西。掌握诀窍，猴子们就能得到数不清的巨额回报，奖品是香蕉味的食物颗粒——24小时内可以吃600多颗。

詹金斯设计的训练装备可以贴在猴笼前面，由直径13厘米的饼状铝制圆盘组成，有20个交替上升下降的台面。每只笼子都会流过电流，流经猴子的小小手指，持续一分钟，它们感觉不到，每次猴子碰到金属盘就会触发电路导通，继而又会触发释放1粒食物颗粒。刚上手的猴子通常会用两根手指从笼子左侧的颗粒溜槽中收集奖品。不过经验丰富的猴子则会直接用舌头把食物颗粒从分配器中舔出来，同时手指还继续放在转盘上，这样可以最大限度地提高颗粒的流量。

随着猴子对这项任务掌握得越来越好，詹金斯便开始给游戏提高难度。他要求猴子把手指放在转盘上的持续时间延长到 15 秒，盘子的旋转速度加快到每秒一转，最后把转盘移到离笼子较远的地方，猴子们用一个或两个伸得最远的手指尖才能够得到。此时，挑战就是如何向转盘施加适量的压力，从而既能保持电路导通，又不会减慢盘子的旋转速度，也不会让手指被转盘的离心力给甩开。

经过 100 多天的训练之后，默策尼希和詹金斯已经准备弄清这种新的专业知识能否改变大脑皮层的布局。结果很有说服力。用来轻触转盘的指尖触觉所对应的躯体感觉皮层数量增加了 400%。仅仅是基于渴望获得更多食物颗粒流所驱动的实践练习，这些猴子的大脑就已经做到自我重新连线了。

帕斯夸尔 – 莱昂内在他还是个年轻的神经病学住院医生时就读到过默策尼希的猴子实验，从那之后他就一直想知道，能否在人类身上发现同样的现象。最终，他有了一个巧妙的想法 —— 何不研究一下学会读盲文的盲人呢？

像猴子学习轻触转盘一样，阅读盲文的人也要使用他们的指肚来执行一项需要极其精细的感官校准任务。为了读出代表盲文文字的凸点字母组合，这些人已经拥有了帕斯夸尔 – 莱昂内所认为的"不可思议"的能力：既能将手指极为快速地滑过盲文点字单元，同时每个单元还能识别出多达 6 个点的盲文文字。如果人的手指肚压得太重，阅读速度就会很慢；压得太轻，人们又不足以分辨出有多少个点字。实际上，盲文阅读者往往会把手指放在点字上，以模糊动作多次来回运动，直到读出这段代码的意思，然后再移动到下一段盲文。

"问题的关键不在于失明，而在于盲人获得了阅读盲文的能力，"帕斯夸尔－莱昂内说，"大脑正在发生什么样的变化？"

帕斯夸尔－莱昂内无法使用单神经元记录技术。人类志愿者多半不愿意把自己的颅骨打开，再把电极插入自己的大脑。因此，他使用了另一种技术，对每位受试者阅读盲文用的指肚施加微弱的电击。再给受试者头皮处贴上电极阵列，用来检测其躯体感觉皮层神经元激发的部位。

当帕斯夸尔－莱昂内仔细梳理他的实验结果时，发现经常阅读盲文的手指确实比其他手指获得了更大比例的大脑皮层实体。更重要的是，就像猴子实验一样，帕斯夸尔－莱昂内也证明了，其代价是专门处理相邻手指触摸感觉的皮层资源。

接下来，帕斯夸尔－莱昂内开始转而研究运动皮层，结果证明，阅读盲文所需的运动精确性导致了相似的过程——控制阅读手指运动的大脑区域也侵占了其相邻部位。

这两个实验极具突破性——这是首次在成人身上发现大脑的可塑性。不过，其后续实验之一才算得上真正引起了轰动，并为这一研究方向奠定了基础，同时也最终促成了帕特·弗莱彻的波士顿之行。

最初实验的几个月后，帕斯夸尔－莱昂内的一位同事定藤规弘（Norihiro Sadato）想要更全面地了解整个运动皮层（大脑中控制运动的部位）随着盲文阅读水平的变化所产生的变化。为此，定藤规弘使用了一种不同的脑扫描技术，称为正电子发射断层扫描（Positron Emission Tomography，PET），它能够获得更为全局的大脑图像。定藤规弘起初对运动皮层以外的大脑区域并不感兴趣。但这种技术对其他部位的情况也一并进行了快照扫描。

帕斯夸尔－莱昂内还能清楚地记得，那天定藤规弘带着实验结果破门而入的一幕。

"你想听好消息，还是坏消息？"定藤规弘问。

"当然是好消息。"帕斯夸尔－莱昂内回答。

定藤规弘说，好消息就是，他从运动皮层得到了一些很好的数据，证实了他们打算在这次研究中检验的假设。

定藤规弘告诉帕斯夸尔－莱昂内，坏消息就是"你会对这个好消息完全不感兴趣"。

当定藤规弘给他看脑扫描图片时，帕斯夸尔－莱昂内明白了其中的缘由。运动皮层确实变得更加活跃。但视觉皮层也十分活跃——不知何故，手指发出的信号一直传送到大脑后部为止，而这个区域之前被认为是只能从眼睛接收到激活信号。盲人用手指阅读盲文，其他人用眼睛阅读文字，实际上两者使用的是相同的大脑区域——从某种意义上说，盲人似乎是在用他们的手指来"看"。

"我看着照片，'哦，我的天啊！那是什么？那是真的吗？那是人为现象吗？'"帕斯夸尔－莱昂内回忆道，"这就引发了许多有趣得令人惊讶的实验和探索。"

事实上，早在帕特·弗莱彻2006年抵达帕斯夸尔－莱昂内的实验室之前，他已经追踪研究了某些相当惊人的发现。2000年，帕斯夸尔－莱昂内了解到一位63岁天生失明的女人，从事西班牙语校对，每天要花4—6个小时阅读盲文。因此，她精通盲文，阅读速度比大多数不失明的人还要快。

后来有一天，这位女士说自己感到眩晕，昏迷了过去，被送往医院。当她最终醒来时，医生们告诉她，她非常幸运。她遭受了2次中风，但神奇的是，中风只在她视觉皮层区域的左侧和右侧造成损伤（杀死神经元）。医生确信她并不需要这些大脑区域，反正她已经失明了。然而，当这名女子试图阅读时，她发现自己再也不能解码盲文了。她可以大体知道自己以前是怎么阅读的，可能是先认出一个点，然后使用演绎推理来想出对应的单词，但她的流畅度消失了。

帕斯夸尔－莱昂内约见了这名女子，为她做了脑部扫描，并发表了一项个案研究，她的经历似乎证实阅读盲文过程中视觉皮层活动绝不是随机的。几年后，帕斯夸尔－莱昂内获得一次扫描一位土耳其画家大脑的机会，这位画家名叫埃什雷夫·阿尔马安（Eşref Armağan），先天眼盲。阿尔马安在孩提时候，家里开了一间小商店，每天都让这位盲人儿子待在店外，这样他就不会把店里的货品给打翻了。为了自娱自乐，阿尔马安学会了在沙子上绘制图形，并用手指来触知图像。这些画作引起了路人的高度关注和赞扬。经过一遍遍练习，阿尔马安的绘画变得越来越精致了。

等到阿尔马安成年后，他发明出一种具有鲜明特征的绘画技术。他用一支锋利的铅笔或盲文触笔在纸张或画布上刻画图像，另一只手则拖着纸面，以跟上他画到的位置。值得注意的是，阿尔马安可以靠手触摸某个物体几分钟，然后他就可以用详尽的视觉语言将之呈现出来。他还记得他画下的轮廓线在哪里，然后用颜色填充空白，由此画出了油画。美丽的油画栩栩如生，赢得全世界的认可。一个完全失明的人，怎么会成为如此才华横溢的视觉艺术家呢？

2007年，阿尔马安来到美国纽约现代艺术博物馆开办作品展，帕斯夸尔-莱昂内与主管影像实验室的博士后阿米尔·阿米迪（Amir Amedi）有机会对阿尔马安进行大脑扫描。实验室里，阿米迪递给阿尔马安许多物体，要求他画出来。其中之一是一座雕像，刻着一位坐在长凳上、手拿苹果的人。阿尔马安不仅能在触摸几秒钟后就画出来，他还能从不同的角度画出来，从正前方、上方以及侧面的角度画出来，其意蕴可谓深远。

"触觉和视觉非常不同，"阿米迪解释说，"这跟透视的概念没有关系。物体离得较近或是较远，触觉上的大小不会变化。然而，如果说没有任何视觉经验，他已经形成在大脑中创建某个物体的三维呈现并操控它的能力，因此他才可以从任何角度把它画出来。他画得又准又快，哪怕是视觉正常的人也很难做到。我对他感到惊讶。"

接着，阿米迪和帕斯夸尔－莱昂内请阿尔马安躺在核磁共振成像机里，在他肚子上放了一张画纸，然后开始对他进行大脑扫描。当他作画的时候，他会从不同的角度去思考这一物体，并在画纸上活灵活现地呈现出来，阿尔马安似乎在自己脑海里看到并操控着这个物体。他也依赖于大脑的视觉区域，这些区域此时都活跃了起来。

"为了做到这一点，他跟明眼人看事物使用的是同样的大脑回路，次序上稍有不同，但回路是相同的，"帕斯夸尔－莱昂内说，"这种可以叫作看吗？他没法'看'。但是如果你只看大脑活动的话，你会说那跟'看'没有什么根本的不同。"

⑴⑴⑴⑴⑴⑴⑴

等到帕特·弗莱彻和亚当·沙伊布勒进入实验室接受测试时，帕斯夸尔－莱昂内和阿米迪已经花了相当多的时间讨论他们希望探索的内容。帕斯夸尔－莱昂内发现帕特能做到一件特别疯狂的事，就是帕特声称她可以同时"看到"和"听到"，她的耳朵收集自己用来感受两种感觉的信息。事实上，当那天帕特走进实验室时，她很容易就展示出了她的本事，可以在认出门或四顾的同时，与人进行交谈。

"这在我看来简直太神奇了，"帕斯夸尔－莱昂内说，"一个隐含的事实是，尽管两种信息流都是通过耳朵传递至大脑，但可能存在真真正正的独立神经基质来处理两者。所以我们就这一点着手测试。"

果不其然，当研究人员给帕特播放规律性声音（比如哨子声）时，大脑中与听觉处理相关的正常区域就亮了起来。当研究人员给帕特播放音景时，她的视觉系统也随之被激活了。当研究人员搅乱音景使之成为乱码时，帕特的枕叶始终不再活跃，她报告称自己什么也看不见了。

出于某种原因，帕特的大脑能够将音景和其他声音区分开，并将音景传送到与识别物体有关的大脑区域。

对帕斯夸尔－莱昂内和阿米迪来说，这天是值得纪念的日子，直到多年后，他们依然对帕特显现出的能力感到惊叹。但当帕特自己回想起来时，她最生动的记忆不是在实验室的这一段，而是后来在购物中心的那一幕。

回到实验室，阿米迪还没有完全准备好证实亚当和帕特所经历的实际上是"视觉"——他对此感到有些不安。"作为科学家，我必须谨慎一点儿，"阿米迪现在说，"我不能说就是视觉。但毫无疑问，它们实际上正在使用同一个系统。所以我告诉他们，是视觉系统被激活了。"

对亚当·沙伊布勒来说，这样已经足够了。帕特生动地回忆起自己通过"看声"系统看到的景象：亚当兴高采烈地穿过购物中心的商店，"几乎跳着舞"，他为哈佛大学的科学家终于确证自己的经历而欣喜若狂。

"他很高兴能得到证实'没错，他确实有视力，'"帕特说，"这简直太酷了，看到他，听到他的快乐，听到他的确认，理解一个终身失明的人竟然被证实自己能看见是多么有意义！对我来说，这是更好的经历之一。"

‖‖‖·‖‖‖·‖‖

那么，一边是胡贝尔和维泽尔的关键期理论，一边是帕特的个人经历，该如何解释两者之间的矛盾呢？一边是一只眼睛永久丧失视觉的小猫，另一边是迈克尔·默策尼希更有希望的研究，以及学会用人工耳蜗再次听到声音的患者，该如何调和这两者呢？

过去 10 年中，生物化学家已经开始发掘出一些有助于调和所有这些矛盾的答案，并且就关键期和神经可塑性的规则提供了更细致的观点。

毕竟谁也不可能否认，我们都有终身学习的能力。另外，谁又会否认孩子的大脑比成年人的大脑更灵活、更容易学习新事物呢？当然，并不是任何人在成年时期尝试学习第二语言最终都没法掩藏住本国口音的标志性痕迹。但我们往往会把 5 岁的小孩称为"海绵"，并为他们吸收信息的能力感到惊叹，这并不是没有道理的。

事实上，几乎从胡贝尔和维泽尔首次证明存在"关键学习期"以来，科学家就开始不断寻找方法来破解这一系统，恢复成人大脑在孩童时期具有的那种可塑性。有人认为，如果我们能解释为什么关键期会开启和关闭，那么我们就可以增强学习的能力，甚至发明出"学习药片"了。

一开始，每个人都认为，重点是要往大脑里添加一些东西，比如干细胞，或者我们在上一章里学到的生长因子。就像斯蒂芬·巴德拉克和戈尔达娜·武尼亚克－诺瓦科维奇所研究的那些肌肉和软骨细胞一样，或许关键在于再生。但近年来，科学家们开始意识到，要想重新开启关键期，关键并不是增加一些东西——令人惊讶的是，关键似乎是要拿走一些东西。

正如我们所知道的，神经科学家们长期以来一直信奉神经元一起激发且连接在一起的观点。不过，哈佛大学神经生物学家乔雄·亨施（Takao Hensch）认为，导致神经元或多或少被激发的因素有很多，显然连接在相邻位置便是其中一种。

亨施等人逐渐发现，随着我们年龄的增长，生物化学过程的出现会导致分子的可塑性发生"制动"，从而极大地抑制神经元与其邻近神经元产生新连接的能力。这种分子制动现象虽然不会完全阻止新连接的形成，但会抑制化学物质产生的影响——这些化学物质会在孩子的大脑中，或者我们所知的白化蝌蚪的大脑中释放出来，这样要么导致这些神经元更容易激发，要么导致这些神经元更混杂地彼此形成新连接。

从行为上看，我们对于看到一辆新型卡车或者一座公主城堡的热情会随着年纪的增长而逐渐消退，仅仅是因为这些东西对我们来说不再像 3 岁孩子看到时那样新奇。不过，年轻热情的丧失也反映出大脑发生了非常真实的结构变化。

"孩子的系统自然而然会因任何事情而活跃起来，因为他们有兴趣去学习世界如何运转，"亨施说，"但随着我们年龄越来越大，我们可能会感到厌倦。从生物化学方面看，我们的系统变得不太容易启动。"

"然而，这并不意味着可塑性会完全消失。"亨施说。当我们深深地沉浸在某些东西（例如，那些"大脑训练"视频游戏）中时，我们大脑中调节注意力和焦点的区域会把某种化学物质注入大脑其他部位，这种化学物质称为神经调质，会使大脑其他部位的神经元更容易激发。换句话说，神经调质会使这些神经元置于警戒状态，并使之对在其环境中激发的其他神经元做出反应。毫无疑问，帕特·弗莱彻在她的"看声"系统上倾注了无限的热情和深度关注，花费了无数时间，这些都充分调动了她的许多神经调质。随着时间的推移，帕特的大脑中形成了新的连接。这是好奇心、专注力和意志力的胜利。

但事实证明，随着我们年龄增长，身体也会开始产生物质——有时还会构建物理结构——从而抑制这些神经调质的影响。它们会使某些神经元群陷入昏睡的状态，或者仅仅是失去兴趣。中风患者可以学会康复。帕特·弗莱彻可以学会用耳朵看世界。但这是一场艰苦卓绝的战斗——一场对抗成熟身体之内固有特质的斗争，这种特质会倾向于保护既有的基础构造——进展缓慢、慎重为之而又花费多年时间才搭建完成的基础构造。

其中一个引发科学家同样怀疑的分水岭出现在21世纪初，当时意大利生物学家兰贝托·马费伊（Lamberto Maffei）决定借鉴再生医学领域，将其应用于神经科学。

几个世纪以来，科学家们一直想知道，为什么我们可以使体内的周围神经再生，但却不能使轴突再生——轴突能够将电脉冲从大脑经由脊椎传送到四肢。这一不解之谜使得成千上万名脊髓损伤患者［包括已故演员克里斯托弗·里夫（Christopher Reeve）］只能坐在轮椅上生活。

20世纪90年代和21世纪初期，再生医学领域的一些前沿学者开始接近至少一个答案。事实证明，人类身体会产生一种称为硫酸软骨素蛋白聚糖（Chondroitin Sulfate Proteoglycan，CSPG）的蛋白质，它会随着身体的成熟而发展，这种蛋白质的存在会抑制成年人体内轴突的生长。在健康的成年人体内，这些蛋白质分子起着重要的作用——表明身体已经成熟，应该停止发育变化；表明适当的结构已经就位，现在应该确保维持不变。CSPG在我们受伤时也能起到保护身体的重要作用。

然而，一旦这些轴突被切断，正如克里斯托弗·里夫在1995年从马背上惨摔下来那样，CSPG的存在就成了一项不幸的缺点。

如果科学家能找到某种方法破坏这种化合物，那么轴突会再次生长吗？事实上，科学家通过设计出能破坏 CSPG 的酶，在瘫痪大鼠的实验中证明了这一猜想。

在实验室里，马费伊想知道大脑中是否也有同样的机制在起作用。毕竟，这种大脑细胞参与视觉和听觉，事实上，所有认知功能也都依赖于轴突。马费伊进行了胡贝尔和维泽尔曾在小猫身上做过的同样的实验：他把老鼠的其中一只眼睛的眼睑缝合，让另一只眼睛正常发育。就像胡贝尔和维泽尔的小猫一样，马费伊的老鼠在取下缝合线之后其视力仍然明显受损。

但后来，马费伊改变了那些再生医学领域的同事的想法。他将破坏 CSPG 分子的细菌酶直接注射到老鼠的视觉皮层，然后出现了惊人的现象：老鼠的那只盲眼开始恢复视力了。马费伊重新开启了老鼠的关键期。他解除了制动性，增加了可塑性。

亨施解释说，CSPG 在大脑视觉皮层里形成所谓的"神经元周围网络"（Perineuronal Net，PNN）。它们像"手套"或"萨兰保鲜膜"一般包裹在神经元周围，防止那些分支突起撞到其他神经元的树突上形成新的连接。通过破坏这些薄层，马费伊再次使脑细胞得以释放并结合在一起。

其他研究团队也已发现了其他类型的分子制动现象。随着时间的推移，髓鞘（包裹在神经细胞轴突外面的脂质薄层）会慢慢被蛋白质覆盖，就像船面被藤壶覆盖那样，从而阻止新的突起生长出来或发生接触。耶鲁大学的研究人员制造了一种神经突变的实验鼠，这种突变能阻止小鼠合成一种被称为"Nogo"受体的蛋白质，结果小鼠发育成熟后，关键期并没有随之结束。

亨施在他的实验室里开始研究有没有可能利用所有这些蛋白质的编码基因来主掌大局，使得可塑性升高或者降低。换句话说，他已经越来越接近于演示如何制造"学习药片"。值得注意的是，亨施在 2013 年证明了这一点，方法是给志愿者服用双丙戊酸钠（Depakote，一种常用于治疗情绪失调和癫痫的药物），然后安排他们在计算机上接受训练。短短 2 周内，受试者学会一项技能的能力就大幅提高，这种技能通常只能在儿童时期获得，也就是在无须事先提供基准音符用于比较的情况下便可准确识别某一特定音符的能力。这项技能被称为"绝对音高"。

"据我所知，这是我们第一次发现成年后还能够改变或者获得绝对音高的情况，"亨施说，"当然是只在 2 周时间内。这些操作提供了改变的可能性。但你仍然需要努力才能使其改变发生。"

"我们不应该放弃并接受可塑性永远消失的结论，生物学已经发展到了这样的地步，"亨施说，"只不过成年后它可以被高度管制，关闭关键期似乎跟开启关键期同样重要。所以找到松开制动的方法将会变得非常重要。"

即使没有化学干预，大脑仍然有可能发生改变。我们已经看到，这些"制动"现象是可以通过充分的重复和练习来克服的，就像只要拿一把锤子敲击足够多下，总有可能把墙板敲倒。

不过，默策尼希的人工耳蜗植入患者仍然需要敲打锤子很多次，并且等待数月才能让大脑打造出新的神经通路，学会破译代表声音的电信号模式。相对来说，帕特·弗莱彻能够较快适应她的音景机器，因为对于20多年都视觉正常的她来说，一些原有的视觉通道依然存在。即便如此，她的大脑还是需要几个月的时间才能学会从三维的角度来解读信号。

帕特·弗莱彻案例"是一个绝妙的示范，我们绝不应该仅仅因为年龄就放弃，"亨施说，"'帕特'被剥夺了通常用于处理视觉的大脑部位的输入但后来又有机会允许别的东西来支配它，这样的事实表明，哪怕在对象是成人的情况下，只要你找到正确的神经条件，就会有机会获得非凡的可塑性。"

亨施认为，不久的将来，人类可能会想方设法加速这一进程，并且可以用来加速或重新开启大量不同的学习过程。例如，学会不带口音的第二语言的能力，像海绵一样吸收信息的能力，像帕特·弗莱彻这样让大脑重新连线、用耳朵代替眼睛看世界的能力，以及让成年的中风病患康复的能力。

自从对帕特·弗莱彻进行初步实验之后的几年里，帕斯夸尔－莱昂内的门生阿米尔·阿米迪在耶路撒冷希伯来大学开设了自己的实验室，并将这项研究成果应用到数十名盲人身上。阿米迪还扩大了他的研究范围，他发现大脑中处理物体的同一区域似乎也与处理颜色相关。阿米迪还推出一套新的感官替代设备，他称之为"眼睛音乐"，可以给每一种颜色分配不同的乐器，从而帮助盲人"看到"相应的色彩。久而久之，大脑就能学会将不同的音色与不同的颜色关联起来。

如今，阿米迪在思考下一个合乎逻辑的步骤：我们如何利用大脑的这部分区域来实现增强效果。阿米迪喜欢想象詹姆斯·邦德（James Bond）[①]，头戴"看声"摄像机座架耳中插着耳机的样子。只不过，邦德的"看声"系统连接的不是摄像机，而是红外线或热传感器罢了。

"我喜欢把这个想法叫作'专为耳朵打造'，"阿米迪说，"我们可以开始使用感官替代来增强而不是替代失去的感官。"

试想，邦德进入一座建筑物，穿过一条走廊，朝着邪恶大反派的老巢走去。利用普通视力，邦德可以仔细扫视前方的走廊，找出他视线范围内的守卫和攻击者。与此同时，"007"还可以用他的"看声"系统来透视墙壁，通过热源侦察出潜伏在墙后伺机而动的坏蛋。邦德甚至可以在敌人看到他之前就击穿墙壁射倒对方。

阿米迪才刚刚开始研究可以利用大脑中的哪些区域来处理这些信息。但其中的可能性很有意思。而这其实只是个开端。事实证明，大脑的可塑性并不仅有助于身体在受伤后自行痊愈；不

---

① 《007》系列小说、电影的主角。——译者注

管你信不信，可塑性似乎还有助于在我们遇到危险的情况下形成保护自己的能力。换句话说，智慧以某种方式储存在我们的大脑意识之下，储存在由经验塑造的突触连接的力量之中，可以帮助我们避免所有伤害。因此，可塑性除了可以解释帕特"看声"机器的深奥秘密之外，还可以解释我们所有人都经历过的事情，这些事可能因为太过短暂，太过难以解释，以至于我们常常将之完全排除在我们的想象之外。我们将会看到，可塑性也可以解释人类经验的一大奥秘——直觉。

第五章

具有 "蜘蛛感应"[①] 的军人

直觉与内隐学习

　　年轻的消防中尉带领着队员进入克利夫兰市一座单层楼独立式住宅，朝着屋后厨房区域的火光处行进。他们喷水灭火，但大火却不断地报以还击。几次尝试后，他们撤回客厅重新集合。这太不可思议了，这位中尉已经在想：喷水应该产生更大的作用才对。

　　然后，当他们站在那儿决定怎么做时，中尉有一种感觉——那种会让人后背发冷或者头发竖起的感觉。他不能确切地讲明白这种感觉，因为他说不出哪里有问题。不过，他从中感到强烈的必然性，恰如我们穿过拥挤的地铁站台时见到一张阴毒的脸在

---

① "蜘蛛感应"一词源于漫画《蜘蛛侠》，现在泛指模糊却强烈的直觉，感觉有危险逼近。——编者注

斜眼蔑视，或者看见一辆冲出马路的汽车加速朝我们开过来时那样——他和他的手下不得不离开那儿。

当他们离开这座楼时，他们原本站立的地板处塌陷了。火焰从他们下方看不见，也听不见的地下室熊熊燃起，他们身处的危险状况被厚厚的客厅地板所掩盖，地板也捂住了大火毁灭般的咆哮。如果这名中尉没有命令手下都退出去，他们都将葬身火海。那天之后，这位中尉成为"超感官知觉"（extrasensory perception，ESP）的坚定信奉者。他后来向发现此案例的心理学家加里·克莱因（Gary Klein）坚称，"第六感"是每位熟练指挥官的必备技能。

"根据目前所知的一切，这应该是不可能的。"克莱因这位友善可亲的研究人员面带淘气的微笑，向我说起他在 1999 年出版的书籍《力量来源：人类如何做决定》（*Sources of Power: How People Make Decisions*）中详细描述的关于生死攸关决定的许多案例。"它是无意识的，是凭直觉的。但它并不神奇。人们可以做到——人们往往在时间压力和不确定性下做出这些决定。"

一旦克莱因开始寻找，他便一次又一次从生死攸关的情境中发现这种"第六感"起作用的例子。例如，英国皇家海军驱逐舰"格洛斯特"号（Gloucester）的防空军官迈克尔·赖利（Michael Riley）中尉所指挥的一场行动。第一次波斯湾战争即将结束的一天凌晨 5 点，赖利在雷达屏幕上发现一个光点正朝着他的驱逐舰飞近。专家们后来坚持认为，这个光点跟那几天里飞过舰队的美国海军战机几乎是同样的大小和运动速度。专家们声称，根本没有办法辨别出它究竟是敌还是友。但赖利有一种感觉——不仅仅是一种感觉。就在光点显现在雷达屏幕上的几秒钟内，他不知何故就知道那个光点是一枚蚕式飞弹，一个校车大小的弹体正朝他飞来。

"我相信生死就在这一分钟。"他后来这样说，尽管终其一生，赖利本人也无法解释他是如何知道的。赖利做了他通常不会做的事情：他检查了测量该物体高度的另一台雷达。当雷达显示其飞行高度低于正常飞机时，他便开火将之击落。经过忐忑不安的4个小时之后，终于证实——赖利是对的。他挽救了许多人的生命。就像帕特·弗莱彻可以不用她真正的眼睛来"看见"一样，赖利也曾以某种方式看见了这枚蚕式导弹，或者至少凭直觉用他心灵的眼睛看到了具体的威胁——而不是真正有意识地看见。

但是，这怎么可能呢？

我们可能都曾有过类似的体验：一种"蜘蛛感应"，一种突然的敏锐直觉，一种令人难以置信的感觉，这种感觉让人迅速集中注意力或产生鸡皮疙瘩。直觉看上去似乎很超然，甚至很神圣。但直觉也可能是一种引人发狂的、令人不安的经历，因为当这些感觉油然而生时，我们往往不知道为什么。

这种感觉背后是什么？克利夫兰市的火场指挥官和迈克尔·赖利怎么就能知道他们正身处险境呢？

这便是自然决策研究领域先驱加里·克莱因花费了数十年时

间试图解答的问题之一。他已经发现，答案跟超感官知觉没有什么关系。受到追问后，这位火场指挥官回忆说，他所站部位的地板太热了，厨房里的火焰太平静了，无法解释火焰温度为何如此之高。即使他没有意识到这一点，即使没有时间让他注意到这一点，他的感官发现事情有些不对劲。正是这种不一致——克莱因称之为"模式不匹配"——使他的寒毛都竖了起来。

克莱因后来指出，在蚕式导弹雷达光点首次出现在赖利的屏幕上时，他注意到了一种几乎难以察觉的差别。那种差异是由于导弹飞行高度稍低所致，他当时没有意识到这一点。这种不一致持续了不到一秒钟，时间太过短暂，甚至没有进入他的意识思维。但赖利训练有素的感官知道有些地方不对劲，所以他才有了那种感觉。

克莱因的研究结果，向我们所有人强有力地证明了一个具有深刻影响的古老真理，一项所有退伍老兵都可能亲身体验过的事实：任何特定时刻，我们的知觉意识往往只捕捉到我们周围环境中真实发生之事的一小部分，但我们大脑的其他部分正在经受这种感官信息的猛烈洪流并加以处理。其中大部分信息从未进入过我们的知觉意识之中。

我们从迈克尔·默策尼希和帕特·弗莱彻那里得知，外部获取的感官信息进入我们大脑的方法相当之多，甚至可以升级这些感官采集工具。但是一旦信息到达大脑之后，又会发生什么呢？

试想一下，如果我们能以某种方式进入大脑中流经意识以外感官信息的区域，并且训练自己更好地对其加以利用，结果会如何呢？我们可以提升表现、增长才智，甚至可以拯救生命。

〰〰〰〰〰

　　列车离站的轰鸣声在四周混凝土隧道墙面上回荡，我踏上了一部长得似乎没有尽头的自动扶梯，从华盛顿特区地铁深处缓缓升起，升入户外一个秋高气爽的早晨。当我的双眼逐渐适应北弗吉尼亚州的眩目阳光时，我的目光不禁落在一个魁梧的躯体上——他身穿军队迷彩服，肌肉鼓胀，就站在我跟前几码远的地方。他手里握着冲锋枪，注视着我。

　　我已到达美国军事力量的所在地——五角大楼。但我来到这里，不是为了见哪个稀松平常的犯罪嫌疑人，也不是去会见在电视上看到的那些忠于职守的将军，更不是去见那些讲起话来一板一眼的军事战略家。我是来会见更加罕有的一类士兵，五角大楼里学究气十足的极客精英一族，大多数人甚至不知道其存在。他们是五角大楼的心理学家和神经科学家，近年来他们确立了一项大胆且诱人的研究目标——寻找方法来帮助美国士兵磨炼他们的蜘蛛感应。

　　人工制造的"第六感"具有令人惊讶的超级英雄般的特质，这是指引我来到这里的部分原因。但我还被纯粹的智识魅力所吸引。到目前为止，我遇到了许多引人惊叹的个体，他们运用科学来改变自己的境遇，并从我无法想象的挫折中恢复过来——工业事故、严重冻伤、炮击和车祸。这点相当令人鼓舞。但事实是，这点偶尔也有些令人担忧。这些事件不断提醒我，人终有一死，提醒我人类经验的脆弱性，这也使得人类有可能设法避免灾难的念头变得更具诱惑力。

休·赫尔的仿生学、李·斯威尼的肌肉微调和帕特·弗莱彻的音景，无不暗示着我们尚未被开发的内在力量。我们或许还拥有不仅能治愈自己、更能保护自己的本事，这看来也不无道理。如果说我们的脑海有个地方已经存在某种人人皆可取而用之的东西——一种智慧，一种从我们全部经验中汲取的生命力——那么我想知道是否能找到办法，不但能指导我们度过或远离危险状况，还能在我们因犹豫不决、不知所措而僵住无法动弹的时候为我们指明方向。

当然，为了解开直觉的奥秘，在最有希望成功的努力背后，这支默默无闻的极客研究团队由士兵组成，这也并非偶然。打仗是危险而致命的。仿佛为了验证这个结论一般，我一直看着我前面那名男子如何进入大门口的金属探测器——他在穿过机器前取下了假肢手臂。

早在石器时代，两个洞穴氏族在这个空旷的星球上初次相遇，舞刀弄棍地相互攻击，自那时起，勇士身经百战后所具有的第六感便一直受到高度重视。越南战争期间，类似"兰博"①这样的特种部队的作战人员能够嗅探到危险，并在距离伺机突袭者几英尺处停止巡逻，这类故事流传甚广，几乎都成了陈词滥调。

伊拉克的简易爆炸装置（Improvised Explosive Device，IED）藏在众目睽睽之下，阿富汗的地形崎岖且易于伏击，这些皆为直觉的存在提供了理想的实验场。当我开始调查时，我很清楚地获知，几乎是从战争开始的那一刻起，当士兵们压低了声音说起故事时，都是用直觉、蜘蛛感应和超感官知觉等词汇来描述死里逃生、千钧一发的救援，或者部队里有那么个人似乎每次都知道什么时候要倒大霉。过不了多久，五角大楼的科学家们也开始注意到了这个问题。

"你经常会听到，"负责领导当前直觉项目的海军实验心理学家彼得·斯夸尔（Peter Squire）说，"通常一支小队里有一个人，或者那么几个家伙，大家都记得他有这种能力或者能预感到 IED 在哪儿。这些人只要这么走出去，观察一下环境就能感觉到，事情有点不妙，他们应该停下来。当他们接着走过去，仔细检查或者搜索那片区域时，他们总能找出 IED 或其他东西来。"

约瑟夫·科恩（Joseph Cohn）曾求学于布兰迪斯大学（Brandeis University），也是斯夸尔所在岗位的前任。2006 年的一个下午，当时担任中尉指挥官的科恩在佛罗里达州奥兰多市的海

---

① 史泰龙的经典枪战影片，刻画了美国的越战老兵。——译者注

军空战中心（Naval Air Warfare Center）与一名海军上校就这一问题进行了交谈。近几个月来，媒体上曾出现过多篇备受关注的报道，如伊拉克的一名中士曾在与妻子手机聊天之际预料到基地网吧外发生的一起爆炸事件。中士注意到外面有个人，就有了一种特殊的"感觉"。所以他密切关注，当那个人把一个包裹放置好后拔腿就跑时，他猛扑了过去，同时大声呼叫顾客撤离网吧。还有加拿大某排的几名士兵在阿富汗坎大哈一间校舍外的大麻田里遭遇伏击后幸存下来的故事。就在塔利班的火箭弹打破那个清晨的宁静之前，他们当中的一些人发誓，他们一直有种强烈的蜘蛛感应。

那天在奥兰多市，这位上校说，他毫不怀疑这些报道值得一听。实际上，他告诉科恩，他自己的部队里就有一名第六感非常灵敏的中士，搞得每个人都希望能跟他出去巡逻。

"他似乎总是知道该什么时候躲避，什么时候射击，甚至是在事情开始之前，"上校对科恩说，"如果我们去清扫建筑物，他就是那个会感觉到情况会变糟的人。而且他会是那个告诉大家要找掩护的人。"

接下来，上校说了一番让科恩思考的话。"你能做到那样的事吗，医生？"他问科恩，"你能让人们做到吗？"

观点似乎牵强附会。不过，幸运的是，科恩一直以来就是在寻找牵强附会的观点。

当我见到他的时候，科恩正坐在迷宫般的五角大楼脏腑深处的一间狭小的会议室里，他把这个故事讲给我听。科恩穿着蓝色的海军制服，这位结实健壮的水手，留着发色斑白的寸头，脸上毫无皱纹。他刚刚完成了一项强制性的体能测试。他开玩笑地说，假如他早上吃了早餐，就会通不过。不过，科恩身材修长健美，正如我在前去见他的路上，在蜿蜒曲折、荧光灯照明的走廊中所见到的大多数士兵和飞行员一样。

1998 年，科恩毕业于布兰迪斯大学，获得神经科学博士学位。自那以来他一直利用这项专业来理解和改善美国军人的神智。早在 21 世纪头 10 年中期，他担任美国国防部高级研究计划局（DARPA）的项目官员。DARPA 宣称，其任务是支持并资助许多人认为不可能实现的国家安全研究理念 —— 实际上，这些理念越难越好。

DARPA 项目经理的工作是提出挑衅性的问题，希望开发出的新技术不是未来 5 年内，也不是未来 10 年内，而是远远超出眼前的军事需求 —— 因为其极其超前，挑战性极大，几乎没有其他私营部门的机构或公司愿意为其提供资金。

DARPA 为互联网的诞生奠定了基础，还开发出全球定位系统（GPS）。DARPA 正在为肢体再生项目，以及某些最超前的假肢、可塑性神经和大脑计算机设备提供资金。

科恩想知道，有没有可能真正确认并且"量化"直觉？在他看来，如果说直觉是大脑中实际发生的事情，那么就肯定有某种方法可以追踪其行迹 —— 可以看到有些人有这种直觉，有些人却没有，可以实时观察。这是一个令人兴奋的想法，因为"如果你能做到这一点，"科恩说，"那么你就可以想出办法来训练它。"

"你怎么把一个在蒙大拿长大的人带到中东某个国家，并使他突然能够获知线索来告诉他自己什么地方出了问题？"科恩说，"即使这个人从来没有见过这个地方，也没有接受过理解这些线索或者根据这些线索来做预测的教育呢？"

科恩在他的整个职业生涯中，实际上已经看到了有关直觉的大量资助研究产生了有趣的结果，表明直觉果真是实实在在存在的。在与那位上校交谈之后，科恩重新回溯文献，唤起了记忆。科恩还回想起他之前合作过的一些研究人员，尤其是其中一位——一个与火场消防队员共同完成开创性研究的人。这位研究员就是加里·克莱因。

|||||·|||||·|||||

俄亥俄州耶洛斯普林斯市距离五角大楼很远，其中心地带总共仅有几个街区。这里有一小丛建筑物，周围是一小圈风景如画的农舍，隐没于广袤无垠的玉米田中。玉米地绵延数英里，浩瀚之中暗示着某种可能性和神秘感，让人想起麦田怪圈，以及奇怪的举动。

这座小镇本身似乎要远远大过其迷你的地理足印。自 19 世纪 50 年代以来，它因位于此处的安条克学院而为人所知。安条克学院是全美最自由的大学，是社会行动主义的庇护所。对于寻找中西部版的伍德斯托克①的城市人而言，这里仍然是最受欢迎的周末度假胜地。喜剧演员大卫·查普尔（David Chappelle）在城外有一座大院。

多年来，这里也因为加里·克莱因的长期定居而成为直觉研究的热点地区。

克莱因并不是一开始就研究直觉。这位留着胡须的心理学家起初感兴趣的似乎是完全不同的领域。他想知道，人类在极端的时间压力和不确定性的情况下会如何做出非常艰难的决定。换言之，这些因素是如何在极端的压力下发挥作用的？

那是20世纪80年代中期。那时，克莱因读过的文献都表明，个体不可能在这类高压情境下做出理性的决定。这类情景通常需要在有限的时间内权衡适当选项并做出快速决策。哪怕是最放松的个体，高风险和压力激素也可以将其压垮。然而，警察、股票交易员和经验丰富的军事指挥官们，似乎总是在压力之下做出决定，而且是正确的决定。比起那些眼睁睁看着车头灯迎面而来却如同野生动物一般僵住不动的普通人，又是什么让这类人如此与众不同呢？

即使在那时，克莱因就知道美国军方对此问题极其感兴趣。在获得匹兹堡大学实验心理学博士学位并进入学术界之后，克莱

---

① 美国纽约州北部城镇，以其摇滚音乐节闻名。——译者注

因便担任美国空军的心理研究专家。1978 年，他创办了自己的研究公司。 与军方仍然保持良好的接触并为其工作，这似乎是一条注定的道路。 而在 20 世纪 80 年代中期，他的许多联系人正在提出有关军事领域决策的问题。 他们想知道，在某次战斗任务彻底失败而你又必须临时决断时，究竟会发生什么事？ 假如你遭到突袭，比如在丛林中遇上你不了解的敌方大本营，潜伏的部队人数比己方要多得多，结果又会如何？ 哪些因素会影响人们仓促之间做出正确决定，又该如何培训个体，以便让他们做出更好的决定呢？

美国陆军行为与社会科学研究所（Army Research Institute for the Behavioral and Social Sciences）已经资助了旨在解答上述问题的许多研究。 克莱因每位联系人都告诉他同样的结论：结果令人失望，这些建议根本无用。 问题在于，学者们喜欢的实验条件与士兵在真实作战现场遇到的条件迥然不同。 一边是一群坐在严格控制的实验室里回答问题的大学二年级学生，另一边是一名无意间闯入埋伏的士兵（或者是一位在极端压力下突然获得重要新信息还得立马改变作战计划的指挥官），两者能有什么关系呢？

因此，当美国陆军终于发布新呼吁，要求研究人员再次研究这一问题的时候，克莱因写下了一个提案，主张采用完全不同的方法。 他放弃了严格控制的实验室环境，而是指向了某些更加混乱的环境：走向现场，观察那些似乎一反常理的专业人士。 唯有如此，他才能设法弄清楚这些人的做法何以让他们如此与众不同。

"我不想再做其他人都在做的同类研究了，因为他们都找错了地方，"克莱因说，"这里才是真正的知识所在。根据我们所知的一切，这应该是不可能的 —— 这些人应该不能在时间压力和不确定性下做出这些生死攸关的决定。但他们却做到了。"

克莱因建议军队出资支持一项消防员研究。不久之后，克莱因和他新受资助的团队开始走访美国中西部地区（如代顿、印第安纳波利斯等地）的消防局，跟车去救火现场，坐在后勤办公室里听着经验丰富的指挥官讲他们的战争故事。克利夫兰市是一个绝佳的研究场所，因为这里具有相当数量的腐坏房屋，更有可能着火。

当他着手进行时，克莱因对他可能发现的结果有了很好的想法。他怀疑，专家指挥官是挑出了一系列有限的选项，然后仔细权衡利弊。在极短的时间压力下，他们可能只会挑出2—3个选项来选择，等到采取行动前，他们就可以从中选出最好的选项。但最初的方法仍有可能发挥作用。换句话说，克莱因也像大多数人一样，像当时的心理学文献说的一样，期望能在每位指挥官的意识思想中展现出一种合乎逻辑的方法。

当时的克莱因认为，专家指挥官可能只考虑了两个选项，这已经是一种相当"大胆的假设"，因为它偏离了我们在做出决定前会循环重复很多不同选项的公认观点。但克莱因很快就发现，实际上他还是太保守了。克莱因一次又一次地得出了同样的结论：指挥官只考虑过一个选项。他们就是"知道"该做什么。他们并不是有意识地权衡了利弊，他们最多只是想象即将发生的情景。当他们意识到某种方法时，其实已经认定这种方法就是最好的。他们完全是依赖想象力和直觉来行事的。

"我们真的很震惊，因为我们完全没有料到，"克莱因回忆说，"你怎么可能只考虑过一个选项呢？答案是他们有 20 年的经验。这是 20 年经验给你的回报。"

事实证明，20 年的经验使得消防员有能力做到克莱因所称的"模式匹配"。这个过程似乎把一连串感官信息都纳入了考量，却并不涉及任何有意识的思考。老兵只是说，我没有权衡各个选项，"我就知道这儿发生了什么，也因为这样，我就知道自己该怎么做"。指挥官们在第一种方法突然进入脑海之后，就不会再拿它与其他方法做比较。他们只会通过想象其进展来评估这种方法能否发挥作用。如果他们发现存在某种缺陷，他们就会退而求其次，而次好的选项似乎也是毫不费力地就突然冒出来的。

"它是无意识的，全凭直觉，但其实并不神奇，"克莱因说，"你看到某种情景，然后你会说：'我知道这儿发生了什么，我以前就见过，我可以认出它。'所有的传统研究人员一直在考虑大学二年级的学生，安排他们去做他们以前从没做过的任务。因为他们没有任何经验，所以他们没法做到。"

克莱因模型将导致一个必然的结论，这个结论有助于解释本章开头的那位消防指挥官为什么知道该让队员从起火的房屋中逃出，英国皇家海军舰艇"格洛斯特"号的指挥官迈克尔·赖利为什么知道要击落这枚蚕式导弹，伊拉克这名中士又为何总是知道什么时候该躲避。

大脑中无意识的模式匹配机制能够帮助某个问题找出相应的解决办法。但克莱因认为，这种机制还可以检测到不匹配，也就是会让我们产生警觉的异常情况，让我们感觉有些事情不对头。这就是我们产生蜘蛛感应的原因。克利夫兰市的消防指挥官也因此才知道必须在地板塌陷之前命令他的队员离开那座燃烧的房子。指挥官并没有意识到，厨房里的火焰不够大也不够响，不足以解释他们周围的热量之高，当时他不可能这样告诉你。他只是有一种"感觉"。他只是知道"有些事情不对头"，不对头到让他浑身的毛发都竖了起来。克莱因相信，这位消防员大脑中的其他部位正在处理感官输入，并形成了触发警钟的"模式不匹配"。那时候，克莱因并不具备我们现在可以用来实时观察其演变过程的脑部扫描技术。但是他的假设仍然相当有力。

克莱因的见解是，专业知识导致了直觉。事实上，直觉（如果是对的）只是另一种形式的无意识知识。这就是克莱因思考此问题的方式，这就是克莱因用来形容此现象的措辞，因为他是一位受过训练的心理学家，而不是神经科学家。但从某种意义上说，克莱因也碰巧发现了迈克尔·默策尼希和阿尔瓦罗·帕斯夸尔－莱昂内二人研究核心的同样见解。

之前已经提到，默策尼希总结说大脑本质上是一台复杂的模式识别机器。大脑是动态的、不断变化的，具有超强的联想学习功能。就默策尼希的人工耳蜗植入而言，大脑学会了将特定的电刺激脉冲与特定的用来表达外部世界想法的声音和言语联系在一起，大脑调整了听觉系统上的一处新"前端"。这些调整反映在大脑的物理结构中。就克莱因研究的消防员而言，克莱因似乎是在表明，大脑学会了将特定的感官刺激（例如，热量和声音）与不同的外部条件（例如，被客厅厚地板掩盖住的地下室中肆虐的大火引发的危险）联系在一起。

正是克莱因的消防专家所具有的模式匹配能力，使他们能在仓促之下做出决定，才能察觉到引发他们强烈蜘蛛感应的异常情况。正是默策尼希的耳聋患者所具有的模式匹配能力，他们才能听到采用一致模式的电脉冲。值得注意的是，这两个例子中——将电刺激转化为有意义的声音，以及将感官刺激转化为危险直觉——这些关联都是在意识头脑以外的某个地方形成并存在的。

当约瑟夫·科恩读到克莱因关于消防员的研究时，立即提出了一个明显的问题。如果"模式不匹配"果真触发了克莱因消防员，以及上校告诉他的那名中士等人大脑中的警钟，那么大脑中究竟发生了什么事？如此高级的模式分析，果真有可能发生在与智力和人类意识有关的大脑意识区域以外吗？那种模式不匹配在大脑中看起来究竟是什么样？你能检测到吗？

科恩知道，如果他能回答这些问题，将会打开众多令人兴奋的可能性。一旦他发现了直觉的神经学特征，军队实际上就可以训练直觉，并利用直觉来帮助增强决策的正确性。

不过科恩想知道，到底该从哪里开始寻找呢？

||||·||||·||||

电影《永无止境》（*Limitless*）中，布莱德利·库珀（Bradley Cooper）饰演一位 35 岁的作家，不修边幅，刚被女友甩掉，深陷于自我怀疑情绪，烟抽得很凶，看来已经错过了生活的"上坡路"。换言之，他的工作能力远低于他的潜力。后来，他服用了一种叫作 NZT 的神奇药片，使他能够充分利用大脑中通常被禁用的另外"80%"。他能在 4 天里写完一本书。几天之内，库珀已经摇身变成了一个梳洗整洁、衣冠楚楚的天才选股人。电影结束时，他即将赢得美国参议院的选举，最终的总统职位似乎也花落他家。当我看到这部电影时，我总觉得库珀是个我会支持，也能理解的家伙。而且我发现很难不去想：我自己有没有可能也会坐上总统大位？

可叹的是，指挥官科恩告诉我，人类通常只使用了大脑 10%（或者《永无止境》里说的 20%）的观点是错误的。事实上，科恩在布兰迪斯大学的第一位神经科学导师坚持认为，从来没有哪一种方法可以合理地量化大脑活动的总量。即使有，这个想法在进化学角度上也站不住脚。大自然具有毫不留情的高效率。如果人类不需要 100% 的脑细胞，那它们就不会在自然选择的熔炉中幸存下来。永久无效的脑细胞需要太多的能量来维持。

不过，10% 这种迷思之所以在大众想象力中取得立足之地，也是有其原因的。[另一部由斯嘉丽·约翰逊（Scarlett Johansson）主演的电影《超体》（Lucy）也起源于此观点。] 我们大脑中发生的大部分事情实际上都存在于我们的知觉意识之外——这是我在第一年心理学课期间的一场有关西格蒙德·弗洛伊德（Sigmund Freud）研究的基础讲座上学到的真理。弗洛伊德的研究关注点是被压抑的创伤记忆或我们意识之外的情绪，这些情绪会导致我们形成某种无法解释的恐惧症或者奇怪的强迫症。

科恩感兴趣的是一种截然不同的、意识之外的神经活动，即无意识知觉，这一领域也有丰富的文献。科学家几十年前就已经知道，视觉系统能够以令人眼花缭乱的极快速度记录信息，远远超过我们有意识地处理所有信息的能力。多快？不管你信不信，理论上大脑能以每小时 3.6 万幅的速度记录图像。或者换一种说法，相当于每 24 小时内约 864 000 幅图像的速度。

20 世纪 60 年代，哈佛大学的科学家们通过将杂志上剪下的照片拼接成短片，指示测试对象寻找某一图像，然后使用 16 毫米高速运行的投影仪将短片放映到屏幕上，由此测出了这一速度。发明这项技术的科学家是一位名叫玛丽（莫莉）·波特（Mary "Molly" Potter）的开创性视觉研究者，她将该技术称为"快速连续视觉呈现"（RSVP）。波特发现，如果事先告诉她的受试者需要寻找什么样的图像，比如一间餐厅的场景、红色的消防栓、鱼缸里的鱼，他们就可以在极其快速的视觉流中辨别出该图像的存在，甚至是当投影仪以每秒 10 幅图像的最高速度运行胶片时。

但如果事先不告诉受试者要寻找某一特定图像，受试者往往不会有意识地记录图像。然而，这并不是说他们没有看到这些图像。波特的第一部分实验已经证明，他们完全有能力在事先告知需要寻找的图像时看出并报告其存在。但是，如果他们没有积极寻找某幅图像，大脑会让图像快速掠过。浏览过的图像会被暂时记录下来——姑且先这么认为——以她称之为"短期概念记忆"的短暂记忆形式记录下来。然后，大脑放弃了这种记忆，记忆便消失了。

"我们马上就知道：'天哪，是的，当图片以这种速度放映时，他们确实能理解图片，但这种理解是瞬间的。'"波特这样解释她的研究结果，"它们无法持久。如果你只在那张图片上多花一秒的时间，你就会在明年还记得它。但是你没有，它就会马上消失。"

考虑到这些知识，就很容易解释迈克尔·赖利如何认出导弹，也很容易理解，为什么五角大楼的科学家有兴趣以某种方式来利用这项能力。事实上，科恩绝不是第一个试图利用这些发现的五角大楼科学家。

"大脑知道的比你想象中要多，"曾在科恩之前许多项目中发挥关键作用的前国防部神经科学家埃米·克鲁泽（Amy Kruse）告诉我，"从进化的角度来说，我们的感观系统确实被设计得很快。正是因为我们的认知，以及我们大脑中'思考'部分有关的所有精神负担，实质上减慢了我们的速度。"

21世纪初，克鲁泽与其他神经科学家共同参与另一个 DARPA 项目的研究——"增强认知"（Augmented Cognition, AugCog）。该项目让价值超过一亿美元的研究，转化为国防部可让作战人员变得"更聪明"的不同方式。这项研究创立的技术后来也应用于科恩自己的项目中。

"增强认知"最初由海军行为科学家狄伦·施莫罗（Dylan Schmorrow）领导，他喜欢引用一幅《远端》（The Far Side）的漫画来解释他们最初着手做的事情。这幅漫画中，教室里有一名学生举起手说："奥斯本（Osborne）先生，可否恕我告退？我的大脑满了。"施莫罗的最初想法很简单：他打算弄清楚大脑什么候，以及哪个部位会饱和，然后向别处发送新信息。

为实现这一目标，他的做法是资助开发新的传感技术，来实时监测大脑并分析大脑信号。施莫罗起初认为，增强认知的关键在于管理传递到大脑不同部位的信息流，包括工作记忆，即人类用来暂时保存我们行为处世所需意识信息的心智平台。他后来发现，人类具有多种工作记忆，一些用于空间信息，一些用于言语、符号信息。而当其中一处填满时，并不一定意味着另一处也已空间不足。施莫罗利用新兴的大脑扫描技术，试图实时追踪受试飞行员的这些大脑状态，检测何时大脑会变得不堪重负，并设计干预措施，帮助飞行员更加有效地利用波特等人已发现的感官细节。

在施莫罗最令人印象深刻的一个示范项目中，他资助的一支研究团队开发了一种脑机接口，可使他们的实验对象同时操纵多达 12 架的无人机，几乎没有任何错误。这支团队由波音公司领导，通过将他们的飞行员连接到大脑扫描仪，将实时的大脑数据送至模式识别程序，这个程序经校准后可用于检测与不同类型信息过载相关的特定模式。当检测到大脑某些区域爆满时，计算机将随之改变信息呈现的方式。例如，如果机器检测到飞行员的直接认知超载时，便可能会使飞行员面前的大部分屏幕变灰，从而减少干扰，只留下与最紧急任务相关的屏幕区域。如果计算机检测到飞行员的视觉注意力正逐渐减弱时，可能就会发出警报声："屏幕正在变化，请保持专注。"如果"言语"工作记忆超载，它可能会将信息重新运送到"空间"工作记忆区，通过在屏幕上显示的图像消息来取代言语指令。

后来，克鲁泽和施莫罗力图应用这些相同的脑部扫描技术来检测我们意识边缘闪现的识别过程。他们资助的其中一项研究是由哥伦比亚大学工程师保罗·赛达（Paul Sajda）创立的，赛达的研究领域是大脑视觉系统。20 世纪 90 年代中期，赛达造访美国国家照片解读中心（NPIC），这是美国中央情报局 20 世纪 50 年代在华盛顿特区设立的一家分析中心。赛达注意到，在那里工作的人，可以从他们面前屏幕上显示的仅仅几个像素中找出碟形卫星天线，或者从拥挤的城市和空旷的沙漠中找出伪装得很好的掩体。事实上，他们好像几乎不用认真去看。这显然是克莱因模式匹配理论的又一证明。

　　然而，赛达很惊讶地发现，这些分析师难以跟上他们的工作进度。问题在于，要看的照片实在太多了。即使分析师全天候地盯着屏幕，他们也不可能看得完。他们淹没在海量数据的洪流之中。

　　赛达了解到波特在人类视觉系统方面的发现，想知道自己是否有可能通过技术手段来对此加以利用。

　　"人类有很好的一般物体识别能力，"赛达推论说，"而计算机非常擅长处理大量数据。"赛达认为，或许他可以找出方法使两者"联姻"。作为增强认知计划的一部分，施莫罗将投入研究的大部分资金用于开发非侵入性便携式脑部扫描仪，该扫描仪可使用脑电图（electroencephalography，EEG）等技术，以及一种称为功能性近红外光谱学的技术来收集实时大脑数据并将其传输到计算机里。事实上，大多数人都认同，在这些领域由"增强认知"项目资助的技术进步，正是该项目留下的最伟大的财富。

　　那时候，这些技术还无法精确导向追踪大脑确切区域，而这些区域与科恩后来寻求研究的专业知识有关。尽管如此，赛达还是想知道，是否有办法找出与识别熟悉事物有关的神经信号——就在图像出现继而又从工作记忆的心智暂存器中消失的那一瞬间。

　　赛达想到了他曾从文献中读到的一种特殊神经信号。20世纪60年代，科学家们利用脑电图实验表明，当受试者看到他们能认出的与他们看过其他图片不一致的照片或视觉刺激后大约300毫秒，科学家能够可靠检测到一种特定的神经活动模式。他们将这种神经信号称为"P300反应"。当时,科学家需要多次实验,以及长时间的烦琐实验后分析,才能发现数据中这种模糊迹象。不过,只要你从数据中挖掘足够长时间,并把所有其他干扰全部剔除,便会发现某种确凿无误的东西——神经活动中一致的变化模式,只有当受试者发现自己的大脑已准备好寻找某物时才能看到。发现了这一现象的开拓性科学家,并没有找到技术来进一步确定大脑中究竟发生了什么事。但那并不重要。

赛达利用来自克鲁泽项目的DARPA资金,发明了一种名为"脑机结合视觉系统"(Cortically Coupled Computer Vision,C3Vision)的设备。赛达给他的受试对象戴上一顶带有60来根电线的改良过的浴帽,然后请他们坐在屏幕前面,闪烁播放飞速轮转的图片流,速度高达每秒钟10次。对任何人来说,要仔细审视和思考这些图片根本来不及。然而,值得注意的是,赛达证明这样便足以引起P300反应。如果受试者看到一幅他被告知要寻找的图片——比如说鳞次栉比的房子间有一台碟形卫星天线的俯拍照片——而且它处于知觉意识的边缘,即使它模糊不清地闪过,机器也能实时检测到P300反应。然后,赛达将这幅图片交由计算机的程序处理,这种程序可通过视觉特征(特定直线的位置、特定区域的对比度)将其拆分。接下来,这个程序通过读取成千上万幅图片,找出视觉上相似的那些图片,然后将之分类,以便分析人员可以最先看到这些图片。赛达的发明装置可以在几秒钟内完成所有这些工作,这大大增加了屏幕前的分析人员在有限时间内看到感兴趣照片的可能性。

"我们的设备将会快速排序分类，帮助分析人员以节省时间的方式从一个区域跳到另一个区域。"赛达说。

克鲁泽获得资助，在美国国家地理空间情报局（National Geo-Spatial Intelligence Agency）的分析师身上测试设备，赛达能够证明他可以帮助分析师以过去无法想象的速度来分析成千上万的照片。

2007年，克鲁泽和另一位DARPA项目经理启动了第二个项目，这一项目有个相当迷人的名字——"卢克·天行者（Luke Skywalker）的双筒望远镜"，得名于《星球大战》（Star Wars）第一部电影中卢克用来扫视远方地平线的那副高科技眼镜。克鲁泽的目标是制造一种可供士兵们用于在野外扫视地平线寻找威胁的设备。2013年，在该项目的资助下，DARPA的承包商HRL（波音公司所属分公司）发布了一台机器，能够从10公里外发现移动车辆，无论白天还是黑夜都可以在10倍于以前的距离处击溃敌军士兵。这套设备称为"认知技术威胁警告系统"（Cognitive Technology Threat Warning System），还允许士兵360度无死角监视自己周围的区域，同时极大地提高了侦测到威胁的速度。

这套设备可以利用光学传感器采集的5帧长视频片段来创建极其快速的拼贴图像流，然后将之置于一位士兵的视野中心闪烁播放。便携式脑电图装置可实时测量这位士兵的大脑活动，寻找P300反应，并挑出感兴趣的片段以供进一步检查。这种机器

通过快速循环播放从该区域所有的点拍摄下的图像，让士兵保持
监视的可能视野远远超过其自身有限的视力范围。据有关承包商
称，这套设备差不多可以使受试对象发现威胁的能力翻一番。

‖‖·‖‖·‖‖

科恩清楚地知道所有这些研究成果。但他还想走得更远。科
恩感兴趣的并不是制造一台能增强实地作战性能的设备，他希望
能有一种设备或技术可以用来真正训练和磨炼人类的思想，这样
你就根本不需要找一台计算机来实地侦察现场的威胁。

科恩也不满足于 P300 反应，因为这并不会告诉你太多的信
息。例如，到底发生了什么、发生在大脑的哪个部位。

科恩意识到，他首先必须设法证明他可以找到一种更加局部，
也更加具体的大脑信号。为了证明这是"直觉"，他就必须得在
他的受试对象知道某些东西却又不知道自己知道的时候证明其
存在。

然而，这个想法并不像听上去那么困难，因为事实上，已有
大量科学文献为如何测试，以及从何寻找提供了一些有力的线索。
这些文献所研究的个体，在许多方面相当于克莱因的英勇消防员
所处的功能谱系的另一端——健忘症患者。

如果你想了解大脑在知觉意识之外留存信息的能力，那么失
去建立新长期记忆能力的那些个体可以说是最适合研究的病人了，

因为他们无法有意识地知道他们知道任何新事物。何以如此呢？因为他们不记得学习了新事物。20 世纪期间，科学家们通过研究健忘症，发现了一些令他们真正感到惊讶的事实，甚至直到今天这都有些违反直觉：即使缺乏记住我们昨天午饭吃过什么的能力，自然选择已经让我们所有人都拥有某种强大机制，使我们可以继续磨炼那些本能的直觉，这种直觉或许会在某个紧要关头拯救自己的生命。如今科学家已经给这一过程起了个名字：内隐学习。

一百多年前，瑞士心理学家爱德华·克拉帕雷德（Édouard Claparède）首次记录了一位健忘症患者身上的内隐学习过程。1991 年，他报告了一例 47 岁的健忘症病患，其症状与硫胺素缺乏有关，导致其大脑一处称为"海马体"的部位（位于大脑外皮质下方较深处、弯曲而又形似海马的结构）受侵蚀。这个病人仍然保留着她得病前形成的记忆，她可以说出所有欧洲国家的首都，可以做算术，也可以正常对话。不过，她无法认出每天都见到的医生，无论他们重新自我介绍了多少遍。

克拉帕雷德想知道这点会不会有例外。于是有一天，他在跟这位病人握手之前，将一枚别针藏在手掌心。当针尖刺中她的皮肤时，她痛苦地把手缩了回去。第二天，病人声称她对前一天已经记不清了。事实上，当她遇到这位医生时，表现得好像从未见过他一般。然而，当克拉帕雷德伸出手再次做自我介绍时，病人却拒绝和他握手。她无法解释为什么会对医生摊开的手掌流露出厌恶的眼光。她对前一日的针刺事件没有印象。但不知何故，她就是感觉跟他握手不是件好事。看来这也就意味着，她具有一种"直觉"。

此后，我们知道和已经学到的大部分关于内隐记忆（我们明明知道却可能并不知道自己知道的东西）的知识都来自有关另一位健忘症患者的研究，在上述针刺事件发生的 40 年后，此人因接受一场实验性脑外科手术而失去了形成长期陈述性记忆的能力。亨利·古斯塔夫·莫莱森（Henry Gustav Molaison），以"H.M."这个名字而闻名世界，直到 2008 年去世。1953 年，年仅 27 岁的他同意接受一种实验性手术，希望能够缓解自己严重的癫痫，自孩童时期从自行车上摔下来之后，癫痫症就一直折磨着他。

康涅狄格州的一位名叫威廉·斯科维尔（William Scoville）的外科医生钻开莫莱森的颅骨，从这位年轻人的大脑深处的某个区域吸出一小部分称为内侧颞叶的神经组织，其中就包含海马体（这正是克拉帕雷德的病人所缺失的部位）和附近的杏仁核（一处杏仁状区域）。接着，这位医生也在另一侧如法炮制。

莫莱森的癫痫发作症状显著减少了。但意想不到的副作用也很快显现出来了：从那天起，莫莱森便终生处于一种状态——"永远现在时"。恰如他的传记作家、与神经科学家布伦达·米尔纳（Brenda Milner）和共同研究他数十年的苏珊娜·科金（Suzanne Corkin）为 2013 年出版的记述这段研究经历的作品所起的标题——《永远的现在时》（*Permanent Present Tense*）。

科学家们正是通过 H.M. 才开始明白，海马体和相关大脑结构在长期记忆的形成中起到的重要作用，这也使得莫莱森逐渐成为20世纪最著名、最有影响力的科学研究对象。在 H.M. 之前，许多科学家断然否认以下观点：只有大脑的一部分负责记忆，并且可以追踪到其特定部位。H.M. 之后，以下观点变得不再有争议：内侧颞叶结构对于形成新记忆至关重要。虽然莫莱森仍然可以在他的脑海中简要保存信息，但好像负责编码并将这些信息放至长期存储空间中的归档员已经不在那儿了。信息一旦从莫莱森的视野里消失，那于他的意识而言就是永远消失了。

不过，当科金的导师布伦达·米尔纳在莫莱森 1956 年接受手术仅 3 年后第一次遇到莫莱森时，她便意识到这不是事情的全貌。米尔纳是土生土长的英国人，曾就读于麦吉尔大学（McGill University），拜于伟大的神经科学家怀尔德·彭菲尔德（Wilder Penfield）和唐纳德·赫布的门下，我们已经在上一章介绍过他们有关"赫布学习理论"，以及神经可塑性的想法。1955 年，彭菲尔德安排米尔纳前往康涅狄格州哈特福德市参加一场研讨会，并在与莫莱森的外科医生会面后给莫莱森做检查。

米尔纳给莫莱森进行了一系列测试，证实了他完全无法形成长期记忆。不过，有一项测试的结果似乎与其他结果相矛盾。连续 3 天，米尔纳指示莫莱森在纸面上描画出一颗五角星，要求铅笔始终处于星星的轮廓线内。为了使这项任务更具挑战性，米尔纳将这张纸放在一块他无法看见的木板上。为了画出这颗五角星，莫莱森必须把手伸到金属屏障的后面，通过观察屏障对面镜子里反射的手来指导自己的动作。

由于镜子里的图像是反过来的，导致任务难度骤升，这也就意味着莫莱森必须学习一项新的技能。随着莫莱森第一天重复了这项任务，他便开始适应这种绘画条件，他描画五角星的速度逐步加快。到了实验的第二天，莫莱森完全不记得曾经执行过这项任务（也不记得见过米尔纳）。但当米尔纳重新执行测试时，他得到的分数却显示他的成绩差不多和前一天结束时一样好。到了第三天，这个任务就变得太过简单了，连莫莱森自己也感觉印象深刻。

"好吧，这很奇怪，"莫莱森在近乎完美地画出一颗他认为是有生之年第一次画的五角星之后，尤为自豪地说，"我本以为会很难。但看起来我好像完成得相当好。"

随后几年，科学家们证明了这种"非陈述性"的运动记忆也适用于其他领域。1968年，米尔纳决定测试莫莱森在不知情的状况下培养出感知技能的能力，以及通过这项能力根据有限的感知信息做出判断的能力（就是与克莱因的消防员直接相关的东西，以及科恩的士兵所拥有的蜘蛛感应）。

米尔纳向莫莱森出示了20种常见物体和动物的线条画，比如一头大象或一把雨伞。每一幅线条画共有5组。但第一组图片仅包含每个物体的若干片段，因为线条太少，几乎不可能在第一轮就认出该物体。后续的每一组图片都会提供更多的线条片段，直到最后一张卡片上画着完整且易于识别的物体。

"我要给你看一些不完整的图片，"米尔纳告诉莫莱森，"告诉我这幅图要是画完了会是什么东西。如果不确定的话就猜猜看。"

第一天刚开始，米尔纳首先向莫莱森出示了线条最零散的卡片，以建立基准线，并统计了他的错误次数。结果莫莱森一张也没猜对。然后，米尔纳向莫莱森出示了下一组图片，卡片次序被打乱了，这使他无法提前预测，并告诉他这组图片会更容易一些。在出示完全部 5 组卡片——最后出示的是该物体的完整图片——之后，米尔纳再次开始整个过程。到了第四次实验，莫莱森能够准确无误地猜出每张卡片上所画的物体，哪怕这些卡片只画着最初的那些零碎线条——正是他之前看到后毫无头绪的零碎线条。

不过，真正的测试是在一个小时后才开始，这段间隔足够长，可以确保莫莱森无法清晰记得曾经参加过的测试。当米尔纳重新开始测试时，莫莱森的成绩仍然有所提高。在某种程度上，他保留了正确分类碎片图的能力，尽管他以为自己之前从未见过这些图片。10 多年后，科金回来重新做了这一测试，结果莫莱森仍然比第一次做得更好。

此后，研究人员实验证实，具有正常记忆能力的受试者存在类似的内隐学习或无意识学习现象。在其中的一个范例里，研究人员要求具有正常记忆能力的志愿者在电脑前观察，屏幕 4 个位置中的某一处会有星号闪烁出现。每个屏幕位置对应于键盘上的一个按键——A、B、C、D。每当受试者看到星号时，他就会根据指示按下与其位置相关联的按键，以此证明他看到了此星号。

测试通常由 12 个不同的星号序列组成，星号逐一闪烁出现，受试者由此依次从 4 个按键中选择对应字母按下共计 12 次。

受试者所不知道的是，12 个空间位置组成的序列经常会重复出现。受试者很少会有意识地注意到星号序列会重复出现。然而，值得注意的是，当闪现模式出现足够多的次数后，受试者的反应时间会加快 —— 这意味着受试者是在无意识中学会了序列，预测下一个出现位置，并将手指更快地移动到正确的按键上。（当研究人员把序列打乱时，受试者不会注意到这种变化，但反应时间减慢。）

我们不难推知，这种复杂的、无意识的知觉学习（其他研究人员后来在研究 H.M. 时将之扩展为其他较高层次的感官形式）就等同于克莱因那些专家消防员已习得的能力：他们执行所谓的"模式匹配"时所用到的知识。

当身处感知信息有限的情境下，比如着火的房子里可听见的厨房起火的声音不够响，但克莱因的消防员就是"知道"有些事情不大对劲儿。这位消防队长无法说清他是怎样拯救那些队员的性命的，但他就是知道。消防员并没有超感官知觉，虽然他在此后的多年里一直以为自己有。但这位队长在他的职业生涯中遇到过数百起火灾。每一起火灾，他都能接触到通常与之共同出现的所有知觉线索。于是，当他那天看到厨房里有限的碎片集合时，他便可以把空白处填上。

就在他的意识心智之外的某处，他大脑的某个部位进行了模式匹配，并得出紧急结论：危险——马上撤退！

||||·||||·||||

为了赢得资金来研究直觉，约瑟夫·科恩不得不设法进入大脑内部，证明他可以实时观察直觉的运作方式。科恩聘请了几位与加里·克莱因合作过的直觉顾问来帮助设计实验。他还聘请了俄勒冈大学的一个研究小组，这个小组由神经科学家唐·塔克（Don Tucker）和他的同事刘潘（Phan Luu）领导，这两位研究人员曾在多年前协助设计认知增强项目的传感技术。

塔克和刘潘感兴趣的是，我们通过感官系统看到的事物是如何与大脑中某个更原始，也更情绪化的部分（称为"边缘系统"）发生相互作用的。要寻找本能，这里看来很有希望。有些理论家认为，从进化的角度而言，边缘系统的发育是为了管理"战斗或逃跑"的本能。因此显而易见，如果本能敲响了警钟——某个人头发竖了起来并发现有些事情"不对劲儿"——那么其实正是边缘系统在报警。塔克和刘潘希望设法捕捉并描述那个时刻：当大脑感官区域检测到异常时，边缘系统就会行动起来，而且这个过程完全在知觉意识之外。他们想要测量出人的直觉情绪。

塔克和刘潘决定向测试对象出示不完整物体的图片，这有点儿类似于 1968 年米尔纳向健忘症患者亨利·莫莱森所出示的那些图片。不过在这个实验中，科恩的团队还将使用比 20 世纪六七十年代要先进得多的顶尖脑部扫描技术，用于寻找只有当受试对象潜意识中认出了图中有完整物体时才存在于大脑特定区域的神经信号。那么，塔克和刘潘能否只通过查看脑部扫描结果来证明，他们的受试对象"知道某些东西却又不知道自己知道"呢？

塔克和他的研究团队找来 22 名学生受试者，并让受试者坐在电脑显示器前，观察 200 张不同的图像，以超高速率（平均不到 1 秒钟半张）在他们眼前切换闪现，同时使用 fMRI 和密集阵列脑电图（dense array EEG，dEEG）来扫描他们的大脑。这些图像中有 150 张含有取自实际物体一部分的片段，正如莫莱森在米尔纳的开创性研究中所看到的一样。例如，一张床或一个杯子的像素化图片。

不过，塔克和刘潘去除了很多像素块，实际上根本不可能在如此高的速率下看出图片上是什么物体。为了用于对照，研究团队还加入 50 张由无意义碎片组成的图像，这些碎片是由计算机随机选择像素并打乱、混合形成的。这些对照图片并不代表实际物体的碎片，只是视觉的"噪声"罢了。

实验要求很简单：凭着你的最好印象，猜测图片里是不是包含某一物体，还是它只是一张随机像素图。你不必指明究竟是什么物体——实际上，哪怕你想说，很可能也说不出来。你只要猜测图上有没有东西就行了。

"如果你觉得看到或者没看到画面中有东西，都请凭直觉告诉我们。"科恩是这样说的。

　　果不其然，参与者凭直觉就能指出碎片图中藏着某个物体，正确率是 65%。他们猜测无意义碎片中藏有某个物体的错误率大约是 14%。但最重要的是，研究人员通过查看受试者的脑部扫描结果后发现了一种神经信号，能让他们辨别出受试者究竟有没有正确识别。

　　受试者大脑活动在直观印象即将进入意识心智之前 100 毫秒（差不多就是一眨眼）的时候，猜测正确的情况开始与猜测错误的记录出现偏差，果不其然，大脑活动由起源于大脑感觉区域并通向边缘系统的间歇闪现式电子振荡组成，而边缘系统正是构成情感大本营和"战斗或逃跑"反应的最初潜意识区域。

　　与此同时，大脑也开始产生第二种重复且更全局的脑电波模式，振荡频率范围称为"θ 频段"。科恩说，当大脑将不同区域调动到一个临时的网络时，这种节奏往往就会出现。如同部队里击响鼓声，集结军队开始齐步走，只不过这里是为更多认知分析做准备。

　　"这点告诉我们的是，如果你产生某种直觉，那么第一，你的边缘系统被激活了，这解释了你为什么会有直觉情绪：'哇，有什么事情发生了！'"科恩说，"第二，大脑的其他部分也开始被拉进来，帮助你理解这些信息，而这是神经活动模式告诉我们的。"

　　塔克和刘潘的研究似乎表明，消防员的感官会检测到自己可能处于极度恐怖状态，之所以会有"那种感觉"，是因为某个信号已经到达这处我们赖以生存的大脑区域，且时间要远早于信号被传送至大脑意识区域的时间。在信息不全的情况下，这块区域就已经开始做身体上的准备，一旦意识思维获得了足够的感官信息来做出明智的判断，身体就可以立即做出反应。

在塔克和刘潘的研究后不久，科恩就从 DARPA 调到了美国海军研究办公室。尽管场地有变，但他仍然打算进一步深入研究。不出所料，他在一年内获批一项更大的项目，历时 4 年，耗资 385 万美元，这个项目不仅仅是为了继续刻画直觉，更是为了开始寻找方法来培养直觉。

⑾⑾·⑾⑾·⑾⑾

1984 年，宾夕法尼亚大学的研究人员发现，他们的病患在长时间接触特定词语或特定概念（比如狗、猫）之后，就会很快忘记他们所进行的谈话。但如果研究人员随后要求患者就任何感兴趣的话题开始新的谈话，那么这些健忘症患者多半会开始谈论狗、灰狗跑道，或是猫、暹罗猫和"加菲猫"。他们已经忘记了最初的谈话，但大脑仍然"启动"了有关狗或猫的对话。

假如你是第一次从电视广告中听到洗脑神曲，过了 10 分钟，你会突然发现自己正在唱着这首歌，这就是"启动效应"。广告商和政治候选人都会利用启动效应来侵入我们的大脑。

启动效应似乎是一种强大而又无处不在的内隐记忆形式，它直到最近才被发现，因为这种效应完全是无意识的，因此很难察觉到。除非他人指出，否则我们都不知道自己已经准备好启动了。不过，启动效应对于人类经验至关重要，其神经关联可以在整个大脑中找到，而且存在于我们每个人身上。那些患有长期记忆缺陷的老年受试者身上的启动效应和年轻成人身上的一样强大。更重要的是，研究人员甚至发现，启动效应在 3 岁小孩身上的效果甚至和在大学生身上的一样强大。就连前一天晚上喝到断片而且忘掉发生什么事的酗酒者，仍然有可能醒过来就唱着前一夜听到的歌，就是因为启动效应。所有这些群体都可能不由自主地开始一场关于狗的谈话，却不知道为什么，只要你让他们启动即可。

过去 20 年来，许多研究人员使用了最新的脑部扫描技术，试图准确理解启动效应出现时会发生什么情况。他们由此拓宽了研究范围，开始探究其他形式的内隐记忆。这为我们提供了一个起始点，一种神经学特征：当我们获得新的内隐知识并开始演化出科恩有志于设法加以培训的那些模板时，脑科学家和心理学家可以用这种神经学特征来尝试理解大脑中究竟发生了什么情况。

结果具有显著的一致性。当受试者第一次看到某个物体、听到某些单词、置身于某种模式时，最先发现刺激证据的部位就是在大脑皮层的感官加工区域。如果是视觉刺激，你就会看到视觉皮层区域的活动；如果是声音刺激，那它就会出现在大脑的听觉处理区域。如果是复杂观念，那么前额叶皮层可能会被点亮。

但问题是，当受试者第二次看到这一物体、单词或置身于某种模式时，对应的同样区域也会被激活 —— 不过这些区域活动可能会随着重复次数增加而逐步减少。这种现象称为重复抑制效应。尽管乍一看好像违反直觉，但事实上很容易解释。这样一来，大脑处理信号时就会变得更加高效。产生重复抑制效应的原因是神经的可塑性。

"大脑皮层每个区域都具有基于经验重新连线的适应能力，"西北大学内隐学习专家保罗·雷伯（Paul Reber）解释说，"因此，如果你所在情境里的环境要素都很熟悉，而且遵从已知模式，或者遵从已知的意外情况，那么我们可能需要的就是高效处理有关我们环境的信息。"

雷伯负责领导当前阶段的直觉项目，并正在寻找方法来塑造和培养思维，浇铸能帮助我们处理周围信息的过滤器。几十年来，雷伯一直在研究启动效应、内隐学习及其神经关联。

我们看到某些东西、听到某些东西、体验到我们已经体验过的某些东西的次数越多，大脑感觉区域会激活的神经元也就越少——不过这些神经元也就更强。雷伯解释说，如果你考虑到神经可塑性的运作机理，那就很容易理解。所有神经元的细胞膜都带有微弱的电荷，当神经元经由突触从其他神经元接收到化学信号后，这些电荷便会相应地发生微妙的变化。只有当电荷累积超过一定阈值时，神经元才会激发出自己的电活动尖峰。正如我们在上一章中所了解的，两个神经元每互相激发一次，彼此之间的连接便会加强一次。换句话说，每次两个神经元的其中之一激发时，两者之间来回传递的电信号便会越来越强。反之，每当两个神经元分离开来激发，这些电信号便会稍微减弱。

如果照这样来想，那么便很好理解，我们看到某个特定物体的次数越多，视觉皮层中代表该物体的连接也就变得越有效率。随着接触次数增多，有些连接会越来越强，因为一起激发的两个神经元也连接在一起；有些连接则会越来越弱，因为不在一起激发的神经元也不会连接在一起。通过这种"赫布学习"过程，经验便会在大脑中雕刻出一条新回路。久而久之，神经元激发越来越少，但这些一起激发的神经元彼此连接也越来越紧密，彼此敏感程度也越来越强。大脑变得越来越高效。神经元激发变少，但一旦激发便会十分强劲。

雷伯意识到，这一简单规则对于培训具有强大的影响。

雷伯认为，存在一种"统计"要素，可以形成大脑连接，进而开发出一种"过滤器"，可让经过专门训练的士兵潜意识地接收其他人可能看不到的视觉线索。

"大脑中每一种突触都具有某种与生俱来的塑性能力，"雷伯说，"因此，关于内隐学习背后的机制，我们需要了解的一点是，它可以获取你接触到的任何统计数据。"

你接触到某一线索或一整组线索的次数越多，你在下一次看到这些线索时做出反应的可能性就越大，大脑中可让你联想起这些线索的图像的编码区域就更有可能变得活跃。

由此便出现了训练直觉的一项实用逻辑。雷伯认为，培养直觉的最好方法就是重复演练，这和我们利用重复练习来开发运动技能，比如学会网球发球、骑自行车和以正确姿势挥动棒球棒是一个道理。

　　雷伯的职业生涯开始于对健忘症患者的研究，他在过去 30 年中一直在研究如何运作直觉训练过程。这种兴趣使他成为帮助科恩及其继任者彼得·斯夸尔将直觉研究推向新水平的一位理想专家，因为如果你能理解这些无意识过滤器是如何开发出来的，那么你就能想出办法来加以培养。你可以从美国怀俄明州带走那个孩子，设计一套程序，使他在面对伊拉克险境时能获得直觉感应。

⑪⋯⑪⋯⑪

　　几年前，科恩将直觉项目交给了斯夸尔，由他负责监督 3 大方向的研究努力。

　　第一项任务是将雷伯开展的那类实验室研究推广到更贴近士兵的现实性的场景中。多年来，雷伯发现，当我们改进身体技能（比如骑自行车）时大脑中发生的事情，非常类似于当我们在视觉识别任务中表现得更好时所发生的事情。虽然大脑活动变得更为高效，视觉皮层中涉及的神经元数量也更少（即"重复抑制"），但雷伯发现，实际上大脑另一个区域的活动在增加，这处区域被称为基底神经节（basal ganglia）。此前科学家们已经证明，基底神经节在学习复杂运动任务（比如骑自行车、篮球运球）中扮演关键性角色。不过，所谓运动记忆的大本营，在加快视觉信息处理速度方面也扮演着重要的角色，这还算是一个较新的观点。

有关基底神经节的研究为雷伯提供了进一步的证据，印证了如果要从怀俄明州带走那个孩子，培养他在无意识思考的情况下感知到伊拉克或阿富汗的简易爆炸装置存在的能力，那么重复是最好的办法。

"如果你想建立这个内隐学习层，你可能实际上必须做一些类似演习训练的事情。所以说，要建立很多很多场景，让他们重复排练几百个场景，好让统计数据可以嵌入他们正在练习的场景中。"雷伯说。

最终，甚至在士兵尚未有意识地注意到之前，视觉皮层中的神经元也会不假思索地对各类证据（比如刚挖出来的泥土，再加上几根散乱电线等其他线索）做出反应。

为了证明这项研究在战场上能起作用，雷伯和他的团队正在试图证明，他们可以在更类似于现实世界的混乱情境下获得同样的结果。斯夸尔已经要求他们在模拟危险区的背景下开展测试，用于训练在"虚拟空间"中一起作战的个别海军陆战队队员或部队。

"比如说，有些地形可能看起来像阿富汗，"斯夸尔说，"我们想看看能不能引发同样的直觉效果——以及我们可以做出什么样的设计上的改良和培训来加速。可能有 IED（简易爆炸装置），也可能有狙击手或恐怖分子的存在。肯定有些规则模式会被打乱。"

　　这些模式可能就像泥土颜色的变化或者街上缺少正常活动那样不易觉察。

　　雷伯也开始研究训练士兵如何认出"直觉感受"，知道何时应该关注"直觉感受"。

　　"意识处理和内隐学习往往并不能很好地结合在一起，"雷伯说，"当你专注于其中一个时，另一个就会被藏起来。"

　　因此，雷伯正在与他的同事马克·比曼（Mark Beeman）合作，探索这项研究的另一部分。他们提出的问题是，当我们经历顿悟时刻（也即"啊哈"时刻）的时候，当一些我们不知道自己知道的事情转为有意识的时候，大脑中究竟发生了什么事情。

　　一次测试中，比曼和他的团队给实验室的受试者 3 个词，如 crab（蟹）、pine（松树）、sauce（酱汁），然后问他们哪个词可以同时跟这 3 者相配对。

　　"大家尝试解答的最典型方法就是明确地想出他们能联系上的每个单词，"雷伯说，"不过马克已经证明，他们不太可能通过这种方式来解决这个问题。他们会努力很长时间却完全想不出答案。不过，在一定比例的实验后，他们会体验到一种顿悟……他们正在努力、努力、努力，然后他们会突然想到：'哦，apple（苹果）！是 apple[①]（苹果）！'"

---

① crab、pine、sauce 这 3 个单词可分别与 apple 组成复合词：crabapple（沙果）、pineapple（菠萝）、applesauce（苹果酱）。——编者注

尽管受试者始终报告称，这个答案好像是凭空出现在他们脑海中的，但是雷伯和比曼确信，这些突然的顿悟实际上是内隐记忆处理的结果。

"这是一种发生在意识之外、在相关概念之间传播的活动。"雷伯说。

雷伯和比曼通过分析顿悟时刻之前、之中和之后的神经激活模式，发现了一些有趣的结论：大脑在顿悟时刻处于活跃状态的区域，以及或许同样重要的非活动区域，类似于当受试者成功地完成另一项完全不同的任务时大脑中的活动区域和静止区域。

第二项任务中，两位神经科学家向受试者出示若干图片，图上画着超大型的英文字母，大字母由较小的另一个字母群集组合而成。例如，由许多小小的"t"密密麻麻拼成一个巨大的"H"。他们要求受试者说出较大的字母。为此，受试者必须"后退一步"，观察整体情况。换句话说，他们必须放松对细节的关注，从而强迫自己"不见树木，只见森林"。

"当你必须这样做的时候，有一部分前额叶是活跃的，这和你突然有了顿悟并且说'哦，等一下——答案是 apple！'之前活跃的是同一个区域。"雷伯说。

雷伯希望找到并证明能提升顿悟的方法，通过教导人们认识并从容地进入这种思维状态，培养人们更开放地接受直觉。

"如果你在现实世界做决定，这将意味着什么？你会对消防员说什么？"雷伯问，"是的，也许你会不得不说：'不要关注感知细节.'也许你必须从对局部感知细节的强烈关注中退出来，从全局的角度来考虑整体情况，让直觉信息渗透到你的意识中去。"

||||·||||·||||

科恩的研究人员所发现的大部分结论都具有某种直觉逻辑。不难理解，视觉演习训练是锤炼识别威胁的能力的方法。事实上，个体接受训练后可以识别出与更好表现有关的特定大脑状态，雷伯的这一见解与之前的认知增强项目研究得出的早期结论遥相呼应。

埃米·克鲁泽也想知道，能不能通过只观察大脑活动来判断某人是不是专家，有没有可能追踪到某人从入门到精通过程中的大脑活动变化？

为了回答这些问题，克鲁泽资助先进大脑监测公司（Advanced Brain Monitoring）的首席执行官克丽丝·伯卡（Chris Berka）开展了一系列吸引人的实验，这些实验都出自一项被称为"加速学习计划"的研究项目。位于加利福尼亚州卡尔斯巴德市的先进大脑监测公司，招募了来自附近彭德尔顿营的顶级海军狙击手教官。每一位志愿者前来接受检测时，伯卡和她的研究团队都会先在受试者的颅骨上放置一组24通道密集阵列电极，接上导线，用来跟踪呼吸和心脏反应，接着递给志愿者一把M4步枪，枪支经过改装，能够精确测量摆动枪口和扣动扳机等动作。然后，伯卡和她的团队让这些专家级射手经历他们在扣下扳机射中靶子之前通常都会经历的过程，并从实验数据中寻找感兴趣的模式。当伯卡和她的团队汇总结果时，他们发现了一些引人注意的事情。

"我们发现的是，在每一场完美射击前的 2—5 秒的时间内，我们看到了完全相同的心理、生理学特征。"伯卡说。

心率减慢，接着是长时间的缓慢吸气，然后是与射击相吻合的呼气（狙击手接受的训练是在呼气时射击）。但更有意思的是出现了两种不同的脑电图特征。第一种是所谓"中线 θ 波"活动增加，即在 θ 波范围内（4—7 赫兹，每秒脑电波周期数）的一系列节奏波形。同时，大脑左颞叶区域出现一阵"α 波"活动，这种频率范围介于 7.5—12.5 赫兹之间的特定神经振荡模式被认为与同步活动有关。

中线 θ 波似乎是一种反映狙击手在脑海中仔细检查或将完美射击视觉化的神经学特征。伯卡指出，狙击手的 α 波活动增加已经在许多其他实验室环境中得到证实，这正是反映精神集中的著名神经学特征。

"所以，你就像是关掉了传入的感官信息，注意力集中在靶子上，射出完美一击。"伯卡说。

"总共是 3 个特征，"她说，"心率减慢、中线 θ 波、左颞顶部区域 α 波。最吸引人的地方是，我们不仅从 13 名教练身上看到这种现象（每一发都是完全相同的模式），而且如果我们让他们坐在房间里，全副武装，想象一下射击场景，我们也会看到完全相同的模式。"

当被问及时，教练们报告称，其实他们主观上能意识到与这种神经模式有关的感觉。

"是的，我知道我处在那种状态，"伯卡回忆起不止一名狙击手这样告诉她，"我知道自己什么时候踩中那个点，会让我射出完美一击。我甚至会在战场上利用那种状态。"

许多人告诉她，这种状态是可以随意获得的，而且他们已经慢慢学会如何将之作为经验的附带效果来加以利用。有些人说，这"简直就像一只小小的开关"。"我周围发生的事情并不怎么重要。我能够全神贯注地专心射击。"伯卡回忆起其中几个人曾这样告诉她。

伯卡和她的团队在确定这些神经学特征之后，招募了150名平民和150名具有不同枪法技能水平的海军陆战队员，都不是专家。然后，他们制作了一套介绍枪法的标准视频，以确保培训的一致性，并将志愿者分成两组。对照组自行练习射击，也可以观看补充的教学视频。相反，实验组设置了脑电图和心率监测仪，提供实时的视觉或听觉反馈，这样受试者可以监测自己的心率和脑电波在何时进入或偏离最佳射手身上检测到的那种理想的专家状态。（大多数人更喜欢触觉反馈，其反馈形式是别在衬衫上的蜂鸣器，可根据心率的不同而发出振动，直到他们达到射击的最佳大脑状态后，振动才会停止。）

"最开始，我们只是训练这些手上没有步枪的人尽可能地向专家状态靠拢，"伯卡说，"接下来，你戴着这套系统，拿起步枪，然后射击。"

反馈和专家状态训练，使得枪法技能训练的速度提高了2.3倍。换句话说，反馈实验组的人不管天赋如何，学习成为射击高手的速度都翻了一番。伯卡说，反馈训练可以让人明白什么是"专家"级的脑部状态，并学会掌控这种状态。

我们可以训练自己识别某种独特的"大脑状态"，无论是关于百步穿杨还是战场上发现危险，这种想法其实并不稀奇。运动员经常说"现场感"会帮助他们熟练投出篮球，看见棒球上的缝线。慢跑、阅读、写作、听音乐之际，我体会到无忧无虑的轻松和全身心的沉浸。我由此想到，确实有一种与注意力有关的特殊的大脑状态，有一种当我进入这种状态就能意识到的现场感。全世界安静下来，我专心致志，时光流逝如斯。

因此，在我看来，运用脑部扫描技术来训练这些技能，恐怕会在今后几年变得越来越普遍。这就引发了一个有趣的问题：如果说我们可以使用脑部扫描技术来检测与内隐学习、本能和专业技能有关的大脑状态，那么我们是不是还能检测到其他什么呢？我们可以往前推进多远？它又能帮助我们在医疗领域做些什么呢？

第六章

心灵传动的技术专家

解码大脑与想象言语

戴维·杰恩（David Jayne）咨询过 3 位不同的神经科医生之后，才终于找到其中一位可以解释他身上神秘的症状。比如说，为什么一位年仅 26 岁、处于黄金时期的运动员——身高 6 英尺 3 英寸、体重 200 磅的成年男人——连番茄酱瓶子都抓不牢，就好像瓶子有 500 磅重一般。为什么他的左肱三头肌会不停地抽搐。为什么他会突然发现自己甚至无法控制手指完成最基本的操作，比如把一束鹿毛绑好并系到飞蝇钓钩的末端上。

正是最后这件事让杰恩感受到侮辱和恼怒。在那之前，杰恩就是强健、年轻和活力的象征，他有着炯炯有神的蓝色眼睛，用他姐姐苏·安·切切里（Sue Ann Cecere）的话说就是"帅到爆"。戴维曾在高中时担任班长，当他就读于美国佐治亚大学时，"简直就是校园男神"。"那时他过得很惬意，但不久他就认真了起来。"苏·安说。毕业之后，戴维很快与他的大学恋人梅利莎（Melissa）步入婚姻殿堂，又进入达美乐比萨公司（Domino's Pizza）平步青云，在美国东南部地区授权经营店里赚得盆满钵盈。

但如果让戴维选，他会毫不犹豫地选择自己最想做的事。 他是一位天生的飞蝇钓[①]好手，喜欢在家乡佐治亚州齐腰深的小溪湍流中，轻轻将钓钩投入钢头鳟鱼群中。 戴维身上出现某种难以摆脱的医学谜团，虽然他几乎可以肯定那只是神经紧张所致，但他对此已渐渐失去耐心。 一个明媚的春日，他如约去见医生还感受到距离他办公室仅几英里外的亚特兰大查特胡奇河正发出的强大召唤。 但这场会面将改变他的余生。

"我总是把飞钓竿、高筒靴和浮管放在卡车后边，"杰恩后来回忆说，"查特胡奇河就在我左边，但是我却只能朝右转。"

在埃默里大学医疗中心候诊室里，杰恩注意到一个漂亮的年轻女士坐在父母中间。"我的注意力之所以被她吸引，是因为她的身体看上去就像一只惹人疼爱的布娃娃。"他回忆道。 她究竟出了什么问题——为什么她这么软趴趴的？他想知道。 这时，他的名字被叫到了。

多年以后，杰恩依然清晰地记得接下来的全部细节：他坐在一张"像石头一样硬"的检查床上，压皱了他身下的垫纸。 将近

---

① 飞蝇钓：一种钓法。 一种用仿生饵模仿飞蝇、蚊虫、蜻蜓等有翅昆虫落水，刺激水体中凶猛掠食性鱼类的钓法。

黄昏时分的阳光从一扇狭长的窗户中照进来，泻在他的右边。那位神经学家神情严肃地进入房间，胸前紧抱着厚厚的一摞资料，那模样"就像一个抱着课本的男生"，然后他坐在杰恩面前的一只矮凳子上。最后，他用毫无感情的语调说出以下一番话："杰恩先生，您得的是肌萎缩性脊髓侧索硬化症（Amyotrophic Lateral Sclerosis），也就是ALS。您可能听过它的另一个名字——卢·格里克症（Lou Gehrig's disease）。"

医生并没有提到候诊室里的那只"布娃娃"，尽管她也患有这种病。医生接下来向他描述了他即将面对的情况，杰恩却感到麻木了："我将如何一步步完全瘫痪，失去说话和进食的能力，并最终因窒息而死亡。"杰恩在他的回忆录中写道。

接着，传来了更多的消息。就在戴维·杰恩的医生宣告他最多只有3—5年的时间可活之后的同一周，另一位医生告诉梅利莎，她已经怀上了他们的第一个孩子。一切都让人无所适从。

"我生命中最渴望的事就是做一个父亲，"杰恩说，"我想要一个大家庭。我有很多东西想要教给我的孩子们，想要跟他们分享。"但是，他痛苦地想，"我的孩子甚至一辈子都不会记得我。"

戴维·杰恩还没准备好就此告辞。然而，他面临的另一种选择也同样骇人。当他的身体机能衰退后，就算医生可以设法帮助他进食和呼吸，他也将再也无法移动，再也无法说话。他最终会进入完全的"闭锁"状态，被困在一具停止运作的躯体之中。

那将会是一种什么样的生活？

ılı·ılı·ılı

很少有疾病会这样可怕：既让我们完全保持意识清醒，又让我们不可逆转地失去说话和移动的能力。正因如此，身患 ALS 的病人常常会命令医生在他们双肺最终衰竭后不要再施救。没有人质疑过这样的决定。不过，戴维·杰恩最终选择了另一条路。他还很年轻，不能死，于是他痛下决心，哪怕病情开始加重，他仍会奋力与之抗争，勇敢面对让人闻之胆寒的噩梦 —— 完全闭锁。

"在我看来，"戴维·杰恩的一位神经病学家谈到这种完全闭锁的体验时对我说，"这几乎就跟被活埋了一样。"

当矿工们被困在地下时，我们除了试图把他们挖出来之外别无他法。对于像 ALS 这样的疾病来说，情况并无二致。近年来，一小部分科学家致力于谱写出科学界的"圣母经"：他们正在尝试利用现代神经科学和计算机技术，开发新的方法来触及类似戴维·杰恩这种病人的完整心智。然后，这些科学家试图获取这些病人已经无法用肌肉表达出的话语，并以某种方式将其翻译成人类语言。换言之，科学家们正在试图通过恢复病患的能力来将他们"挖出来"，除了让病患重获移动的能力（尽管这已经有些骇人听闻），还试图让病患开口说话，让病患坏掉的身体重新恢复活力。

恢复言语能力是我们从未想过的技术成就。可以说，其风险也要高得多。

当然，很难找到第二项如此令人生畏的科学挑战。我们称为人类大脑的这团 3 磅重胶状物质，从来不会一次只输出一种单一信号。从大脑皮层整个表面到大脑核心地带，数十亿独立神经元每时每刻都在来回不停地传递化学信号，并将所有这些信号转化为数以亿计的微弱电脉冲。要从如此大量的信息中分析提炼出意义来，唯一的希望就只能靠功能强大的计算机了。

然而，无论是约瑟夫·科恩和彼得·斯夸尔用来捕获有关直觉闪现的大脑电信号实验，还是科学家为了弄清帕特·弗莱彻视觉皮质发生活动所采用的技术，距离这项挑战都还有很远的路要走。

哪怕你能设法把一颗有情感的、鲜活的和功能强大的人类大脑直接"插入"一台硬塑料和硅胶制成的计算机上，哪怕这台计算机能够将信号转换成英语，你还是不知道应该捕获哪个单一信号。有人认为，如果想要探知某人的想法，聆听他或她私密而又未说出口的内心独白，读懂其言语，你就需要同时监视数百万的信号并弄清各自代表的含义。为此，你还必须并清厘删去与想象中的词汇或想法毫无关系的杂音——比如控制呼吸或者眨眼的大脑信号，比如让你感觉到"有些事情不大对劲儿"和地板可能要塌陷的大脑信号。

这项挑战涵盖数学和解码两个领域，这让艾伦·图灵（Alan Turing）"二战"时期破译纳粹恩尼格玛密码的传奇经历几乎相形见绌。

不过，2015 年 2 月的一个寒冷的午后，我坐在纽约奥尔巴尼市中心的一间医院病房里，此时一群身着白色衣服的技术人员正围在一位来自斯克内克塔迪的 40 岁单身母亲凯茜的病床旁忙碌。事实上，他们正在准备的事情将会证明，这项挑战将很快得以实现。

带领我过来的是奥地利神经学家格温·沙尔克（Gerwin Schalk），他善于交际，看起来有点儿像演员连姆·尼森（Liam Neeson），只不过他身高稍矮几寸、体重稍重几磅，而且绝大多数时间都花在了电脑显示器前面。沙尔克和我已经等了好几个月，就是为了等到像凯茜（Cathy）这样的病人，他便可以向我展示他和其他神经破译者自从戴维·胡贝尔和托尔斯滕·维泽尔第一次听到猫大脑视觉皮层信号以来的几十年里所取得的长足进步。

凯茜患有癫痫，打算接受脑部手术来移除导致她癫痫发作的脑组织。为了找到这处区域，医生们 3 天前打开了凯茜的颅骨顶部，并将 117 个微电极直接放置于凯茜的右侧大脑皮层表面，进而监测她的大脑活动并映射目标区域。在等待手术期间，凯茜自愿加入了沙尔克的研究项目。

现在，在我坐的椅子旁边，有一张电动床支撑着凯茜，她身上盖着薄毯子，身下是皱巴巴的白色床单。她身穿医院的病人服，一副时尚的近视眼镜不牢靠地架在她那小巧的鼻梁上。凯茜头上戴的装置，很难不让人仔细地打量一番。凯茜的头顶，从耳朵往上直到额头，都缠着坚硬的类似石膏的绷带和手术胶带。颅骨顶部的开口处，一大团裹着网状物的电线伸了出来，就好像她跟赫特人贾巴那位肤色沙黄、头顶长着尾巴的管家比布·福图纳有什么关系似的。

凯茜头上的电线端子附件向后挂在她的病床头，拖在地面上，一直连到一台推车上，车上载着价值 25 万美元的箱子，放大器、分线器和电脑，全部都由一名身穿白色外套的技术人员通过他面前的一个大屏幕来控制。

这名引导员给出了一个信号，凯茜便集中注意力盯着面前桌子上的一台显示屏，旁边的一部扬声器中同时传出了由女声朗读的单个词语：

"勺子……"

"蟒蛇……"

"战地……"

"牛仔……"

"电话……"

"游泳……"

每读完一个单词后，凯茜面前的显示器便会出现一个彩色的加号，紧接着便会发出蓝绿色的闪光。闪光代表着凯茜在头脑中重复了这个词语。从凯茜的脸上看不出端倪。没有什么视觉手段能判断出她究竟在想什么。不过，当她想象每一个单词时，位于她皮质顶部的 117 个电极就会记录下她大脑中被称为颞叶的数亿个单个神经元所产生电信号活动的独特组合。这些组合模式会通过电线传递到放大器中，然后传入电脑，并被转换成技术人员面前屏幕上一排水平线间持续滚动的波峰和波谷图案。这些波浪状线条，如此厚实而又难以索解，犹如紧紧缠在毛刷上的一团头发一般，埋藏着某种逻辑模式，某种只要读懂便可理解大脑神秘语言的代码。

之后，沙尔克位于纽约州卫生署公共卫生实验室沃兹沃思中心（Wadsworth Center）的团队会和加州大学伯克利分校的合作者共同对这些数据加以分析。凯茜的每个电极记录着大约100万个神经元约每秒10次的状态，形成了眼花缭乱的数字、组合及其可能代表的含义（每分钟6亿个信号）。

但现在，沙尔克在房间那头用毫不犹疑的目光注视着我，告诉我他和他的团队能够解开这个难题，并借助现代计算能力，从大量数据中提取出凯茜大脑中所想象的词语。他承诺向我展示，他们非常确信自己已经开始弄清如何"阅读"凯茜的思维。

⑴⑴·⑴⑴·⑴⑴

格温·沙尔克不是你想象中的那种典型的科学家。直到几年前，他还从来没读过任何科学期刊。他对人类大脑有关的事情几乎是一无所知。当然，他也从来没有见过任何像戴维·杰恩那样的 ALS 病人。沙尔克只对一件事物充满激情：计算机。科学家们需要沙尔克这样的人来尝试破解大自然中最复杂的代码。

沙尔克出生于奥地利一座现存的中世纪城市格拉茨。12 岁那年，他的父亲带回家一台"阿米加"（Commodore Amiga）计算机，从那一刻起，沙尔克便爱上了所有数字产品。沙尔克在少年时期花费大部分时间来研读大量计算机的英语说明书。如同一位考古学家解读古代卷轴一般，他努力理解意义不明的言语，并逐渐学会了英语。

读高中时，沙尔克总是在白天偷偷打开学校的电脑实验室窗户，这样他就可以在晚上潜入实验室使用电脑了。15 岁时，他给自己起了个诨名"MAD"（疯子），并把电脑都编程为一开机便会闪烁显示"MAD is AWESOME"（疯子真了不起）的模式。因他的计算机老师都无力将其复原，导致这个恶作剧被一直保留了下来。在他剩下的高中校园时光里，电脑实验室里的每台电脑都在向世人宣告，这位匿名的沙尔克有多么了不起。

沙尔克就读格拉茨技术大学时，选择了电气工程和计算机科学的双学士学位课程，这段众所周知的严酷考验耗费了他近 8 年时间。待他终于完成学业后，沙尔克渴望着去冒险。在 1997 年，当他听说有机会可以前往美国纽约州奥尔巴尼市的某地开展一个论文项目时，他一下抓住了机会。此前沙尔克从未听过这一特别的领域：脑—机接口（Brain-Computer Interfaces，BCI）。不过他并不是特别在乎研究的主题到底是什么。

"我以为我要研究的可能是利用像计算机断层扫描图像之类的来三维重建下颚骨这样的工作，"沙尔克说，"但是它说是在纽约，所以我以为自己会在纽约市附近。"

结果这两个猜想都错了。不过，沙尔克的选择将被证明对其专业发展是极有利的。这份工作之所以能提供给学生，是因为沙尔克在当地的一位教授正好同纽约州奥尔巴尼市的公共卫生实验室沃兹沃思中心的研究医生乔纳森·沃尔帕（Jonathan Wolpaw）有合作。事实证明，沃尔帕将成为一名理想的引路人，带领沙尔克进入这一新兴领域，使其才能得以充分发挥。

沃尔帕是一位通过资格认证的神经学家，研究过闭锁病患，正在致力于利用现有技术帮助病患恢复沟通能力。作为经验丰富的临床医生，你想知道任何有关人类大脑机能，以及大脑出问题的诸多可能，沃尔帕都能告诉你答案。而且他也非常乐意分享这些知识。

随着各类技术工具的快速发展，沃尔帕尽管能够从大脑器官内部提取出让人眼花缭乱的海量数据，但他迫切需要有人能够帮助他理解这些数据。他后来成为一位慷慨的导师。在短短的几年内，沙尔克不但让沃尔帕充满信心，他自己也在附近的美国伦斯勒理工学院（Rensselaer Polytechnic Institute）获得了第二个硕士学位和一个博士学位。他毕业时的平均绩点达到 4.0 分，并且在电气工程系博士资格考试中刷新了有史以来最高分数的纪录。他还获得了美国国立卫生研究院拨款的 140 万美元的研究基金，开发了一款脑—机接口通用软件，这款软件现已成为行业标准，全世界有 3 000 人在使用。

　　然而，或许最重要的一点在于，经过沃尔帕的指导，沙尔克获得了某个领域中一流的教育，他也将在这一领域大显身手：这个名不见经传的领域甚至一度被他错误地以为是有关腭骨三维重建的，但其实是专注于研发脑—机接口的（内行人简称 BCI）。

⑇⑇·⑇⑇⑇

　　1969 年，另一位年轻的研究人员埃伯哈德·费茨（Eberhard Fetz）成就了一项超时代的壮举，以至于神经科学领域许多人都对此深表质疑。费茨训练一只猴子学会只用它的脑电波来控制一只机械臂运动。

　　尽管费茨并没有确切地将其称为"心灵传动"，不过你或许也可以想象出他所遭遇的某些尖刻批评。不过，把猴子大脑与机械装置相连，这样的举措并不是当时很多神经学家所能够想到的。而费茨这一打破条条框框之举可谓非同寻常。

　　费茨是在麻省理工学院攻读统计力学方向的物理学博士学位时，获得了这一改变一生的顿悟。那一夜，费茨流连于万花筒般变幻的世界时，窥见了意识的广袤天地，于是意识到比起"求解粒子的磁力矩"，探索心智的奥秘显得更加有趣。后来，费茨在华盛顿大学与一位神经学家共同进行博士后研究，其间学习掌握了一种单神经元记录技术，也正是胡贝尔和维泽尔用来有效记录猫大脑视觉皮层中神经元活动的那一种。不过，胡贝尔和维泽尔把目光专注于测量发往视觉皮层的输入信号，费茨的实验室则有着不同的目标。他们将电极连接到运动皮层之中的神经元，用于跟踪从大脑中发出的活动信号。

费茨的创造力和勇气使得他不仅限于单纯的测量。他将一只猴子放在一个小隔间内，隔间正前方是一只灌着苹果酱的水龙头，还有一台机械装置，装置每当感应到一次神经元激发，便会移动机械臂一次。然后，每当猴子成功移动机械臂，费茨就会增加对猴子的苹果酱奖励。

"当猴子掌握了这一点之后，它就可以快速且有意识地控制神经元激发"，费茨回忆道，"这次实验第一次证明了，猴子可以通过神经活动来控制机械臂发生位移。"

这是"一场真正杰出的实验"，沙尔克在几十年后边摇头边钦佩地说。"1971 年要搭建一套设备，能够以足够高的分辨率记录信号，能够实时处理信号，还能够实时提供反馈，这在技术上非常具有挑战性。"

这次实验的挑战性如此之高，最终为费茨赢得在著名杂志《科学》上发表一篇声名卓著的论文的机会，也帮助他成为未来人—机接口领域的先驱者的榜样和奠基人，沙尔克就是受这位榜样鼓舞的后生之一。这一领域的其他研究者花了几十年的时间才迎头赶上。

据沙尔克估计，直到 20 世纪 80 年代初期，人—机接口领域才出现步入下一阶段所需的重大突破。那时，约翰霍普金斯大学一位年轻的研究人员阿波斯托洛斯·乔格普洛斯（Apostolos Georgopoulos）记录了运动皮层更高级处理区域的神经元活动，并且有了惊人的发现：运动皮层的某些神经元对于特定方向的物理运动更为敏感，这一发现可以用来预测整个肢体的有意识运动。正如数十年前胡贝尔和维泽尔最初跟踪的那些神经元对于特定角度的光线有反应一样，乔治波洛斯标记的神经元也只对特定方向的运动有反应。例如，手腕向右边挥动，手臂向下推动。乔治波洛斯的发现之所以如此重要，原因不仅仅在于我们可以在实际运动前几毫秒就接收到这些信号来预测即将发生的动作，更重要的是，某些神经元激活模式实际上可以指导很多较低级的神经元协同工作，进而控制每块肌肉的运动。

这些有如归航信标一般的高级信号，如果将之同足够多的其他神经元一起分析，便可以提取出与有意识肢体运动有关的大量信息。

"每个细胞都有一个优先方向，而这些优先方向的总和决定了动物的运动方向。"目前任教于明尼苏达大学的乔治波洛斯解释说。

乔治波洛斯演示了如何使用240根电极来准确预测猴子扳动操纵杆的方向。几年后，他演示了如何使用570根电极来准确预测神经元在三维空间内的运动。而且，乔治波洛斯证明，他不但可以预测方向，他还可以预测一段时间内运动速度会如何变化。

这一发现加上费茨的简单演示，给希望帮助瘫痪病人的研究人员提供了意义深远的启示。当运动皮层的神经元告诉肌肉如何运动的时候，这些神经元会通过身体内部相当于长途电话线的神经束来向下传递电脉冲，这些神经束从颅骨中突出来并沿着脊柱向下延伸至人体的四肢，然后直接与肌肉接合，控制肌肉的舒张或收缩。

当这些神经连接被切断时，比如说一个人的脊椎受伤了，结果就会导致瘫痪。如果负责将信号从大脑传递到四肢的运动神经元坏死，正如 ALS 病患出现的情形，那么病患就会陷入闭锁的状态。不过，很多瘫痪病人的大脑皮层运动控制中心的神经元依然完好，也能继续产生电信号，但其下游的神经组织断开或者坏死，导致其能量一去不复返，就像暴风雨后人行道旁一根裸露的电线，一直跳动着迸发出火花。

保罗·巴赫－丽塔有一句名言，"我们是用大脑看东西，而不是用眼睛看东西"，这也适用于运动过程。许多四肢瘫痪的闭锁病人仍然可以"用大脑运动"：他们仍然可以发出张开双臂拥抱爱人的指令，只是这些信号无法到达原定目的地罢了。他们仍然可以告诉双腿要把身体推进到可以撑住体重站定的姿势，只是双腿不听使唤罢了。他们仍然可以命令嘴唇移动，命令声带唱歌。当这些人果真在大脑中下达一道指令时，电脉冲会以协调信号的形式通过运动皮层搏动，而这些信号可以通过合适的设备检测到。

既然这些信号虽被截断但仍可设法获取，那么就意味着科学家有可能在未来大大改善瘫痪患者的选择。如今人们虽然已经发明出具有精确生物力学性能的栩栩如生的仿生肢体，但仍有很多事情是麻省理工学院的休·赫尔等瘫痪个体无法独立完成的——哪怕一些简单动作，比如踮起脚尖从橱柜里取出罐子，或者弯曲脚部把鞋穿上，又或者在女儿的婚礼上与之共舞。哪怕是休·赫尔这种最先进的机械假肢，也只能通过预先编程好的算法，根据大腿上部的动作来操纵假肢运动。这使得他的运动能力相当受限，无法仅凭一时兴起就屈腿或者以古怪的姿势原地旋转。

对于那些研究"闭锁"病患的人来说，乔治波洛斯所称的神经元"调谐曲线"可能暗含了一些其他的信息：控制我们嘴唇、喉咙和舌头肌肉的神经元活动也可以被记录下来，这些活动的模式也可以被解码。换句话说，言语可以利用电子合成声音来恢复。

不过，正当生物工程师们开始实验植入式神经电极，以将大脑与真正的外部设备相连时，他们又面临着一系列新的挑战。植入的脑电极常常会移动和松动，而且由于神经的可塑性，控制任何特定运动或动作的神经元群最终都必然会转移至其他区域。随着时间的推移，植入电极也会导致炎症反应，或者被包裹在脑细胞中，停止运转。外科手术的侵入性太强，电极出现故障后很难将之替换。

1996 年，佐治亚理工学院一位名叫菲尔·肯尼迪（Phil Kennedy）的神经学家，获得美国食品药品监督管理局的批准，可在他的病人的运动皮层中植入一种新型设备，用于解决以上运动方面的一些问题。这种设备由一对装在小玻璃锥体中的黄金材质导线组成。玻璃锥体中装满了生长因子的专用配方混合物，可以诱导周围的神经元生长到电极内部，从而大大降低松动或者造成疤痕的风险。这种装置可以连接到电子设备，从而放大神经元信号，并且将之从颅骨中传送到计算机里进行分析。

肯尼迪的第一位志愿者是一位特殊教育教师，也是两个孩子的母亲，名叫玛乔丽（Marjory），或可以称为"M.H."。她同意在生命的最后阶段接受这种实验性手术。玛乔丽患有 ALS，失去了说话和运动的能力，但是她显然可以通过思维来控制开关的打开和关闭。可惜，玛乔丽病得太重，仅仅 76 天后便过世了。接下来是在 1998 年，约翰尼·雷（Johnny Ray）——一位 53 岁的越战老兵和干式板承包商参与了实验。雷从昏迷中醒来后，虽然心智完整无损，但身体能动的部位只有眼睑。同样值得注意的是，雷也向研究人员展示，他学会了仅凭借思维来移动电脑屏幕上的光标，通过从菜单中逐一选择单词或字母来与人交流，尽管这一过程缓慢且艰难。

肯尼迪选择了一个年轻的父亲作为第三名患者，一位 10 多年前被确诊为 ALS 的狂热户外运动者，一名相信自己即将进入完全闭锁状态的男子——戴维·杰恩。

‖‖‖·‖‖·‖‖

　　佐治亚州阳光明媚的一天，戴维·杰恩收到了自己的死亡宣判。如果医生判断无误，那么到了 1998 年，戴维就早已过世，长眠于地下了。即便如此，等到自愿参加肯尼迪的实验性手术时，戴维仍然害怕自己最终会输掉这场斗争，而这场艰苦卓绝的战斗已经持续了整整 10 年。

　　10 年里，戴维看着自己的女儿汉娜（Hannah）出生，他将她轻轻地托在自己宽大的手掌中，那时他的双手依然强壮。他努力工作挣钱，希望用余生来保障这个小家庭的未来。当他证实自己所患的 ALS 并非遗传性疾病后，戴维和妻子甚至生下了第二个孩子——他们的儿子亨特（Hunter），他们希望汉娜能有个弟弟。

　　患病初期，戴维努力不去想未来的事情。他奉行的是"按需生活"的原则，珍惜眼前的日子，只关心神经病学家告诉他必须关心的事。直到有一天，当他走在倾斜的停车场时，他的左腿突然毫无预兆地失去控制，他摔倒在一处水泥坡道上。没多久，这样的磕磕绊绊变得频繁起来。他会努力爬起来，掸掉身上的尘土，告诉周围的人自己没事。然而，病魔开始不断蔓延。到了 1993 年，戴维已经丧失了自主呼吸、吞咽和说话的能力。不过那时，药物治疗的进步已经使他能够活过自己的死刑宣判日了。而且更加紧凑的新型呼吸机让他在医院之外也能够活下去。当时，戴维只有 30 岁出头，他不能放弃生命，这么早就死去。

当时的技术发展水平，甚至可以让那些无法说话的人通过手指或眼球的运动在键盘或屏幕上拼出单词，然后利用语音合成器转换成可以被人听见的言语，从而实现与人交流。戴维还有 3 根手指可以动，所以他还有希望。不过，这项技术还太新，也太贵。他需要 2 年的时间才能凑齐购买语音设备所需的 1 万美元。在此期间，戴维已经惊恐地意识到，自己可能面临的完全闭锁是何等可怕。

那段时间里，他奋力张开双唇挤出字眼，却只能发出一片混杂的"噪声"，只有他的父亲和妻子梅利莎才能较为接近地理解其意思。甚至连他们也时常听不懂。当时他那两个刚会走路的孩子常常会大哭起来。

"妈妈，爸爸说了什么？"他们会这样恳求。

1995 年，戴维终于拥有了他梦寐以求的语音合成器，一切都由此改变。这部机器预先加载了多种不同的声音，每种声音都代表了不同的秉性。一家人坐在餐桌前时，他会来回切换"完美保罗"和"巨人哈利"模式把孩子们逗乐，有时他会用仅剩的几根正常手指键入"把菜吃光"，然后用电脑所能合成的最难听的声音说出来。

然而此时，千禧年即将到来，戴维的身体状况正在进一步恶化，他担心自己很快就不能再用手指打字了。

"我所拥有的与人交流和给人鼓励的能力，是帮助我忍受这地狱般生活的唯一力量。"戴维后来写道。

为了找到放置电极的理想位置，肯尼迪让戴维躺入一台 fMRI 扫描仪来监测他的大脑活动，并且将电极放置在戴维的手部和上臂的肌肉处，采用休·赫尔和其他人曾经使用的生物力学方法来测量其激活作用。然后，肯尼迪要求戴维尽其所能移动自己的双手。通过同步分析其肌肉活动情况和运动皮层神经元的激活部位，肯尼迪找到了需要植入的目标区域。他会把电极植入大脑中控制手部运动的区域，这样一来，即使戴维失去了能够将信号从大脑皮层传送到手指的运动神经元，肯尼迪也还能检测到大脑中的信号，从而将之从大脑中传送出来，无线传输至计算机。

后来，戴维进入医院，一位神经外科医生锯开了他的颅骨，并将两根包裹在玻璃管中的电极直接插入他的运动皮层，然后用学料用粘固粉封闭手术切口，并将他送回家中休养。

然而，接受第一次手术仅仅数周后，戴维便开始头痛得厉害。他的切口感染了。注射抗生素后，情况有所好转，但感染随后又复发。最终，戴维又经历了 4 场手术——不是为了安装电子设备，而是为了取出旧硬件来挽救他的生命。他需要通过植皮手术来封闭切口。当这一切结束时，戴维回忆道："我的脑袋看起来就像是一张由切口画成的公路地图，到处都被感染了。"

为了与世界保持联系，戴维不得不寻求另外的救治方法。在侵入性更小的解决方案出现之前，他必须努力找到生存之路，但前景一片惨淡。

与此同时，肯尼迪的研究仍在继续。2004 年，肯尼迪找到了新的植入实验对象，来自佐治亚州的另一位年轻居民埃里克·拉姆齐（Erik Ramsey）。拉姆齐在一场车祸中遭受了极为严重的脑干中风，导致他从 16 岁开始便完全闭锁。拉姆齐完全无法移动全身上下除眼睛以外的任何部位，他还能用眼球来表达"是"（向上转动）或"否"（向下转动）。不过，他的大脑却非常清醒，体内机能也很健全。

这一次，肯尼迪相比针对戴维的实验还要更进一步。拉姆齐接受术前 fMRI 检查期间，当他尝试说出诸如"这是一头大象"和"这是一只狗"之类短语的过程中，肯尼迪设法找到了拉姆齐大脑运动皮层附近神经持续活跃的区域。肯尼迪认为，这些激活区域就相当于可以指挥嘴唇、舌头、下巴和喉部肌肉运动并发出声音的控制中心，这些运动仅仅存在于拉姆齐的想象中。肯尼迪选择信号最密集的区域为靶心，打算在此植入电极。

这一回，一切进展顺利。肯尼迪与来自波士顿大学的研究人员合作，记录了拉姆齐在尝试"说出"不同声音时大脑中 56 个神经元的不同激发模式。2009 年和 2011 年，肯尼迪及其合作者利用从拉姆齐身上收集到的数据资料，在《公共科学图书馆：综合》（PLOS One）、《神经科学前沿》（Frontiers in Neuroscience）等期刊上发表了一系列备受瞩目的论文。每当拉姆齐尝试"说话"时，电极便会收集到他大脑运动皮层中的脉冲信号，将之传送到相连的计算机上，并在显示屏上呈现为位于不同象限的光标移动，并根据光标位置来改变声音语调。一切看起来很有盼头。不过，随后拉姆齐病情加重，无法继续参与研究。

到那时，FDA 已经撤销了这些设备的许可，禁止将其植入更多的病患。肯尼迪说，食品药品监督管理局要求他提供更多的安全数据，包括他用来诱导神经元生长的神经营养因子。由于肯尼迪无法提供数据，FDA 也拒绝批准任何植入物的实验。这场拖延大大减缓了肯尼迪的研究进度，直到 2014 年为止他都没有进行新的植入物实验。

于是，往前推进的希望便寄托到了其他人身上。

⑴⑴·⑴⑴·⑴⑴

正如这个领域的绝大多数研究者一样，格温·沙尔克对肯尼迪的开创性成就也怀有浓厚的兴趣。不过，他很清楚单体电极植入的局限所在。沙尔克曾深入探究计算机代码的基本原则——仅用"如果／那么"（if/then）条件判断语句阐述长篇累牍的计算机指令——电极研究的滞后性一直困扰着他。哪怕技术最为先进的电极阵列，也只能同时记录数百个神经元的活动。

然而，千禧年之交的一次会议上，沙尔克在圣路易市结识了斯华盛顿大学年轻的神经外科医生埃里克·洛特哈特（Eric Leuthardt），他正在使用一种深奥的技术，叫作脑皮层电图（electrocorticography，ECoG）或者颅内电极脑电图（intracranial EEG，iEEG），这项技术可以帮助研究人员直接从大脑表面提取信号。尽管这项技术仍需要打开患者的颅骨并触及其大脑外层，但是不再需要外科医生刺穿其大脑皮层本身，并将电极插入大脑的灰质中，这使得手术风险大为降低。而且由于电极是直接放置在大脑表面，研究者不必担心因为颅骨折射信号造成脉冲源模糊。虽然其测量清晰度显然不如直接将单体电极植入大脑那样精确和局部化，但是沙尔克在向洛特哈特深入了解后认为，只要能从大脑顶部足够多的点位收集数据，他就可以利用神奇的三角测量的数学方法来定位不同信号的来源。

最棒的地方在于，洛特哈特拥有几乎无穷无尽的志愿者来支持他的研究，如像凯茜这样的癫痫患者。

在奥尔巴尼市，当沙尔克和我站在凯茜床边时，她谈到了让她采取极端措施的一连串痛苦经历。几年前，当她和小女儿一起在浴缸里玩芭比娃娃的时候，突如其来的癫痫发作差点让她淹死。还有一次，凯茜在驾车途中突发癫痫，她及时靠边停车，准备拉手刹，但是肌肉痉挛导致她一脚踩向了油门，车子冲下了路堤，汽车的催化转化器旋即爆燃起火。

"她这人就像有9条命似的。"她妈妈插嘴说。

正因如此，凯茜的医生安东尼·里塔乔（Anthony Ritaccio）拿走了她的抗癫痫药物，取下了她的颅骨，在她裸露的大脑皮层上安置了电极网。一旦他们确认导致癫痫发作的病灶，他们就可以研究能否在不造成任何后遗症的前提下永久切除这部分大脑区域。不过，为了确认癫痫发作的病源，凯茜必须再经受一次癫痫。于是，凯茜坐在医院的病床上，大脑上插满了电极束，连着一团导线，等待着癫痫的到来。换句话说，她是一位被动的观众，而且她也无所事事。

这使得凯茜成为研究人员心目中的完美受试对象。研究人员可以在她身上进行某些一直梦想着做的随机且有趣的实验任务，并且从少有人见到的细节层面上观察人类大脑的行为。

不管你信不信，近年来沙尔克曾接触过同样卧床不起且无所事事的青少年癫痫患者，教会他们如何想象自己穿过视频游戏《毁灭战士》（Doom）里错综复杂、迷宫一般的走廊，并在没有接触到操纵杆的情况下开枪射杀怪物。沙尔克也教会了患者们在不使用手部和手指的情况下，在键盘上"键入"特定的字母、拼写单词并发送电子邮件。

另一些研究人员走得更远。2012年，匹兹堡大学研究人员与一位四肢瘫痪患者合作，使她利用自己的思维（由电极记录）来控制机械臂拿起一根巧克力棒，并将之送到她嘴边，咬一口。不过，要让这些演示项目进入现实，还有很多研究工作需要完成。

"如今你确实见到有人能用思维来控制机械臂，"沙尔克的导师乔纳森·沃尔帕说，"但他们在实验室里所做的任何事都不能运用于现实。现在的 BCI（Brain Computer Interfaces）绝对不可能用来控制在悬崖边移动的轮椅，也不可能用来在车流繁忙的路段驾驶汽车。除非这些情况能解决，否则它们的用途都会非常受限。"

即便如此，沙尔克在刚接触到脑皮层电图后，就成为这项技术的拥护者和说客。2006 年 11 月，沙尔克参加了加利福尼亚尔湾举办的为期 3 天的"智能假肢"大会。让很多参会者感到非常气恼的是，沙尔克在一场研讨会上站了出来，开始讲述脑皮层电图的种种神奇之处。他声称可以无须深度植入就可从大脑中刺探信息，这些信息可以让受试者移动电脑光标，玩电子游戏，甚至控制假肢。沙尔克介绍了"现存于这一领域的一则强大的信条，即理解大脑运作机制的唯一方法便是记录单个神经元活动"，这是当天坐在观众席上的军事科学家埃尔马·施迈瑟（Elmar Schmeisser）回忆的。

实际上，在场的很多人都将沙尔克的发现斥为胡说八道，并纷纷站起来抨击。他们认为，只有胡贝尔和维泽尔、乔治波洛斯、费茨和肯尼迪所使用的电极植入法才能提供足够强大可用的信号。

不过施迈瑟认为沙尔克的言论极为刺激。作为一名负责推荐和监管美国陆军研究办公室（Army Research Office）研究课题的项目官员，施迈瑟参加这次大会，为的是寻找将脑—机接口适用到他选择的领域的方法。不是针对残疾人，更不是那些 ALS 患者，而是身体健康的人。施迈瑟所寻求的，不是要恢复丧失的功能，而是要增强正常的功能。

如今，沙尔克站起来详细介绍了一项晦涩的技术，并声称可以实时访问大量的神经元，其数量规模远远超过传统科学家运用单一神经元记录技术所能研究的极少数神经元，同时，这项技术所造成的手术损伤也远远小于传统技术。

施迈瑟是一位退伍上校，他身材高大，略微脱发，戴着眼镜，脖子像树干那么粗，多才多艺且兴趣广博。施迈瑟拥有视觉生理学博士学位，在空手道、柔道、合气道和日本剑道等方面的段位都颇高。但最重要的是，他是科幻小说的狂热爱好者。他非常喜欢的作家之一是 E. E. "多克"史密斯（E. E. "Doc" Smith）。史密斯在他1946年的经典作品《宇宙云雀号》（*The Skylark of Space*），最初发表于1928年的《惊奇故事》（*Amazing Stories*）中，描绘了一种未来派的头盔，它能探知想象中的言语并将其传送给其他人，史密斯称之为"思想头盔"。自从8年级以来，施迈瑟就梦想着有一天可以制造出一套设备，能够读取人类脑海中的想法——思考过但未说出来的句子——并将其传送给其他人。

听到沙尔克的介绍时，"突然间一切都变得可能了"，施迈瑟回忆道。

沙尔克此前从未想过解码想象言语的可能性。他也从未听说过"思想头盔"这回事儿。不过，当施迈瑟在会后找到他并吐露自己的想法后，这位年轻的奥地利科学家表现出了强烈的兴趣。施迈瑟提出，只要沙尔克能朝着发明非侵入性"思想头盔"的最终目标而努力，他可以设法将此项目出售以赢得资金支持。

⫴⦙⫴⦙⫴

　　走进一间坐满了政府部门领导、数学家、粒子物理学家、化学家、计算机科学家和五角大楼高级军官的房间，并一本正经地请求他们通过一项旨在研究心灵感应交流的项目提案，想必是需要某种特殊的勇气的。

　　施迈瑟见过沙尔克后没多久，便在位于北卡罗来纳州三角研究园（Research Triangle Park）的美国陆军研究总部的办公室里发表了演讲，并开始为这个项目奔走。施迈瑟一次次像表演日本剑道那般戏剧性地挥舞着手中的金属指示棒，一页页翻过屏幕上的PPT，努力说服坐在他面前 U 形桌旁的 30 名满脑子问号的专家，使之相信他的技术将使自己年少时代的梦想如此接近现实。施迈瑟告诉听众，神经科学的先驱们已经将电极连接到瘫痪病人的运动皮层，从而解读他们的意图，并训练他们只通过思维来操控假肢。许多新技术很快就能在完成类似的非凡功效时实现更低的侵入性。

　　施迈瑟提出，是时候向前更进一步了——将这项可应用在运动皮层和感觉皮层的尖端技术用来解码某种更复杂的神经信号——那就是思想和想象出的人类语言。

　　他的听众们并没有表现出他想要的反应。

　　"这真的能行吗？"施迈瑟回忆起在 2006 年的那个关键日子里委员会问他的话：拿证据给我们看，证明这真的能行，证明你不只是在异想天开。

委员会经过协商之后，同意向施迈瑟提供 45 万美元的资金支持，并要求施迈瑟在第二年提供数据来说服他们，他不是纯粹在幻想，那就可以再回来接受评审。

沙尔克和施迈瑟一致认为，第一步要做的是演示"想象言语"完全可被检测到 —— 用疑虑重重的陆军研究评审小组的话来说，就是要证明制造思想头盔"不只是在异想天开"。

沙尔克和施迈瑟所寻求的不仅仅是与用于发声的肌肉有关的信号，还有与无声言语（我们想象中讲出的话语）有关的信号。

为了寻找这种信号，沙尔克和洛特哈特招募了 12 名像凯茜这样卧床不起且无所事事的患者参加他们的第一组实验。患者们面前出示了 36 个单词，都是由简单的"辅音—元音—辅音"组成，比如说 bet、bat、beat、boot。沙尔克和洛特哈特要求患者首先大声朗读出来，然后只是想象在心里说出来。他们先是通过只有视频而没有音频的方式（写在计算机屏幕上）向患者传达指令，然后再次通过只有音频而没有视频的方式传达指令，以确保他们能识别大脑中传入的感觉信号并将其从模式识别程序中移除。脑皮层电图电极绘制出了实验中由此产生神经活动的精确地图。

正如我们所预料的那样，实验数据显示，当受试者朗读单词时，与用于发声的肌肉有关的运动皮层产生了神经活动。而在同一时刻，与听觉有关的听觉皮层，及其附近长期被认为与言语处理有关的区域（韦尼克区）也处于活跃的状态。

当受试者们被告知只是在脑海中想象这些单词时，运动皮层变得不活跃了。但奇怪的地方来了：尽管受试者只是安静地"想象"这些单词，但他们的听觉皮层和韦尼克区仍然令人吃惊地保持活跃状态。不知为何，单单想象自己听到某个单词，或者仅仅想象自己说出某个单词，大脑中这些区域也会随之兴奋地活跃起来。虽然目前尚不清楚这些区域为什么会如此活跃，也不知道这些地方发生了什么或者意味着什么，但至少这些原始结果就是一个重要的开端。当受试者们想象自己在说话时，大脑中便出现了某种东西，某种可被检测到的东西。

施迈瑟将沙尔克的实验数据提交给陆军委员会，并要求正式成立项目组，开发一种真正的心智解读头盔。他的设想是头盔会作为介于人脑和机器之间的可穿戴界面。激活后，内置传感器会扫描士兵头脑中振荡的成千上万的脑电波；微处理器负责运行模式识别软件，解码这些脑电波，并将电波翻译成具体的词句，然后通过无线电设备将之传送出去。

这些词句到达接收器后，会从战友的耳机中"说出来"，或者从远处战地指挥所里的扬声器中播放出来。可能出现的话很容易想象得到：

"注意！右侧有敌人！"

"我们现在需要医疗救援！"

这次委员会通过了提案。为了最大限度地提高成功的可能性，施迈瑟决定将来自陆军的资金分拨给来自两所大学的研究团队。第一支团队由沙尔克率领，研究较具侵入性的脑皮层电图方法，将电极放置到颅骨之下；第二支团队由加州大学欧文分校的认知学科学家迈克·季穆拉（Mike D'Zmura）率领，他们打算使用普通的脑电图技术，这种非侵入性的大脑扫描技术更适用于研制真正的"思想头盔"。

纽约大学著名神经学家大卫·珀佩尔（David Poeppel）是第二支研究团队的成员，正是他，取得了下一个重大的概念性进展。珀佩尔坦承，当他在 2008 年坐在纽约大学心理学大楼 2 楼的办公室时，甚至根本不知道从何入手。珀佩尔曾经协助开发了语音发声系统的详细模型，其中的部分内容被各类教科书广泛引用。不过，对于如何测量想象中的言语，那个模型可以说是毫无值得借鉴之处。

珀佩尔心想，过去的 100 多年来，言语实验所遵循的模式相当简单：要求受试者听某个词语，测量这位受试者对词语的反应（比如说他花了多长时间来大声重复这个词），然后证明这种反应是如何与大脑活动相关联的。不过，测量想象语言则要复杂得多，只消一个随机的念头便可能会导致整个实验宣告失败。

珀佩尔意识到，要解决这个问题，就必须使用新的实验方法。他和博士后研究员田兴（Xing Tian）决定采用一种强大的大脑扫描成像技术——"脑磁图"（magnetoencephalography，MEG），帮助他们完成监测研究。脑磁图可以提供的空间细节水平与脑皮层电图差不多，不过研究者不需要移走受试者的部分颅骨，而且也远比脑电图要准确得多。不过缺点在于，你不能动作过多，否则会扰乱信号。

珀佩尔和田兴带领着他们的受试者进入一处房间，它重达3英吨[①]，镶板呈米黄色，由特殊的合金和铜制成，可以屏蔽邻近的电磁干扰。房间中央是一台1英吨重、6英尺高的机器，看上去就像美容院的吹风机，里面配有扫描仪，坐在下面的任何人，大脑神经元激发出的任何微小磁场，都能够被记录下来。研究人员让受试者坐在仪器中，要求他们在头脑中想象"运动员""音乐家"和"午餐"之类的词语。下一步，研究人员再要求受试者想象自己听到了这些词语。

当珀佩尔坐下来分析实验结果时，他发现了一些不同寻常的地方。当一个受试者想象自己听到这些词语时，他的听觉皮层会在屏幕上显示出红绿色特征的图案。这部分并不让人意外，以往的研究已经将听觉皮层与想象中的声音联系起来了。但是当受试者被要求想象自己说出而不是听见某个词语时，他的听觉皮层也呈现出极其相似的红绿图案。这一结果与沙尔克在初期阶段发现的迹象类似。不过珀佩尔的实验结果更清晰——沙尔克和洛特哈特利用脑皮层电图发现的"某些东西"与进行实际对话时出现的有着惊人的相似度。莫非有时候我们脑海中"听见"的小声音实际上真的是我们听见的小声音？

---

① 1 英吨 ≈ 1016.05 千克。——编者注

　　科学家早已意识到大脑中与运动指令相关的纠错机制。举例来说，当大脑给运动皮层下达指令，控制人体伸手拿起一杯水时，大脑也会对由指令引发的实际动作产生一种视觉和感觉的内部印象，即所谓的"感知副本"（efference copy）。这样一来，大脑就可以检查肌肉输出是否符合预期行为，并进行必要的修正。

　　珀佩尔相信，他正在寻找的就是存在于大脑听觉皮层更高级的处理区域中言语的感知副本。"当你打算说话时，你会在说出话语之前就激活大脑的听觉部分，"珀佩尔解释说，"你的大脑正在预测你说出的话听起来会是什么样子。"

　　这项发现具有的潜在重要意义，珀佩尔当然不会视而不见。如果说大脑将想象言语真正发声后的听觉效果保留了一份副本，那么就有可能捕获这些神经活动记录并将其翻译为可理解的言语。不过，要制造思想头盔，不光需要找到感知副本，更需要将它从大量的脑电波中分离出来。而这正是沙尔克的专长。

　　最终事实表明，要解码无数神经元中的大脑信号，从很大程度上来说就是一场数字游戏。自项目启动以来，沙尔克和他的合作者就证明了他们可以分辨元音和辅音的区别。不过这种检测效果总是不够完美。经过多年来对其算法的尝试和改良，沙尔克的项目能够正确猜测 45% 的词语（平均概率是 25%）。沙尔克并没有试图将这些数字提高到 100%，而是继续潜心研究他的复杂解码过程。

　　从区分单个元音和辅音开始，沙尔克开始区分嵌入单词中的元音和辅音。接下来是区分单个音素，音素就是将不同单词区分开来的任何发音，比如说 mad、mat、cad、cat 中的 m、c、t 音。

这就是沙尔克在施迈瑟的资金用完之时的研究进度。最终成果距离施迈瑟的思想头盔还相去甚远。不过沙尔克认为，实际上制造思想头盔从来就不是重点。

"2006 年，所有这些还完全是猜测，完全是科幻小说，"沙尔克说，"很显然，现在已经不是这样了。"

而实际上，在沙尔克看来，自这一项目终止以来，已经出现了一些极其令人兴奋的研究进展。

⑴⑴⑴⑴⑴⑴

我从凯茜床边站起来，跟着沙尔克穿过走廊，进入电梯，走到停车场。然后，沙尔克和我驾车很快来到了一座四方形的混凝土建筑前。在那间布置简陋的办公室里，沙尔克让我坐在一台很大的电脑屏幕前，旁边是一对扬声器。

沙尔克在我面前的屏幕上打开了很多大脑信号、一条条波浪线和各种图表。然后，他把扬声器拧开。沙尔克解释说，数月中，他把扬声器带到医院病房里，给凯茜等 10 多位脑部手术患者播放平克·弗洛伊德乐队（Pink Floyd）歌曲的同一片段。当患者聆听歌曲片段时，沙尔克记录了他们大脑听觉处理区域的神经元活动。然后，沙尔克把记录下来的大脑活动文件交给了加州大学伯克利分校实验室的罗伯特·奈特（Robert Knight）加以处理。

你想不想听听奈特和他的团队从大量的大脑数据中提取了什么？沙尔克按下了一个按钮。

这简直不可思议。身旁的扬声器里突然迸发出一阵贝斯声，好似人类激烈的心跳声。声音有点儿闷，好像是在水下听到的声音一般，但明显听得出来是贝斯。接着是通过效果器处理的哀伤吉他和弦，音符随着乐句推进而逐步加快节奏。曲调很激昂，不过从扬声器里传出来倒有几分催眠般的音色。我立即听出了这首歌曲——正是平克·弗洛伊德的《墙上的另一块砖》（*Another Brick in the Wall, Pt. 1*）那支萦绕心头的迷幻声调。（根据沙尔克的说法，之所以选这支歌，是因为迷幻药般的风格似乎很合适。）除去模糊的低沉嗓音之外，这首歌同我高中时代常听的曲子简直一模一样。只不过这个版本是来自脑电波，而不是乐曲。我不由得感到脊骨阵阵发冷。

"完美吗？"沙尔克问道，"不完美。不过，我们知道他在听音乐，不仅知道音乐风格之类的，还知道是哪首歌——我的意思是，你显然知道这首歌。所以，这就相当疯狂了。这以前只是出现在科幻小说里，但现在不是了。"

这项壮举之所以成为可能，也得益于一项帮助生物工程师将假肢与运动皮层连接起来的技术：这项发现表明大多数神经元具有"调谐曲线"。正如乔治波洛斯发现运动皮层中的许多神经元具有优先运动方向一样，专门探究听力的研究人员也已证明，听觉皮层中的神经元对于不同种类的声音也会有优先反应。运动皮层神经元所敏感的是方向和速度，而听觉皮层神经元则针对某些特定的音调和振幅具有更强烈的激发反应。奈特和他的团队知道，就像胡贝尔和维泽尔发现特定角度的光线会使猫的视觉皮层神经元强烈激发一样，正确的音调也会使听觉皮层神经元呈现出最佳的状态，产生最大程度的激发现象。正如运动皮层神经元在其运动方向偏离最优角度时会减缓激发，听觉皮层神经元随着音调偏离最佳位置（最佳音调由遗传和经验共同决定），其激发的兴奋程度也会随之减弱。

沙尔克和他在伯克利大学的合作者们，正在试图验证能否只通过查看大脑数据来辨别患者是在想象自己背诵葛底斯堡演说、肯尼迪的就职演说，还是童谣《矮胖子》（*Humpty Dumpty*），并且试图用同样的技术将之人工复制出来。

〰〰〰

还有另一项研究进展也很有前景。2014 年，菲尔·肯尼迪回到解码想象言语的竞赛中去。由于仍然无法在美国开展新的患者植入实验，肯尼迪担心，如果不采取一些大胆行动，他长达 29 年的研究工作恐将"胎死腹中"。于是肯尼迪南下前往伯利兹①，付

① 中美洲国家，以英语为官方语言。——译者注

给一位神经外科医生 25 000 美元的报酬，要求这位医生把电极植入肯尼迪自己的运动皮层言语区域中。肯尼迪仍然可以说话，并可以亲自主导实验，因此他认为，他可以精确地判断自己是在什么时间想象了言语，从而使自己能在想象言语的那一刻导向追踪大脑信号的激发情况。

回到佐治亚州德卢斯市的家中后，肯尼迪开始独自一人在自己的言语实验室里着手进行辛勤的研究。他先大声朗读 29 个音素（比如 e、eh、a、o、u 等元音和 ch、j 等辅音），然后安静地在想象中说出来，并在此过程中记录下自己的神经元活动。接下来，他用同样的方法处理了 290 个短词，比如 dale（山谷）或者 plum（李子）。他还实验了相当独特的许多不同音素的组合："Hello, world"（你好，世界）、"Which private firm"（哪家私人公司）、"The joy of a jog makes a boy say wow"（慢跑的快乐让男孩说"哇"）。

肯尼迪原本希望自己大脑中的植入电极可以保留多年，不断地收集数据、完善控制，然后发表论文。可惜他的颅骨切口一直没有完全闭合，这使他身陷危险处境。2015 年 1 月，就在收集数据的几个星期后，肯尼迪不得不去佐治亚州的一家当地医院请求医生移除植入物，好让切口闭合。手术花费高达 94 000 美元。肯尼迪向他的保险公司提交了索赔申请（他说保险公司最后支付了 15 000 美元）。尽管如此，他还是设法获得了足够多的数据，帮他恢复研究，并希望提供见解来填补沙尔克在听觉皮层领域平行研究的空白。

"我侥幸成功了，所以我很高兴，"肯尼迪说，"虽然手术后我有一些磕碰和擦伤，但我确实得到了 4 个星期的良好数据。我可以利用这些数据进行很长时间的研究。"

与此同时，戴维·杰恩在接受诊断大约 30 年后，依然活在世上。失去移动手指的能力之后，他转而依靠安装在眼镜上的一只红外开关，利用挑高眉毛的动作来加以激活。后来，他自愿担任菲尔·肯尼迪另一个研究项目的实验对象，推动研发了他目前赖以生存的设备：安装在他下巴上的蓝牙肌动图传感器，可以检测肌肉收缩产生的电信号并输送给软件，进而将之转换为按键或鼠标点击。早在 2000 年，这套设备是由两个部分组成的，分别都有长面包大小，还由 10 码长的电缆和电线连接到一台笔记本电脑上。今天已经变成一台无线紧凑式设备。

现在看来，这样似乎就足够了。杰恩目前可以每分钟输入 9 个单词。杰恩说，最近几个月，他发现了一种新的饮食疗法和康复方案，并声称这种疗法已经帮助他恢复了一些受限的运动能力。他现在可以微笑，可以转动脖子，可以弯曲腿部肌肉。他会定期在脸书（Facebook）上发布自己的进度，他在脸书上有将近 3 300 名好友。

通过电子邮件，我向杰恩问起他对格温·沙尔克的研究和菲尔·肯尼迪持续实验的看法。

"我对菲尔充满敬畏，"杰恩写道，"他说干就干、说做就做。"

　　关于言语假肢，他是这么说的："假如行之有效，我绝对会使用。我猜想这项技术几乎是自发的。那么学习如何把想象中的嘴巴给闭上恐怕会极其困难。我的天，这姐的屁股太翘了！我是不是把心里话大声说出来了？"

　　不可否认，戴维一直在继续他的人生。你能相信吗？他结了3次婚。（他保有感觉和触觉，所以他仍具有性功能。）他曾和许多家庭成员吵架又和解。他的姐姐苏·安说，他的沟通能力现在已经很好了，他们甚至可以吵架，还可以和解，近来他们还进行了许多深入的对话。

　　"哦，我跟你说，他一旦说起话来，全是没完没了的人生经验，"她说，"很多时候我都想过把它（沟通设备）给拔掉，让它给我闭嘴！"

　　事实上，能从戴维的一位亲人口中听到如此逗趣的回应，比我遇到的任何其他事情都更有力地证明了这项技术的有效性。

　　不过，杰恩可不希望被任何人误解。

　　"当然我得 ALS 以前的乐趣要比现在多得多。"他写道。

　　他的母亲更坦率。

　　"这种病情你写成什么样都好，"她告诉我，"但是请不要让它看起来像是玫瑰花园。它会给很多家庭带来沉重的打击，并没有很多人能在变故中熬过来。戴维经历过一段艰难的时期，我不知道你能不能体会到那段时间对他来说有多艰难。"

　　杰恩坚称，他感受到一些满足感。

　　"我人生的一切都被改变了，唯独没变的，就是我的毅力和对新鲜经历的热爱，"他写道，"这就是我的生活。我已经接受了这一点。所以我内心平和，而这也会带给我幸福。"

　　即便如此，戴维仍然认为，对于他的生存而言，沟通能力和呼吸能力同等重要。

　　"我不会轻易被吓倒，但我已经交代，如果我失去了与世界沟通的能力，就请终结我的生命吧，"他写道，"那样的生活在我看来毫无质量可言。至于现在的生活，虽然沟通还会产生不舒服的延迟，不过知道自己能鼓励他人的快感胜过我所服用过的任何药物。"

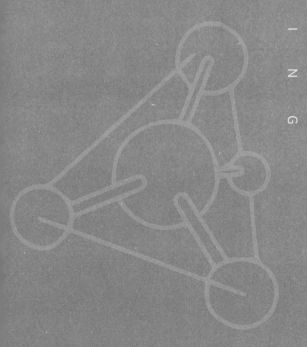

第三部分

思考

T
H
I
N
K
I
N
G

第七章

记得所有事情的男孩

大脑万艾可

　　猛虎相争，必有一伤。只要你听完蒂姆·塔利（Tim Tully）和他那 5 个爱打闹的爱尔兰天主教徒兄弟姐妹在他们成长的中西部社区里一连串的光辉事迹，你就会明白此言不虚。

　　伊利诺伊州华盛顿镇这地方，街道两旁排列着修养整齐的篱笆和不起眼的错层房屋。每逢炎夏时节，几十个孩子便成群地在街上奔跑，互射水枪、摔跤和捉迷藏。同大多数的群体一样，这伙孩子通常也有个领头的男孩或女孩，而要想爬上这群人的顶端，非得靠在当地流行的"斗鸡"游戏里拔得头筹不可。夏天，他们用自行车来争斗，两名对手互相朝着对方全速驶去，目的是要把对方挤出马路。到了冬天，塔利和伙伴们则扔下自行车，拿起雪橇比试起来。

　　这便是 1968 年圣诞节那个雪天事件的背景。礼物已经打开，到了游戏时间。这帮孩子聚集在塔利家屋后的一座小山顶上，开始进行他们根据这处独特地形而发明的新式"斗鸡"游戏。游戏获胜方法是用雪橇把对方挤出一处骇人的悬垂部位，孩子们称之为"悬崖"。游戏场地由一处平缓的斜坡组成，自北向南大约长3码（塔利家就在这中间）。场地后面是一条山脊线，地势下降25英尺，倾斜角度约为80度。从此处往下三分之一处，斜面陡然变成10英尺高的垂直立面，底下是结冰的小溪。大多数雪橇手在被挤下"悬崖"时都采取了标准的生存策略。最好的办法是滚下雪橇，努力抓住一棵树来减缓下落速度。这没什么大不了的，捡回装备后，你就能面无光彩地再从下面爬上来，一路上抓住树根和树枝借力，就能沿着陡坡稳稳地向上攀爬。到了山顶，等你忍过一阵子的讥笑奚落后，就有机会发起复仇之战了。

在这个圣诞节，当时14岁的塔利玩得相当尽兴，坐在灵巧的飞行物上从山顶爬上滚下，大声叫喊、嘶声痛骂——正当此时，对手给了他漂亮的一击，他头朝下飞出了悬崖峭壁。塔利临时决定不妨胆大一些，放弃常规的撤离步骤。相反，他决定享受一下。他估计前面地上的雪有2—3英尺厚，他设想应该足以缓冲自己摔到地面上时遭受的惩罚了。他牢牢抓住雪橇的两头，蜷身朝下摔去。假如雪地下没有掩埋着一根树桩的话，这个计划本该是行得通的。当雪橇撞上树桩，塔利被向前弹向空中，表演了一系列看起来不可思议却足以成为邻里街坊永恒传说的空中杂技和地面筋斗动作。

在此过程中，塔利的膝盖重重地打在脸上，砸得他昏了过去。几个月过去，待到积雪融化后，他重回游戏场地，发现自己一颗还带着牙根的门牙静静地躺在草地上。塔利不记得自己丢了这颗牙。事实上，塔利根本不记得当天发生的所有事。更让人意外的是，塔利事故后回到家中，从床上醒来后，他身体虚弱，带着脑震荡，嘴巴肿得张不开，言之凿凿地说这天是两周前的星期五。不知何故，就像世界各地的亨利·莫莱森们不记得生命中刚过去的一小时一样，塔利确确实实"失去"了过去 14 天的记忆。仿佛那场意外把塔利大脑硬盘中的某一部分给抹掉了。由于塔利的记忆间隙太过确凿，他始终坚持自己那个错误的日期，为此他的父母还为他重新包装圣诞礼物，好让他再次体验打开礼物时的喜悦。

接下来的几年和他的大学时代，塔利时常苦思冥想记忆的奥秘，也对那次滑雪橇的经历深感好奇。为什么头部受到重击会让他整整 2 周的记忆消失无踪？如果新记忆可以从其他经历中单独分离出来并以某种方式抹去，那么，我们是不是可以反其道而行之——捕捉新的记忆并以某种方式将之转化为像一幅画或者一张相片那样清晰且持久的东西呢？随着年岁增长，我们似乎都不可避免地面临着记忆衰退，有没有可能逆转这一过程呢？有没有办法揭开记忆的奥秘呢？

〜||〜·||〜·||〜

　　蒂姆·塔利和我站在宽敞的、洒满阳光的中庭中央，周围环绕着几层楼高的玻璃幕墙。很难想象我身边这名男子以前是来自伊利诺伊州华盛顿镇的一个掉了门牙的青少年。

　　塔利的胡须修剪得整整齐齐，浓密的灰白头发不拘一格地从前额扫过，这两者都为他平添几分体面感。此处面积达 20 万平方英尺的原诺基亚手机厂房，栖身于圣迭戈市郊区的一座小山上。在这里，塔利不必再为了争夺领头老大的称号而奋勇迎头冲撞了。他每天都在总揽全场。

　　我望向四周每层楼玻璃窗背后的实验室，可以看到穿着白大褂的年轻研究员在来回忙碌，表演着蛋白质晶体学和其他科学实验的魔术。身旁的精密机器人手臂用长金属钳夹着各种小试板，每块板上面都有一种由 1 536 种不同药物组成的化合物。它们不停地转动托盘，在培养箱和成像仪之间来回递送。

　　另一处区域，生物化学家正在构建包含 80 万种分子的化学库，其中大部分都是从零开始，之后它们将用来制造新药。

　　"我们一直都是埋着头，我们不需要筹钱，"塔利告诉我，"但这才是真正的交易。"

　　这就是 40 多年前悬崖争霸事件发展至今的面貌。如今，塔利已经成为同领域的佼佼者，他的目标不再只是揭开记忆的奥秘，而是远超于此。在一位匿名亿万富豪 20 亿美元的资助下，塔利正试图创造并争取批准一款新药，这种药将来有可能让我们每个人都能获得更出色的记忆能力，同时最大限度地减少记忆丧失的可怕"老年时刻"。换句话说，他在试图人为反转当年那场膝盖砸脸、牙齿松脱和脑部震荡事故产生的后果。蒂姆·塔利的目标是造出"记忆药片"。

塔利坚信，人类总有可能找到办法让我们所有人都拥有过目不忘的本事。他已经在果蝇、老鼠和其他哺乳动物身上印证了这一点。

"没错，我们会找到的，"塔利说，"不必担心。"

但也不能他说什么我们就信什么，总得核实一下。塔利认为，证明这一点的依据并不难找到。你只要回顾一下历史即可。

〽〰〽〰〽

我们大多数人都会时不时地跟记忆做斗争。我们会紧皱眉头，竭尽全力地想记起我们本该记得的细节。我们今天早上把车钥匙放在哪儿了？我们在鸡尾酒会上遇到的那个女人叫什么名字？过去两个星期到底发生了些什么事？

在最糟糕的情况下，我们还会完全丧失记忆。得了阿尔茨海默病就是一场孤独的告别，病情的发展通常非常缓慢而稳定，足以让罹患者痛苦地认清这个残酷现实：一切记忆都在逐渐消失。

当这样的遭遇发生在我的祖父曼尼身上时，我便以旁观者的身份观察着这一过程。他是一位出色的物理学家，满头银发，喜欢抽烟斗，坐在我旁边跟我一起看电视节目——我最爱的波士顿红袜队的球赛。曼尼是东欧移民，自小在纽约曼哈顿哈勒姆社区长大，出身贫困家庭的他经过努力，最终成为首位担任美国总统科学咨询官的犹太人。在他生命的最后几年，曼尼逐渐陷入了精神迷茫的状态，最终我骄傲且忠诚的祖母诺拉也不得不承认，她需要帮助。到最后，曼尼住在他位于布鲁克林的长期住所，一早起床便狂躁地声讨当值的海地护工，坚称自己去白宫开会要迟到了。

我曾经很担心我的父亲，因为在我还很小的时候时就时常看到他找不到家门钥匙。但最近我也开始注意到，自己的记忆似乎也在走向极限——要不是为了我妻子，我们大概永远都不会离开家。怀着这种忧虑，我也很想知道未来会发生什么事。

一些人认为，痴呆症是西方文献中有详细记载的第一种致命疾病。荷马在《奥德赛》（*The Odyssey*）中讲述了奥德修斯（Odysseus）的父亲拉埃尔特斯（Laertes）国王的故事。当奥德修斯离家 20 年后返回时，他发现父亲穿着旧衣在农场上干活，完全没有意识到自己的庄园正在受到威胁。

记忆力减退现象固然古来有之，但与之相反的情况也不乏例证。偶尔会有这么一些人，他们的大脑运作方式天生就与常人不同，他们的记忆力突破了正常的界限。这些故事激励了世界上的蒂姆·塔利们，也似乎在暗示世上还有别的路可走。

19 世纪有一位被奴役的非洲裔美国天才，人称"盲眼汤姆"威金斯（"Blind Tom" Wiggins），据说他能把长达 10 分钟的对话复述出来，后来他学会了弹钢琴和谱曲后，竟然能把只听过一遍的任何音乐片段给原样演奏出来。威金斯为此名扬四海，不但在世界各地巡回演出，还曾赴白宫为詹姆斯·布坎南（James Buchanan）表演。后来出现了一位名叫金·皮克（Kim Peek）的美国人，能在 1 小时内读完一本书并记住书里的全部内容。在 2009 年去世前，皮克读完了多达 12 000 本书并能记得其中大部分的内容，他的故事成为电影《雨人》（*Rain Man*）的原型。

20 世纪，全世界都听说了一位名叫所罗门·韦尼阿米诺维奇·舍列舍夫斯基（Solomon Veniaminovich Shereshevsky）的俄罗斯新闻记者，他能背出几十年前的对话和演讲，并且能在短短几分钟内记住很长的数字、数学公式和书里的部分内容。

"我不得不承认，"俄罗斯神经心理学家亚历山大·卢里亚（Alexander Luria）如此阐述他的著名研究对象，"他的记忆能力没有受到什么明显的限制。"

当今世界则有杰克·豪斯勒（Jake Hausler），杰克两岁时跟着母亲萨莉（Sari）在新泽西州的郊区散步，他会指着过往的汽车并背诵一连串的似乎是随机的数字。后来有一天，母亲发现了其中的奥秘：杰克指的是每辆车前挡风玻璃的角落里年检贴纸上的数字，他一字不差地背了出来。不久之后，萨莉的丈夫埃里克（Eric）发现，杰克知道本地商场肖普赖特（ShopRite）里每件商品所处的货架和确切位置。

　　5 岁时，杰克不仅可以告诉你每个州的首府，还能说出每个州的州旗和大部分的州鸟。某天从幼儿园放学回家的路上，坐在儿童安全座椅上的杰克，不但能够脱口而出过去几个月里每一天是星期几、天气如何，还能准确说出当天班里是哪位同学被叫到教室前面在黑板上注明这些信息的。他还告诉母亲，他既可以按照时间顺序说出上述信息，也可以按照同学姓氏首字母排序背出来，他的母亲大为惊讶。

　　汤姆·威金斯、金·皮克、所罗门·韦尼阿米诺维奇·舍列舍夫斯基和杰克·豪斯勒等人的事例表明，我们所有人体内都有着某种尚未开发利用的心理机制有待解锁。直到近几年，像塔利这样的科学家才真正开始试图揭开这些谜团，他的解决方案可能使我们能够真正发掘这种潜力，并找到某种方法让我们所有人都能加以利用。直到现在我们才拥有大脑扫描工具、基因分析和其他诊断机制，正是这些工具使得塔利拥有了破解密码的可能。

〰〰〰

　　现代记忆科学诞生的踪迹多半可追溯到 19 世纪后期，当时一个 30 多岁、黑胡子浓密、带着不同寻常（有些人可能称之为自虐）决心的德国哲学家孤身前往巴黎。

　　这位哲学家便是赫尔曼·艾宾浩斯（Hermann Ebbinghaus）。

抵达巴黎后，他租下一间能俯瞰城市屋顶的房间，并开始着手进行一项异常烦琐、彻底且最终证明是具有颠覆意义的任务，他的解决方案将激发未来几代科学家的极大兴趣。威廉·詹姆斯（William James）将他的行为称为"英雄"之举。

艾宾浩斯决心一定要在这里精确量化自己的记忆极限，不惜任何代价。要确定极限，就必须采取极端措施。为了确保以前的记忆不会影响到实验结果，艾宾浩斯创造了 2 300 个元音和辅音的新组合，他称之为"无意义"单词。他在每一张纸上均写下一个新词，然后随机抽取几张纸，形成由 7—36 个新词组成的无意义单词列表。接下来，他开始记忆每一份单词列表。

艾宾浩斯感兴趣的地方是理解和表征我们用于记忆事物的最基本工具——重复。他每次实验都坚持严格的程序，以免损害结论：最先是用节拍器，然后是用手表的嘀嗒声，他以每分钟 150 词的速度读出列表里的每一个单词，不断重复背诵每个完整的列表，直到自己能记住所有内容。他记录下每次记忆练习之间的时间间隔，确保自己每天都在同一时间内完成这项任务。那段时间，他一直按照自己新记忆的准确性，以及形成新记忆所需的重复次数绘制出详细的趋势图，他称之为"遗忘曲线"，图上可以直观地看出记忆是如何，以及从何时开始消退的。通过这种方法，艾宾浩斯形成了能确切说明如何利用重复来形成新记忆的最早规则。

艾宾浩斯证明的第一件事情是，随着列表中单词数量的增多，记忆无意义单词所需的时间会急剧增加。通常情况下，6—7个单词组成的列表可以一次性就记住了，更长的列表则需要更多次数的练习（这一现象要归因于"工作记忆"的容量有限）。艾宾浩斯还证明，我们更可能记住出现在列表开头或结尾的单词，而非处于中间的单词（他分别称之为"首因效应"和"近因效应"）。他还证明，即使练习次数远远少于记忆单词所需，但练习还是能帮助人们以后更容易学习这一单词。也就是说，记忆是可以累积的。

不过，艾宾浩斯最重要也是最基本的发现在于，尽管重复本身足以维持记忆，但重复的类别和重复的间隔会产生很大差异。艾宾浩斯发现，记住这些材料的最有效的方法就是每天都学一点，坚持很多天，这样比压缩成连续的长时间记忆能收到更好的效果。每个大学生恐怕都知道，测试前临时抱佛脚很可能会提高考试分数，但这种方法在测试结束后也会导致很快忘记刚刚学到的一切。把练习时间分隔开来，中间插入若干段休息的时间，然后重复我们需要记忆的内容，这种方法的效果会好得多。

为什么重复记忆的时间安排这么重要？德国精神分析学家乔治·米勒（Georg Müller，曾为艾宾浩斯的学生）和阿尔方斯·皮尔策克（Alfons Pilzecker）在几年后给出了解答。在重复了艾宾浩斯的研究结果之后，他们发现，如果在开始形成记忆不久就立马让受试者去记一个新的无意义单词，就会有损新的长期记忆的形成。他们推测，出现这种现象的原因在于，大脑需要时间来执行某种神秘的机制，好把新的记忆转化为永久存储的长期记忆，他们把这个过程称为"记忆巩固"。当受试者在记住一个新的无意义单词后过早地接触其他无意义单词时，就会破坏这个"巩固"过程。刚刚记住的第一个单词还没掌握牢，大脑就遗忘了。记忆尚未巩固就溜走了。但是，如果米勒和皮尔策克重复接触第一个单词，那就能切实加强巩固过程，提升记忆。

在那个时候，其他科学家就已经注意到，"记忆巩固假说"为经常在头部创伤患者群体观察到的某种神秘的记忆丧失现象提供了一种可能的解释——这也正是塔利在雪橇事故中抹去了 1968 年圣诞节雪天的两周记忆之后也在经常思考的谜题。是不是头部撞击可能以某种方式干扰了大脑将近期短暂印象转化为终身持久记忆的能力？

这个理论很快就被科学界遗忘，直到将近 50 年后才重获关注。

20 世纪 30 年代，两个意大利人设计了一种使用电极向精神病患者头部施加电击的方法。这种被称为电休克治疗（ECT）的治疗过程会引发癫痫，但由于某种未知的原因，同时也有助于缓解与精神分裂症、抑郁症和其他精神障碍疾病有关的症状。电休克治疗可能让人目不忍视——它会引起剧烈的扭动和抽搐。但电休克治疗也有一个奇怪的副作用，这恐怕也可以帮助它打败公共卫生领域内任何基于道德的反对意见：它几乎总能造成记忆力丧失，特别是对治疗前后发生事件的记忆。这就意味着病人实际上不记得手术治疗的过程。

到 20 世纪 40 年代末和 50 年代初，电休克治疗在全球范围内得到了广泛应用。记忆研究者认识到，电休克治疗是测试记忆巩固假说的理想工具。一组研究人员把老鼠放到迷宫里跑动，然后对其脑部实施电击。值得注意的是，他们发现在跑遍迷宫后几秒钟的时间内接受电击的老鼠几乎丧失了关于迷宫的所有记忆。不过，在间隔足够长的时间后再接受电击的老鼠却似乎保留了记忆。看来，老鼠的大脑确实需要时间来巩固有关迷宫的记忆，以形成长期存储。间隔时间越长，把巩固记忆给破坏并抹去的难度也就越大。

尽管如此，这幅拼图仍缺失了一些关键部分。毕竟，谁能否认我们也能准确生动地回忆起某些只经历过一次的事情呢？为什么父亲能生动地回忆起孩子呱呱坠地的那天？为什么我们大多数人都清晰地记得 2001 年 9 月 11 日双子塔倒塌时我们身处何地？为什么记忆在这些情况下不需要重复呢？

〽〭〽〭〽

20 世纪 50 年代末的一天，一位名叫詹姆斯·麦高（James McGaugh）的 24 岁研究生在加州大学伯克利分校图书馆做研究时偶然发现了一篇论文，发表于 1917 年，不惹人注目却引人入胜。

令人费解的是，研究人员给实验老鼠注射兴奋剂士的宁后再将其放入迷宫中，似乎能显著地提高老鼠形成新记忆的能力。这些老鼠第二次进入迷宫时，迷路的次数和走出迷宫所需的时间都比其他受试老鼠要少得多。

麦高知道，这种现象的背后可能有一万种原因，可能是药物改善了老鼠的视力、注意力或者积极性。（但毕竟士的宁既是兴奋剂也是毒药。）不过，麦高一直密切关注电休克治疗实验，以及记忆巩固假说所衍生出来的让人兴奋的各种理念。他很想知道，这种药物是否有可能产生相反的效果——兴奋剂能否巩固记忆？尽管这个想法大胆，前景也不明朗，但麦高意识到有一种简单的测试方法可以消除其他因素的干扰：麦高可以重复他从论文中读到的实验。不过注射药物的时间不是在实验前，而是安排在老鼠跑完迷宫之后。

这个实验方法也相当合情合理。毕竟，科学家们已经证实，老鼠跑完迷宫后可以通过电击来阻止记忆巩固的过程。但麦高的导师并不这么认为。事实上，他是大笑着把这位年轻研究者从办公室里赶出去的。

"你想跑完以后再给药？"麦高的导师怀疑地问，"跑完以后，学习已经结束了，"导师嘲笑地说，"你的这个点子也太没谱了！"

幸运的是，麦高的导师当时正准备收拾行李去世界各地休假。几周后，导师离开了美国，这位年轻的研究生得以继续实施他的实验计划。在老鼠跑完迷宫后，麦高给一半的老鼠注射了少量的士的宁，给另一半注射了同样剂量的盐水溶液。

"老实说，每次我想起这件事，都会寒毛直竖。"如今的麦高回忆起接下来发生的事说。

实验结果实在很难让人忽视。跑完迷宫后立刻接受士的宁注射的实验老鼠，在第二次进入迷宫时的记忆远远好于对照组的正常老鼠。它们迷路的次数更少，记住整条路线所需的后续训练次数也更少。由于某种未知的原因，兴奋剂改善了实验鼠的记忆能力。

"天啊，看看这个，"他回忆道，"这方法竟然真的管用！"

"我记得自己当时就像在离地面 4 英尺高的地方走着，因为之前从来没有人见过。"

现在我们都知道，各种各样的兴奋剂都可以适度增强记忆巩固。而麦高过去 50 年来一直在研究其背后的原因。

麦高推断，老鼠体内必然已经具备某种机制，可以专门用来完成兴奋剂所起的作用，给实验鼠注射兴奋剂，就是侵入这套千万年进化历练所打磨而成的生物系统。但为什么一个生物体如果生来就具备事件发生之后可影响记忆强度的大脑机能，那么它存活下来并把基因遗传下去的概率是否就会增加呢？为什么不是简单地把所有记忆都变强，而且是立刻变强呢？巩固选择性的事后记忆可能会带来什么样的生存优势呢？

当麦高回顾自己的记忆时，他意识到某些经历特别突出。有的记忆是高兴的，比如说在实验室里的那个顿悟时刻。有的记忆是悲伤的，比如说，他得知肯尼迪总统被枪杀的那天他从波特兰驾车回到俄勒冈州尤金市的那段阴郁的路程。麦高猛然意识到，他脑海中最鲜活的记忆都有一个共同之处：这些记忆多数都具有深刻的情感内涵。我们记住的都是有意义的经历。麦高和他的研究团队因而陷入了思考，作为科学家，他们知道身体会对情绪产生反应：不管情绪是正面的还是负面的，身体都会释放出压力激素。莫非压力激素就是他一直在苦苦寻找的记忆调节剂？

为了找出答案，麦高的研究团队开始给实验鼠施加某种令其不愉快的刺激。如此一来，实验鼠只要能记得的话，就会极力避免这种刺激。他们在训练场里的特定位置给实验鼠脚部施行轻微电击。电击后，研究团队再给实验鼠注射一剂肾上腺素。肾上腺素就是从肾上腺释放的激素，被认为与"战斗或逃跑"反应时的能量迸发有关。研究人员发现，在电击两小时后注射肾上腺素不会增强实验鼠的记忆力。但如果在接受电击后立刻注射肾上腺素，有关电击的记忆力则会大大增强。看来这下错不了了——肾上腺素确实增强了记忆能力。此后，麦高又做了后续的实验，证明与压力有关的各类神经过程和激素都可以加强记忆的巩固。

麦高说，这些激素的功能"就像一枚音量开关"。

"自古以来就有人觉得，忘掉一些事情是好事，"麦高说，"否则，我们就要同时记住太多的事情。比如说，你不会想记住你的脚在此时此刻究竟是什么感觉。但我们的祖先需要知道食物在哪里，他们需要知道食肉动物在哪里，这样才能生存下来。他们需要一种方式来记住情绪上的重大事件。"

多年来，试图开发记忆增强药物的制药公司一直对麦高的研究结果深感兴趣。但到目前为止，有害的副作用（如一些兴奋剂会让人成瘾）使得大部分研究都放慢了速度。但是，麦高的研究成果也激发了新一代科学家对这一课题开展更加深入的钻研，以便从分子水平上了解其背后的真正成因。也许这样能找到更直接的办法来控制这枚音量开关。

让我们重新说回蒂姆·塔利。

‖‖·‖‖·‖‖

塔利在达特神经科学公司（Dart NeuroScience）担任研发执行副总裁兼首席科学官。这家公司坐落于一处高耸的山脊上，俯瞰数英里连绵起伏的翠绿群山，山外是南加州 15 号州际公路，从这向西几英里就是圣迭戈的黄金太平洋海滩。

我来到此地，正是 12 月一个温暖无云的下午，刚好逃离了我家所在的东海岸的刺骨寒冬，而这里简直就是田园诗一般惬意的宝地。主入口前，一面超大号的公司旗帜飘扬在柔和的微风中，旗帜图案由一弯蓝色月牙和一群代表分子的小点组成。塔利来到大堂迎接我，他衣着休闲，穿着一条黑色牛仔裤和一件纽扣衬衫，袖子卷了起来。

他带我看了户外的禅意花园，花园里有一个汩汩作响的喷泉，科学家们若有伤脑筋的难题要思考，便可来到这片小天地暂享独立空间。（如果他能靠精神的力量屏蔽远处高速公路上传来的噪声的话。）我们还认真参观了健身房，里面的健身设备齐全，锃亮如新。

塔利带领我进入他们公司专门设计建造的百人大礼堂，这里配备了最先进的视频设施，为公司员工直播来自加州大学圣迭戈分校和斯克里普斯研究所最睿智的学者的讲座（每周开设两场神经科学讲座、一场认知科学讲座）。这里花费数百万美元才完成了整体翻修改造，如今看起来还较为崭新，塔利引以为傲，仿佛连室内植物都值得大赞特赞。

"这个机会实在是不可思议，"他对我说，"我是说，你好好看看这儿吧！"

所有这一切都要归功于一位名叫肯·达特（Ken Dart）的神秘亿万富翁的远见卓识和宏愿。达特从《福布斯》（*Forbes*）杂志上读到一篇关于塔利的文章，愿意投资即将到来的所谓"大脑万艾可 ①"。当时，塔利在冷泉港实验室（The Cold Spring Harbor Laboratory）里有着一份稳定平静的研究工作，这家实验室位于纽约州长岛（Long Island），是由诺贝尔奖获得者詹姆斯·沃森（James Watson）负责的一家备受赞誉的非营利性研究机构。塔利试图解开记忆的生物化学和遗传学密码。他时常发表论文，参加咄咄逼人的论战来捍卫在科学界的声望，也会在学术会议上发表

---

① 万艾可为用于治疗男性勃起功能障碍的药物。——译者注

演讲，但听众多半觉得他的演讲主题很艰涩，比如 "CREB 结合"
蛋白 "基因表达模式" 等。

但与此同时，塔利也和沃森这位与弗朗西斯·克里克
（Francis Crick）合作发现 DNA 双螺旋结构的传奇人物，共同创办
了一家名为赫利孔山医疗（Helicon Therapeutics）的小公司。赫
利孔山医疗公司的远大目标绝不亚于塔利目前供职的公司，但预
算跟不上理想，研究进展也很缓慢。赫利孔山公司就跟其他千禧
年之际创立的同类公司一样，也陷入了财务困境，似乎从来没有
获得太多关注。不过，身为泡沫聚苯乙烯产业帝国继承人的达
特，对《福布斯》上读到的研究领域很感兴趣，他希望能给予赫
利孔山公司适度的初始投资。2007 年，这位说话直来直往的大
人物向塔利提出了一个更有野心的建议：达特全额投资开办一家
新公司，然后完全交给塔利管理，不知如何？看来，达特希望用
手里近乎无限的资源帮助塔利制造出世界上第一粒 "记忆药片"。
不过达特有个附加条件：塔利必须同意全职为他工作。

肯·达特绝不是爱胡乱花钱的人。事实上，美国参议院的一
些议员还曾戏称他为埃比尼泽·斯克鲁奇（Ebenezer Scrooge）的
当代翻版。达特属于典型的 "秃鹫资本家"，这类人往往以不良
资产为食。近年来达特频频登上新闻的事迹包括：搬到开曼群岛
来避税，作为持有债务工具的债权人拒绝向濒临破产的债务人阿
根廷和希腊让步，出资支持人体冷冻技术研究。据报道，达特
之所以资助人体冷冻研究，为的是希望自己能在法定意义上保持

"活着"，这样他的后人就不必缴纳遗产税了。

塔利也很坦白。他警告达特："你必须明白，这个项目可能要 20 年才能赚到利润，等你赚钱以前每年都要花掉一亿美元。"也就是说，成本大约是 20 亿美元。

"我想的差不多就是这个数。"达特回答。

达特通过了塔利的"畏难测试"。于是，塔利接下这份工作，开始按照自己的想象来打造研究设施。

此时，塔利站在他的这家公司新建的熟食店外面，他告诉我这里可以容纳 300 名食客。我似乎也从新闻上看到过这里，其用途可不光是用餐。它还是一年一度达特神经科学公司"极限记忆锦标赛"（XMT）的竞技场，比赛每年都会吸引世界各地的顶级记忆达人来到这处偏僻的圣迭戈办公园区，共同挑战人类的记忆极限。2015 年，比赛奖金高达 76 000 美元，决赛选手来自德国、斯堪的纳维亚、中国，甚至还有来自蒙古国国家队的记忆力新秀。比赛过程中展现出的记忆巅峰实在令人啧啧称奇。要想获胜，参赛选手必须记住 80 位随机数字、50 个随机排序的词语、30 张图片、30 组人脸—人名的对应等。

为了赢下为期两天的 2015 年锦标赛决赛，身材矮小的 33 岁德国人约翰内斯·马洛（Johannes Mallow）在 21.01 秒内记住了 80 位数字。他的德国队友西蒙·莱茵哈德（Simon Reinhard）则创下了牌类项目纪录，在 23.34 秒内记住了 52 张牌。来自蒙古国的 17 岁的恩赫吉·图穆尔（Enhkjin Tumur）只用了 14.40 秒的时间就记住了 30 张图片的顺序。这大概就是你读完以上几句话所花的时间。

尽管极限记忆锦标赛让达特占据了《纽约时报》(*The New York Times*)、《卫报》，以及蒙古各地几乎所有的报纸头条新闻，但它并非只是品牌推广的工具。每年，达特和来自华盛顿大学的一组学者团队都会同参赛者交流并收集数据，目的是广为搜寻记忆科学中最捉摸不透的白鲸①：完全天生的记忆天才——当代的舍列舍夫斯基、盲眼汤姆或杰克·豪斯勒。换句话说，就是继承了超凡记忆基因的那一类人。这些人不用借助药物，记忆能力也要优于注射了士的宁和肾上腺素的实验鼠。

除了记忆锦标赛以外，世界各地都在付出前所未有的努力来搜寻具有超凡记忆能力的基因变异体。今天的塔利比以往任何时候都更深信，只需要弄清超凡记忆力达人的遗传结构，他就可以找到让我们所有人都增强记忆能力的办法。塔利相信，只要能在与记忆有关的特定蛋白质基因序列中找到突变，就可以利用他已有的 80 万个分子库创造出能复制该突变效应的小分子化合物。

不过，早在给极限记忆锦标赛冠上达特的名号前，塔利就知道，大多数参赛选手都可能依赖某种可以后天习得的助记技巧。例如，"位置记忆法"(Method of Loci)就是一种古希腊时代发明

---

① "白鲸"(white whale)象征一个人执着追求但永远得不到的事物。
——译者注

的记忆技巧，其思路是构建一座想象中的"记忆宫殿"，然后把需要记忆的所有事物跟宫殿里的不同位置——对应，这样记忆效果便会大为改善。想要运用这种记忆技巧，你只需要在脑海中想象一座你熟悉的建筑物、房屋或一条路径，然后把你想记住的各类信息想象为某个有关联的物体，再把这些物体逐一填进各个房间或者岔路口。

希腊人和罗马人发现，同时调动多重感官（尤其是视觉线索）能够让记忆更持久。甚至有人认为，卢里亚那位著名的当代研究对象、俄罗斯报纸记者舍列舍夫斯基的超强记忆，其实就是联觉现象的一大案例，这里的联觉是指某种感官刺激会连带调动其他感官的罕见现象。比如说，舍列舍夫斯基经常可以在听到某些单词或数字时也能"看到"："1"代表"骄傲且体格健美的男人"，"2"代表"情绪高涨的女人"，"6"则代表"脚部肿胀的男人"。

不过研究表明，学习并熟练掌握这些技巧，并不需要出众的记忆基因。塔利之所以知道，是因为他的研究人员曾把参加记忆竞赛的8名选手请回来，进行了长达3天的广泛测试。有意思的是，记忆竞赛选手的最大优势似乎并非记忆，而是在注意力控制和工作记忆领域。

通过极限记忆锦标赛，达特的记忆力专家们真正想要找到的，是那些可能从未听过"位置记忆法"或者大多数参赛者所使用的任何其他记忆技巧的选手。他们正在寻找的，是那种甚至完全不知道自己记忆力有多强的选手。

"记忆锦标赛选手运用了一种非常具体的方法，他们也知道自己在这样做，这就不是一个潜意识过程"达特公司的认知心理学家玛丽·派克（Mary Pyc）指出，她也曾帮助赛事协调和选手测试工作，"但我们相信，普通人群里存在天生就有异常记忆能力的人，也许也会来参赛。"

"天生就有特殊记忆能力的人，他们的表现看起来跟接受过训练的人差不多，"她说，"但他们可能会说：'我不知道怎么了，这些信息就是黏附在我脑子里。'也许他们没必要接受训练。这就是遗传学起作用的地方。"

尽管大多数受试者都依赖于古老的记忆技巧，也不具备研究团队寻找的那种天生优秀的记忆能力，但派克说她也确实选定了若干对象，打算给他们做进一步的测试。

世界各地都在竭力搜寻具有特殊记忆能力的个体进而研究其基因组成分，极限记忆锦标赛只是其中极小的一部分。除了记忆竞赛冠军，塔利和他的合作者已经开始测试美国电视游戏节目《危险边缘》（Jeopardy！）的冠军，同时在考虑研究顶尖的纵横字谜解题选手和国际象棋冠军。派克说，《危险边缘》的冠军的初步测试结果比极限记忆锦标赛选手的希望更大，因为《危险边缘》的选手必须先吸收海量的信息，然后再从长期记忆中轻松获取这些信息。

塔利从学术界招募了各类人才来协助完成该项目的首批全球搜寻过程。（这家公司虽然还没有开始甄别与形成超凡记忆力有关的基因，但已在准备尽快开始这项研究。）过去的几年里，达特每年都向亨利（罗迪）·罗迪格三世（Henry "Roddy" Roediger III）提供约 25 万美元的资金。这位亲切友善的华盛顿大学心理学家，全部职业生涯都献身于研究人类存取记忆和回想记忆的方式，他也出席了每一届极限记忆锦标赛。此外，罗迪格正在开发各种专业领域通用的、用于甄别超凡记忆力的标准测试。极限记忆锦标赛参赛选手、《危险边缘》的冠军，以及普通人中选出的个体，可能都在特定领域内各有所长，关键在于要设计出某种测试方法，来衡量塔利希望设法增强的那种能力。

罗迪格实验室、塔利、派克（曾为罗迪格实验室的博士后研究员）正在千方百计地从普罗大众中找出记忆超常者。这支研究团队最早做的事情就是编写自愿测试问卷并投放到华盛顿大学网站的页面上，再通过社交媒体予以推广。测试问卷写着"擅长记人名人脸？来测测你的人脸—人名记忆力吧"。值得注意是，最终有超过 6 万名志愿者点击了测试链接。罗迪格和他的团队发现，其中 35 人得分最高，也就是说这 35 人具有超强记忆力（作弊因素除外）。但这只是开始。

"我们得找到 500 万人才行，"塔利说，"因为我们需要从中找出大约 100 人，才能获得足够的样本量，来统计识别基因组中跟极端记忆能力有关的基因。"

‖‖·‖‖·‖

　　爬上几层楼后，塔利领着我穿过一段长长的怪异走道，然后在一扇很不起眼也很容易错过的门前停了下来。他朝我招招手，示意我走进一个黑黢黢的小房间。他告诉我，这里就是"蝇室"。

　　达特这家公司的运营和覆盖范围相当广泛。达特还在中国西部开设了第二家研究机构，从上海往西要飞 3.5 小时才能抵达这处"无人之地"。由达特神经科学公司帮助提供研究经费资助的合作单位包括但不限于美国的纽约大学、英国的爱丁堡大学、加拿大的艾伯塔大学和中国台湾的清华大学。

　　塔利指出："美国国立卫生研究院只会出钱资助研究功能障碍的人，所以没有人会去研究超强记忆力。看到学术界对这些东西表现出了强烈的兴趣，真是太酷了。"

　　但令人惊讶的事实在于，达特最有力的武器恐怕是整座大楼里这个极不起眼的小角落，以及居留于此的这种极不起眼的小生物——果蝇。在我们参观的途中，塔利数次惊叹自己是如此幸运。环顾四周梦幻般的实验设施，塔利总会发出此时他在黑暗走廊里重复着的同一句感叹，语气中一半是自豪，一半是不可思议。

　　"我是说，我是个养苍蝇的！"

　　这话没错。没了这些苍蝇，一切都无从谈起。研究果蝇似乎提供了一条间接途径，帮助我们揭开人类记忆的奥秘，并在全球范围内搜寻天生记忆超凡的人。比起记忆竞赛选手、希腊哲学家还有 19 世纪在白宫弹过钢琴的盲人天才，果蝇似乎与他们的杰出才能毫不相干。

但事实上，早在 20 世纪 90 年代中期，塔利就运用现代遗传学工具做出了一项让同僚兴奋得无以复加的壮举。塔利证明，他可以让果蝇获得相当于摄影式记忆的本事。

那么，塔利是如何做成这项实验的？这与他目前的研究有什么关系？为什么一位精明懂行的商人肯为他们支付高达 20 亿美元的资金？要理解这一切，我们必须稍微绕点远路，看看新的记忆和联系在大脑的最基本层面 —— 分子水平上究竟是如何形成的。

⑴⑴·⑴⑴·⑴⑴

几个世纪以来，哲学家和科学理论家们一直在思考我们的意识记忆、短期记忆和长期记忆之间的关联本质。为什么某个想法或感觉可以让人想起另一个独立的想法或感觉，而这两者唯一的联系就是它们刚好同时出现？比如说，其他人抽烟斗的气味是如何让我想起我的祖父曼尼的呢？为什么我的脑海中会立刻浮现出他戴着领结站在灯火通明的纽约市住所，面朝一张他用来当吧台的樱桃木旧橱柜，给自己倒上一杯苏格兰威士忌的模样？

这似乎很矛盾：我们的意识记忆的观察和描述都非常主观，但其生物解构则是最复杂，也是最难以实现的。当我们回想起单一记忆时，从某种意义上说我们重新体验的往往不仅是全部的气味和景象，还有那些共同构成单一时刻经历的声音、感受和想法。这是生物学造就的奇迹。所有点点滴滴的感觉——烟斗的气味、吧台的轮廓、白色的粗线地毯、公寓里挥之不去的闷热感、我像孩童般对祖父形象的敬意和深情——都被储存于我大脑中的不同部位。不过，通过某种神秘、深奥的回忆过程，我可以在一毫秒的时间内重新激活聚集有最初感官印象的大脑区域内的神经元，使之再度一起触发，正如多年前这段记忆初次形成时神经元一起激发一样。

我们从亨利·莫莱森等健忘症患者那里认识到，正是颞叶、海马体和杏仁核组成的结构体使这些不同的感觉能储存在一起。你可能还记得（这得感谢你的海马体），莫莱森在失去这些结构体后，仍然可以在脑海中短暂地保存信息，他也仍然具有手术前的记忆，但好像负责将新信息编码并放至长期存储空间的归档员已经不在那儿了。新的信息一旦从莫莱森的视野里消失，从他的意识心智里消失，那就永远消失了。莫莱森已经不能存储新的信息了，因此也无法记起这则信息。这些结构体究竟如何起作用尚不得而知。但它们总是以某种方式将大脑中的神经元编结在一起，存入全部不同输入集合的触发模式，以便我们之后再次调动起来，同时激活所有这些神经元，好让我们立即重新体验那一刻。

自现代神经科学诞生之初起，研究人员就已经提出，这些外显关联（正如内隐记忆一样）是被编码在构成大脑的 1000 亿个不同的神经元之间的连接中的。唐纳德·赫布后来提出"一起激发的神经元也连接在一起"的假说，实际上就是以外显记忆作为主要例证。赫布认为，大脑本质上是一台强大的重合检测器，决定神经元联系如何形成和加强的物理规律恰是为了反映和记录这些重合——这显然适用于人类的意识记忆。如果几种不同感觉只因为过去发生时间相近而产生连接，那它们往往也会相继生成我们的意识知觉。当烟斗的气味让我想起曼尼时，那是因为我在处理这种特殊的气味时，大脑中感觉区域的神经元会被激发，而这些神经元刚好与编有我祖父的深深记忆的神经元相连。

此外还有什么方法能让大脑嗅觉区域的信号（烟斗的实际气味进入我鼻中所激起的信号）传至大脑中存储着祖父栗色领结和房间闷热感的视觉记忆区域呢？除了通过突触传递信号，此外还有什么方法能让与烟斗气味有关的神经元以某种方式提示进而激发大脑其他部位与领结有关的神经元呢？

研究人员曾针对大脑区域中被认为是扮演记忆归档员角色的神经元开展实验，许多人相信此类实验最先为赫布理论提供了可靠的生物学证据，这也并非巧合。1973年有一个开创性的实验，泰耶·勒莫（Terje Lømo）和蒂莫西·布利斯（Timothy Bliss）第一次在兔子的记忆中心演示了一种类似赫布理论的现象，他们称之为"长时程增强效应"（LTP）。勒莫和布利斯的实验表明，给兔子大脑中连接到海马体（即莫莱森等失忆症患者头脑中被破坏的结构）的神经元施加一系列电刺激，可以使这种联系在很长一段时间内得到显著强化。这种强化效应表现在，相连神经元之间传递刺激的敏感度大为增加，从持续几个小时提高到一天以上。

尽管还没有人能够确切证明，长时程增强效应为情景记忆奠定了基础（至少还不足以排除其他因素），但大多数人都认为这是可能性最大的人类记忆形成方式。正如我们所见，虽然长时程增强效应或赫布学习法则在大脑各个部位都存在，但海马体中的神经元对此最为敏感。（反之亦然，长时程减弱效应也对应着记忆减弱。）

不过，直到最近几十年左右，神经科学家们才开始逐步弄清两个神经元之间的连接在最基本的水平——分子水平上产生增强效应的实际过程。只有把研究对象缩小到大脑最小的组成部分，并从分子水平上理解关乎记忆的突触联系发生增强效应的确切情况，我们才能真正开始向蒂姆·塔利一以贯之的目标发起冲刺：破译大脑密码、制造"记忆药片"。

2002年，塔利和他的一些科学界同行实际上已经非常接近这一目标，为此《福布斯》杂志委托一位名叫罗伯特·兰格雷思（Robert Langreth）的作家为此撰写了封面故事，也正是这个故事引起了肯·达特的注意并最终出资支持塔利的研究。虽然达特对媒体避而不见，还被报道成冷酷的金融大鳄，但达特跟本书此前介绍的许多其他人物都有着相似之处——他也接受过专业的工程师训练。达特在密歇根大学获得机械工程学士学位，懂得如何把机器看成各个部分的组合。塔利的研究工作引起了一名工程师的注意，这也不难理解。

当然，在兰格雷思的生花妙笔下，破解人类记忆的分子基础并加以调整的这一目标，使人回想起昔日诸多经典的工程学竞赛——比如，登月竞赛、抢建世界第一高楼之战、修建首条洲际铁路的竞赛。兰格雷思写道，生物技术公司"非常接近解开记忆的奥秘"，而"激烈的科学竞赛"正在"促成首例能有效增强记忆的药物"。

而事实上，在兰格雷思刊发此文之际，包括默克、强生（Johnson & Johnson）和葛兰素史克（GlaxoSmithKline）在内的许多大公司都加入了竞赛。但在兰格雷思看来，最主要的竞争发生在塔利和沃森的赫利孔山公司与另一家小公司——记忆制药公司（Memory Pharmaceuticals）之间。记忆制药公司的领导者被兰格雷思称为塔利的"头号劲敌"，其早期研究在许多方面为正在进行的竞赛奠定了基础：他就是埃里克·坎德尔（Eric Kandel），可谓"业界元老"，这位来自哥伦比亚大学的神经生物学家有关记忆力的早期研究让他赢得了 2000 年的诺贝尔奖。

当然，这场"科学竞赛"的日常和促成该竞赛的事件恐怕也称不上"史诗"。这场科学终结战役中，塔利选择的武器是看起来不起眼的果蝇，坎德尔则花了数年时间研究一种同样稀松平常的生物——一种名为海兔（Aplysia）的相对低等的海底软体动物，因其大脑细胞体积极大而备受研究人员青睐。

但精彩的是，兰格雷思在为《福克斯》而作的文章中，笔底生花地将一连串审慎枯燥的实验室实验写得风情万种。在坎德尔的培养皿里，海兔的神经元以"精妙的电化学交配之舞增强了彼此之间的联系"。

"短期记忆恰如一夜情，以短暂而激烈的化学反应将细胞合为一体，"兰格雷思笔下对坎德尔的研究如是说，"效果持续数分钟或数小时后消退。长期记忆则更似婚姻，不断以新的蛋白质加强连接细胞的突触，可持续经年。"

为了设计和表征上述两种或昙花一现转瞬即逝、或坚强持久的伙伴关系，坎德尔研发出一种相当有效的实验范式。他在皮氏培养皿中建立了海兔神经元的简单回路，进而着手研究简单记忆的形成机制，方法是测定海兔的一种基本反射：感知威胁后的缩鳃反射。感觉神经元负责感受外部刺激，运动神经元则负责产生缩鳃反射。坎德尔想知道，感觉神经元每当接受刺激时分子水平究竟发生了何种变化才会使运动神经元随之发生相应的反射动作。

为了找到答案，坎德尔和他的团队仔细地将电脉冲施加于神经元的集合体上，记录下后续每个脉冲的电位变化，并将之同突触细胞结构中可能导致电位升高的变化形成映射。坎德尔在他的著作《追寻记忆的痕迹》（*In Search of Memory*）一书中详细地介绍了他的发现。他的研究团队证明，单一电脉冲施加于神经元集合体内的感觉神经元后，导致突触处两类特定化合物含量升高——分别是环腺苷酸（cAMP）和蛋白激酶 A，这使得邻近细胞对相邻信号的敏感度也暂时增加。这就是兰格雷思所谓的"一夜情"。

另外，长期记忆——神经元的"婚姻"——则需要突触部位真正发生物理重塑，每当感觉神经元被激发，都会导致细胞间隔区域释放的神经递质含量永久增加。这些变化在本质上是"结构性"的——换句话说，要促成这种信号增强，必须在突触处以增加蛋白质的形式补充一些永久性的基础架构。

坎德尔的实验表明，神经元集合体只有在接受5次电脉冲之后才会发生这样的神圣结合；他发现，5次电脉冲后突触处释放的两种化学物质之一会移动到其中一个神经元核的细胞指挥中心。一旦到达后，这种化学物质似乎就会发挥某种神奇功能，开启某段关键基因，进而形成一种化学级联现象。这就好比施工现场午餐时间结束后吹响了开工号角：激活基因以后，一群细胞建造工程师便会放下午餐盒，前往突触处，开始给2个神经元之间建立新连接。这个过程需要时间。

坎德尔后来在《追寻记忆的痕迹》中提出，之所以说电休克治疗或头部重击可能会破坏长期记忆巩固的过程，原因就在于接受疗法或遭受重击会导致这些细胞工程师尚未完成工作时就清除了他们在突触处的施工现场。

坎德尔于1990年做出这一关键发现，从而引发了一场研发记忆药物的竞赛。坎德尔怀疑存在一种特定的蛋白质，能参与调换基因并导致午餐时间发出开工信号。这种蛋白质被称为CREB（环腺苷酸反应元件结合蛋白）。当然，1990年的实验中，坎德尔的团队设法阻隔了海兔体内的CREB之后，这种有机体就似乎失去了在接受 5 次电脉冲后形成新的长期记忆的能力。

上述发现与记忆药物的关联就很明显了。能不能找到某种方法，人为地帮助 CREB 完成工作？最终，坎德尔认为有两种与 CREB 相关性极高的分子：一种可以促使基因建立或增加长期连接（称为 CREB 激活剂），另一种则可以使其失效（称为 CREB 抑制剂）。坎德尔提出，CREB 激活剂与 CREB 抑制剂在细胞核中的占比决定了人类长期记忆的强度。

坎德尔在《追寻记忆的痕迹》一书中推测，处于高度情绪化的状态（具体引发情境可能是发生车祸或者打开电视机得知两架飞机撞向了世界贸易中心）时，詹姆斯·麦高选出的压力激素可能会启动一系列化学过程，使细胞核内充满某种分子，导致 CREB 抑制剂含量降低（关闭记忆）、CREB 激活剂含量上升（开启记忆）。

"这可能就是所谓闪光灯式记忆的成因，"坎德尔写道，"闪光灯式记忆，就是那些充满情感事件、令人回想起生动细节的记忆……就好像在大脑里迅速而有力地刻下一幅完整的相片一般。"

坎德尔继续写道，同样地，像所罗门·舍列舍夫斯基那样表现出超强记忆力的人，"原因可能是存在某种限制 CREB 抑制剂活性的遗传差异"。"虽然长期记忆通常需要按照一定的时间间隔重复地训练和休息，但偶尔也会记住没有情绪冲动的单一事件。"他写道。

这是一个令人激动而又兴奋的假设，因为假如说人类记忆的奥秘果真就存在于 CREB 激活剂和 CREB 抑制剂两者之间的比例的话，那么就有可能开发出一种药物来影响这一比例。我们没有理由认为不能像舍列舍夫斯基那样拥有超强的记忆力，也没有理由发明不出"记忆药片"。

下面就需要塔利的果蝇再次登场了。

⫿⫿⫿·⫿⫿⫿·⫿⫿⫿

塔利在冷泉实验室里开发出了一种测试果蝇记忆力的办法，其基本原理和有效性与坎德尔的海兔脑回路实验毫无二致。塔利把将果蝇置于两种不同气味中，其中一种气味伴随着不愉快的震动——每当果蝇闻到这种气味时，塔利就会马上调高电压，把这些小家伙电晕（标准训练过程需要 12 次电击）。同时，塔利通过训练让果蝇知道，第二种气味是良性的。也就是说，当果蝇处于第二种气味时，塔利不会对其施加电击。果蝇在接受每种气味进行的 12 次训练之后，塔利将之放入"丁"字形迷宫的底部。丁字顶端，两种不同气味分别从两头飘出，果蝇在飞到三岔口时必须选定某个方向。

塔利实验发现，果蝇似乎要经过 10 遍的训练（每遍接受 12 次电击）才能学会躲开与电击相对应的气味，而转向丁字路口另一侧的中性气味。但即便如此，果蝇的记忆力也并不完美——有时候还是会选错方向而遭到电击。但经过 10 遍的训练后，果蝇的记忆表现似乎已经达到了最高水准。

就在坎德尔证明可以通过阻断 CREB 来阻断长期记忆之后，这场竞赛就开始迈出了关键性的下一步——证明增强 CREB 可以增强记忆力。1993 年，坎德尔的实验室努力尝试通过海兔实验来加以证明。不过，塔利拥有一个能让他的果蝇占据有利优势的秘密武器：杰里·因（Jerry Yin）。杰里·因是塔利实验室的博士后研究人员，他成功地利用基因工程技术来控制果蝇体内合成 CREB 的数量。杰里·因通过改变其中一种果蝇的 DNA，使其能够产生更多具有开启记忆功能（CREB 激活剂）的蛋白质。他再通过改变另一种果蝇的 DNA，使其体内能够产生更多具有关闭功能（CREB 阻遏剂）的蛋白质。

这两种果蝇还具有一大特性：杰里·因和塔利通过基因工程设计，使科学家们可以让特定的 CREB 基因激活或失活。当基因处于休眠状态时，果蝇产生正常比例的蛋白质，拥有正常的记忆能力。当杰里·因和塔利将果蝇置于高温下，该基因被激活，导致果蝇开始生成更多的 CREB 激活剂或更多的 CREB 抑制剂。如此一来，两位研究人员在任何训练开始前的几个小时就可以激活两种基因，接下来观察果蝇形成新记忆的能力出现了哪些变化。

1993 年，塔利的研究团队证明，CREB 抑制剂的过度表达可能会削弱形成长期记忆所需的蛋白质合成过程。不过，短期记忆和学习能力并不会受此影响。与此同时，一位名叫阿尔西诺·席尔瓦（Alcino Silva）的同事也很快就在研究缺少 CREB 激活基因的小鼠时发现了同样的实验结论。

接下来，塔利和杰里·因开始向终极大奖发起冲击——他们试图把实验结果反过来，提高记忆力。

不料，最初的实验结果非常令人失望——即使他们调整了CREB基因，果蝇的记忆力也未能有所改观。不久后的一天，塔利呆呆地坐在纽约肯尼迪国际机场一间休息室里候机，准备搭乘飞往东京的航班。他摇着头，想知道自己和研究团队究竟什么地方做错了。突然间，他灵光一闪，心生顿悟，从椅子上跳下来，跑向了付费电话。

先前，塔利和杰里·因对给技术员玛丽亚（Maria）的操作指令非常明确：她应该先拿取正常组和突变组两组果蝇，接着对两组果蝇分别进行每10分钟一次的电击和不电击的气味训练，这样重复10遍。然而，玛丽亚把经过10遍训练后的果蝇分别放入"丁"字形迷宫，突变组果蝇却与正常组果蝇走错方向的次数一样多。

在那间机场休息室里，塔利打电话给玛丽亚，把他的灵感脱口而出——也许塔利和杰里·因问错了问题！或许转基因果蝇在这个迷宫里的表现上限也跟正常组的果蝇相同（也就是说两组果蝇飞往错误方向的次数相同）。也许问题不是突变组果蝇在接受标准的10遍训练之后选择飞往正确方向的次数呢？也许问题是突变组果蝇学会正确方向的速度。

"玛丽亚，把训练周期改成一遍试试！"塔利对她解释说，她应该先只做一遍气味—电击对应训练，然后就进行测试，看看突变组果蝇犯错的次数是否会比正常组果蝇少。

玛丽亚照做了，实验结果相当明朗，记忆是瞬时完成的。果蝇的记忆开关被彻底打开后，可以只练习一遍就学会正常果蝇必须练习 10 遍才能记住的事情。果蝇拥有了摄影式的记忆力。塔利和杰里·因已经证明，以 CREB 为研究对象，果真会有可能破解记忆的奥秘。

· ||||·||||·|||·||

塔利完成这项举世瞩目的实验结果后的那个周日的晚上，他最早分享这一消息的人就是诺贝尔奖得主詹姆斯·沃森 —— 一位在冷泉港实验室德高望重的长者。

"他从椅子上跳了下来 —— 我是说双手抱头、双脚离地的那种，"塔利回忆道，"他说，这下我们可要发财了！"

不过，CREB 对人类记忆是否有效还有待证明。几周后，塔利在科学杂志《自然》（Nature）上读到一篇文章，里面的内容让他又跑回了沃森的办公室，那也是一个周日的晚上。

荷兰研究人员报告称，他们已经确定一种人类遗传缺陷与鲁宾斯坦 - 塔伊比综合征（Rubinstein-Taybi Syndrome，RTS）引发的破坏性脑病有关。这一突变所处的基因会在记忆形成过程中同 CREB 基因发生相互作用。那么，荷兰人从人类 RTS 患者中发现的突变，有没有可能恰好跟塔利和杰里·因刚刚完成实验中的突变起相反作用，从而阻止记忆的形成呢？

"吉姆！可能这些患者精神受损的原因是他们的长期记忆开关被破坏了！"塔利几乎是大声喊出来的。

两人很快就一致认为，只有一种方法可以找出答案——他们需要开始测试小分子药物。只要找到一种药物能渗入大脑并调节CREB开关，那么就可以证明其对记忆形成过程中起到的作用并治疗这种疾病。为此，两人成立了一家名为赫利孔山医疗的公司，这家小公司完全依赖于私募股权投资者的支持，鼎盛时期一度拥有70名的员工。但他们也面临竞争局面，因为另有一群知名科学家也认为记忆药片的曙光已近在眼前，其中就包括坎德尔。

事实上，到2002年，这些公司中至少有3家有诺贝尔奖得主坐镇，所有这些学者都大胆预测，能获得FDA批准的记忆药物即将问世。尽管这些预测被吹得天花乱坠，尽管登上了《福布斯》封面，但事实证明它们过于乐观了。

这些公司最终多半都倒闭了，要么像坎德尔的公司那样，悄悄卖给了后来也放弃或缩减相关研究的大型制药公司。一些科学家指出，人脑的记忆机制实际上要比坎德尔实验用的小海兔要复杂得多。此外，影响坎德尔靶向途径的药物还可能对大脑其他区域产生意想不到的破坏性影响。但最大的障碍可能只是资源不足和缺乏耐心罢了。

"几乎每一种研发药物都失败了。"记者休·哈尔彭（Sue

Halpern）在她 2008 年出版的记录这一失败的著作《记忆的真相》
（*Can't Remember What I Forgot*）中写道："一般来说，5000 种化
合物中，只有 5 种能通过 5 亿美元临床测试的考验而进入人体测
试，其中又只有一种能获得 FDA 批准。"

塔利坦承，如果不是因为达特，他的个人研究可能无法持续
那么久（事实上，达特在 2012 年独资买下赫利孔山公司并将之并
入了达特神经科学公司）。但塔利依然坚称，自己的乐观情绪从
未消退。

到现在为止，塔利和他的团队已经在临床研究中使用了 6 种
药物。其中两种药物因毒性问题被叫停，另外 4 种药物仍在实
验中。至于塔利迄今为止究竟实验了哪些化合物，他始终三缄
其口。

"很显然，我不能告诉你那些靶标的一些细节，不过我们会继
续关注 CREB 通路和它在长期记忆形成中的作用。"塔利说。

塔利的计划非常远大：他的目标是每年用两种新分子进行改
善记忆力的临床研究。

⑪⑪·⑪⑪·⑪⑪

2000 年，詹姆斯·麦高收到一封奇怪的电子邮件，一位
34 岁的女子来信声称自己有"记忆问题"。她的问题不在于记不
住。这位女士声称自己能记得她 11 岁以来每一天发生的一切。

"只要我从电视上看到某个日期闪过去……我就会自动回忆起那天，记起我身处何方、所做何事，"这位名叫吉尔·普赖斯（Jill Price）的女士写道，"这个过程无法停止、不可控制，令我身心俱疲。"

麦高同意在一个星期六与普赖斯会面。赴约前，麦高认真准备了一套测试方法，他想检验她是否能够记得 20 世纪 70 年代特定日期发生的重大事件（这正是她声称开始发生记忆问题的时间），然后再倒过来考察，看看她是否能够说出重要历史事件发生的具体日期。

双方会面时，麦高惊讶地发现，普赖斯能够准确说出"猫王"埃尔维斯·普雷斯利（Elvis Presley）去世的日期。她可以告诉麦高美国电视剧《朱门恩怨》（*Dallas*）里的大反派小杰（J. R.）被枪杀的日期，罗德尼·金（Rodney King）被洛杉矶警方暴力袭击的日期。普赖斯甚至在麦高用来准备清单的参考书中发现一处错误：伊朗学生冲进首都德黑兰的美国大使馆的日期是 1979 年 11 月 5 日而不是 11 月 4 日。她坚称麦高手上这本参考书的日期错了。麦高在网上查询了一下。普赖斯是正确的。

随着进一步深挖，麦高逐渐意识到，普赖斯用于检索这些记忆的线索总是具有某种自传性质。例如，她回忆称宾·克罗斯比（Bing Crosby）在西班牙的一座高尔夫球场去世的日期是 1977 年 10 月 14 日（星期五），记得这个日期是因为她回忆起当天她是在母亲开车带她去看足球赛的途中从广播里听到这个消息的。接下来几个月，麦高在开始探究普赖斯的记忆极限时意识到，她的记忆力在某些方面并不比我们其他人更好。普赖斯表现尤为突出的记忆，必然是与某些自传性质事件联系在一起。麦高最终将普赖斯的状况命名为"超级自传体记忆"（Highly Superior Autobiographical Memory，HSAM）。

自从有关普赖斯的初步报告发表以来，麦高和他的合作者已经确定了大约 55 个具有"超级自传体记忆"的个体。令人惊讶的是，HSAM 患者在他们生活中其他领域也出现了与强迫性精神障碍（OCD）相关的诸多症状，这导致一些人猜测他们可能会在潜意识里排练自己已知的情况，进而形成对具体信息的内隐记忆。蒂姆·塔利已经基本得出结论，这些人大多并不具备他们正在追寻的解开记忆奥秘的钥匙。但这并不意味着这批人没有任何研究价值。合作者们希望，麦高甄别出的 HSAM 人群里存在他们所寻找的那种特殊记忆能力。

塔利的合作者之一罗迪格就认为，他可能已经找到了这样的人。通过麦高的关系，罗迪格见到了杰克·豪斯勒——那个来自新泽西街区、孩提时期就能准确背出汽车年检标签数字的超凡孩子。罗迪格多次与杰克见面，尽管麦高已经将杰克诊断为 HSAM 患者，但罗迪格认为这个孩子还值得继续研究，他也确信杰克并非孤独症患儿。

"没有几个 4 岁小孩儿能记住年检标签上的数字。"罗迪格说。

等到罗迪格向我说出上述对话时，那个早熟幼童已经成长为

13 岁的阳光大男孩，有着棕黄色的头发，喜欢露齿大笑，如今的杰克喜爱收集棒球卡也喜欢地理。我决心要同他本人接触一下，哪怕只是通电话也行。

当我终于有机会与杰克本人交谈时，他和他的母亲萨莉在位于圣路易斯的家中接待了我。

"杰克，你何不让亚当跟你说说他的生日？"萨莉提议说。

"你的生日是哪天？"杰克问我。

"我的生日是 8 月 1 日，"我说，"怎么了？"

"哦，很简单，"杰克说，"那天我去看了底特律老虎队的球赛！"

2014 年 8 月 1 日，杰克第一次和家人一起去底特律，他解释道。那天是星期五，城里的天空有点浮云，但气温大概是华氏 70 度，很舒服。

"我们去了希腊城（Greektown），这是底特律的一个希腊居民区，那里的东西很好吃，"杰克说，"火焰奶酪。闻起来就像汽油。"

我已经有所打动，但还没有完全折服。毕竟这只是几个月前发生的事。"其他的 8 月 1 日呢？"我问他，"你能告诉我其他日子发生了什么吗？"

"那么，就说 2012 年吧，"杰克回答，"那天太糟糕了。我在参加夏令营。吃午饭时我感觉不舒服，我就说我感觉不太好。我说我感觉想吐，我感觉脱水，奇怪的是还有点儿充血。那天气温是华氏 96 度。"

然后，杰克又提到美国国歌《星条旗》（*The Star–Spangled Banner*）的歌词作者弗朗西斯·斯科特·基（Francis Scott Key）。杰克告诉我，基和我的生日一样，都是 8 月 1 日。只不过，他是 1779 年出生的。

跟普赖斯一样，杰克也发现拥有超凡记忆并不总是件轻松的事。

"我真的很喜欢有这么好的记忆力，但我也会记住我身上发生的不好的事，"杰克说，"这些不好的事往往还因为某些原因而特别突出。"

比如 2011 年 9 月 16 日（星期五），那天的杰克无意中将另一个孩子从游乐场的梯子上推了下去，他因此被关进了禁闭室。现在他只能记着——这件事本身和他当时的感受——每天都记着。余生都无法忘怀。

只要同杰克·豪斯勒这样的人交谈过，就很容易理解塔利为何对自己的追求如此乐观。随着婴儿潮时期出生的千万人逐渐步入衰老，这样的产品无疑会赢得其他药物从未有过的广阔市场。比如说，我就盼望有一天能不再担心自己会弄丢车钥匙。

第八章

指挥交响乐的外科医生

深部脑刺激与电的力量

几年前一个惬意的 8 月上午，11 点钟左右，30 岁的莉斯·墨菲（Liss Murphy）从芝加哥一家顶级公关公司的办公桌后站起来，没有费心收拾物品，没有关闭电脑，也没有告诉任何人她要去哪里，就这样走出办公室，从生活中消失了。

前几周，她就感觉到有些异样：那是一股悄悄蔓延的焦虑，一种不太对劲的感觉。有几次，她突然就哭了，却不知道为什么。但这些来得快去得也快，就好像她刚刚快要赶上一场风暴的边缘。而那个 8 月的早晨则让她最终卷入风暴之中。

今天的莉斯·墨菲，身量修长、金发碧眼，面容瘦削而迷人，笑起来灿烂大方。墨菲很难认同用抑郁症一词来描述她的境况。抑郁症意味着某种渐变，就好比一只气球缓慢而稳定地从一头漏气一般。

墨菲在 30 岁那年夏天患上精神疾病，在她回忆中是一种"快速而猛烈的东西"——一种没来由的情绪风暴，围困住她，吸走她的生命力，徒留一个"没有想法"也"没有感情"的她，一片既"空虚"又极度沉重的空白。

莉斯·墨菲再也没有回到办公室。她甚至没去取回自己的个人物品。

"那种崩溃不仅仅是心理上的，"她说，"那是精神上的、身体上的、生理上的；一切都这么垮了。我减下来的体重惊人，我两年没有说过话，足不出户，我什么重要的事也做不了、一点儿小事都要拼了命才能完成。我就像是一直穿着拍 X 光片时穿的那件特别重的铅服一样。"

没过几个月，墨菲便离开芝加哥，搬回家乡波士顿，接下来她的病历篇幅开始逐渐增长到 7 页。墨菲尝试使用百忧解（Prozac）、帕罗西汀（Paxil）等选择性 5- 羟色胺再摄取抑制剂（SSRI），以及谈话疗法。她服用过单胺氧化酶抑制剂（MAOI）和三环类药物［硫酸苯乙肼（Nardil）、阿米替林（Elavil）、多塞平（doxepin）］。她尝试过兴奋剂和"附加疗法"，也就是各种药物的不同组合来增强彼此的药效。最后，在麦克林医院，她同意医生用带子把她绑好，再给她施行电休克治疗——不是 1 次，而是 30 次。但即使是电休克治疗，也没有让她重获生机。看来一切都无济于事。

之后在 2004 年 5 月，一位名叫达林·多尔蒂（Darin Dougherty）的精神病学家告诉莉斯，他正在寻找志愿者接受一种称为"深部脑刺激"（DBS）的实验性疗法。 这种手术绝不适合胆小的人。 多尔蒂解释说，在初期外科处理时，他的同事、神经外科医生伊马德·伊斯坎德尔（Emad Eskandar）会在墨菲的颅骨顶部钻两个硬币大小的孔，把 42 厘米长、约 7 厘米深的电极插入她的大脑灰质。

接下来，莉斯还要再接受第二次手术。 这一次，伊斯坎德尔会在墨菲胸前的皮肤下切开一个口子，将一个装有电池和脉冲发生器的装置植入这处空腔，然后在她的皮肤下穿入一根直达头骨并与电极相连的电线。 植入装置开启后会发出电流，电流则会刺激她的神经纤维，将信号从与动机和情绪有关的原始大脑区域传送到额叶。

多尔蒂认为，莉斯·墨菲的大脑机能出现了根本性故障。 如果能侵入大脑的正确部位，借助电信号以大脑的语言与之对话，或许还会有机会拨乱反正。 当然，多尔蒂无法向莉斯保证手术就一定能解决问题。 当时深部脑刺激已经投入医疗使用 10 多年时间，用于治疗重度症状的帕金森氏症，它有助于缓解震颤、僵硬、运动迟缓和行走障碍。 但墨菲将成为麻省总医院（Massachusetts General Hospital）首例接受该手术的抑郁症患者，事实上这在全世界范围内亦属首例。

然而，医生有足够的理由相信深部脑刺激能起到作用。 伊斯坎德尔曾为多尔蒂的多名强迫症患者进行了手术，其中不少病患也深受抑郁症的困扰。 而在这些病例中，多数都显现出全然意料之外的结果——深部脑刺激疗法不仅治愈了患者的强迫症，还帮他们摆脱了抑郁症。

莉斯没花多长时间就下定了决心——她想回到自己正常的生活。是的，莉斯告诉多尔蒂，她愿意一试。

我们已经知道，神经科学家常常把神经元一起或相继激发的过程比作众多乐器一齐演奏出的"交响乐"，从而形成一种胜过部分总和的整体效应——这支交响乐能让我们产生思考、感受和运动。几十年来，大部分神经科学家，以及本书迄今为止遇到的众多人物，都始终专注于对这种音乐形式的倾听和理解。

但多尔蒂和伊斯坎德尔打算给墨菲做的手术则完全是另一回事了。多尔蒂和他的同事们不再满足于坐在场外聆听各类乐器演奏的神经交响乐。他们想要打开交响乐音乐厅的大门，直接走到指挥台上，试图重新指挥这支乐队。

许多人认为，类似深部脑刺激疗法这样能让医生改变大脑神经的激活模式——本质上也是控制大脑神经元交响乐演奏模式的干预措施，这种疗法很有可能彻底颠覆医学领域。现有的治疗脑部疾病的各类药物经常失效，引发的副作用也很棘手。原因之一在于，这些药物是通过改变整个大脑，而非仅限于致病区域的化学反应，从而调节健康神经元的行为。但另外，在电刺激疗法中，医生则可以针对某个不连续的神经元群，将治疗范围局限在大脑的某个致病区域。如此一来，医生们就可以把技术力量全部集中在这些他们感兴趣的大脑部位了。

"深部脑刺激使我们能进入我们所知的与某种症状相关的实际回路中，我们就可以按照自己希望的方式来刺激它，使它激活或失活，"多尔蒂说，"就稳健性而言，这种方法可以说与之前的方法有着天壤之别。"

从理论上讲，完全没有理由把这种技术限制于医疗条件下。许多实验结果已经证明，深部脑刺激的潜在用途包括调节认知能力，改进大量认知任务表现，甚至可以完成蒂姆·塔利一直努力尝试通过制造药片来达成的目标——提高记忆力。事实上，由于实验结果颇佳，美国军方正在资助研究一系列微创技术，以期能在无须施行脑部手术的情况下获得同等效果。

就在撰写本书的过程中，我自己其实也亲身体验了一把乔治梅森大学一位研究人员的疗法，他给我的颅骨贴上浸泡过酒精的海绵，转动一下黑匣子上的转盘，往我大脑右侧顶叶皮层发送电脉冲（我只感到轻微烧灼感）。这项技术被称为"经颅直流电刺激"（TDCS），研究人员想知道，这项电疗法能否通过增强我大脑中的神经元，提高我完成一项需要短时记忆的任务的能力。（医生认为 TDCS 在其他患者身上有效，但我一直不知道自己有没有因此变得更聪明。）

曾为帕特·弗莱彻做过大脑扫描的哈佛大学神经科学家阿尔

瓦罗·帕斯夸尔－莱昂内，正在尝试用 TDCS 来增强神经的可塑性。

　　目前，越来越多的证据表明上述微创技术确有实效，我们可以预见未来，把电极直接植入裸露大脑皮层的人体实验很可能会迎来最令人振奋且又最难以忽视的科学进展。这种直接触及神经元的方法之所以更为有效，是因为神经外科医生在操控电流时，不会受到中间颅骨的阻尼效应和散射效应的影响。

　　正因如此，接受乔治梅森研究人员电疗法的几个月后的一个夏日，我收拾行李，飞到波士顿，同负责莉斯·墨菲手术的神经外科医生伊玛德·伊斯坎德尔会面。尽管我对于 TDCS 有过愉悦的体验，但对于电极植入裸脑还颇为审慎。不过，在向伊斯坎德尔深入了解之后，我决定站在这位外科医生背后，目睹他把电极植入别人大脑的全过程。

⑾⑾·⑾·⑾⑾

　　深部脑刺激于 1987 年诞生于一间法国手术室，当时神经外科医生阿利姆·路易斯·贝纳比（Alim Louis Benabid）在准备给患有不可控颤抖症状的患者进行手术时有了意外发现。数十年来，这类病患接受治疗的最后一种较为极端但往往有效的技术就是：脑外科医生给患者颅骨上钻几个洞，把被认为是病灶的大脑区域取走。这种疗法有时也用来治疗其他运动障碍性疾病、严重癫痫和一些精神疾病。1987 年的一天，贝纳比的治疗计划是取走病人的丘脑，一种位于大脑深处的核桃状结构。他打算通过破坏或"损伤"部分组织来切断身体周围神经纤维上导致患者手抖的杂散电脉冲的源头。

当然，每一种脑外科手术都具有高风险。手术失误可能会导致病患瘫痪、失明，甚至死亡。为避免意外，贝纳比采取了一种常见的手术预防措施：他让病人在手术室中保持清醒，而正因为病人没有神经疼痛感受器才有可能保持清醒。贝纳比医生将电探针插入他打算移除的大脑部位，然后发出电脉冲，并仔细观察病人，以确保脉冲刺激没有造成意外影响。这是神经外科医生半个多世纪以来一直在使用的技术，为的是验证他们将要移除的大脑区域不承担任何重要作用；电极中的小电流会激发其周围的神经元，显现出这些部位在身体中扮演的角色（如果确有作用的话）。

到了 1987 年，神经科学家已经制订一项医疗方案，贝纳比恰好幸运地将之忽略了。他没有按照方案要求以 50 赫兹的频率刺激患者的大脑，而是把旋钮转至将近 100 赫兹。当贝纳比把电极施放至目标区域后，意想不到的事情发生了：患者的手停止了抖动，这是多年来的第一次。当贝纳比关闭电流时，患者的手就会恢复抖动。当他再次开启电流时，手又停了下来。贝纳比意识到，高频率的刺激以某种方式平息了引发问题的信号。

正当贝纳比开始试图理解这项神秘技术并开发出最有效的使用方法时，埃默里大学神经科学家马伦·德朗（Mahlon DeLong）

同一时期的一项发现帮助了他。20 世纪的大多数科学家都认为，来自大脑皮层感觉和运动区域各处的信号，汇聚于与动机、奖励和运动相关的深层大脑区域，各种信号在这里以某种方式混合在一起并做出评估。整个过程结束时，这处区域会不可思议地产生一种信号，使人做出恰当的反应，比如把手从热风炉上移开，或者在爬楼梯时调整步伐。

　　但在 20 世纪 80 年代早期，德朗在记录分析猴子大脑激活模式时发现了一些奇怪的现象。德朗原本的研究目标是基底神经节，他发现，当猴子在执行涉及不同类型运动的任务时没有出现"汇聚"，来自大脑皮层的不同感觉信号也没有像科学家预测的那样发生混合。事实上，来自身体不同部位基底神经节的感觉信号仍然彼此隔离，并在独立"回路"或网络中并行传播。举例来说，迈克尔·默策尼希曾仔细研究过大脑皮层分区实体中专门负责处理指尖触觉的部位，该部位连接于基底神经节中负责指尖触摸的相应局部区域，该区域又连接于丘脑中处理这种感觉的第三处中转站，然后再反馈至大脑皮层。以上 4 处中转站中，每一处站点都会有来自大脑其他区域的输入信号把新的信息反馈入这些独立回路，但主信号仍会保持不变，沿着同一指尖"回路"传输。

　　德朗由此指出，随着这些信息在大脑中传播，感觉和运动处理功能会保持相互之间的隔离。此外，德朗还认为，人类会利用这一独立回路系统来执行认知、情绪处理等更高级的功能。事实上，德朗提出，大脑执行几乎所有功能时都会存在独立的"并行式"或"模块化"脑回路，从大脑皮层连至基底神经节或其毗邻结构，再连至丘脑，最后回到大脑皮层。

"这些循环通路就是理解人类行为几乎所有方面，以及学习和适应不良的行为是怎样形成干扰的关键所在，"德朗说，"就像进化过程中获得新功能一样，新的模块会不断地添加到这个非常基本的原始组织中去。"

这一理论发现在医学界具有非常实际的意义。德朗开始梳理这些独立回路，并将之分别定义为运动传导通路和非运动传导通路。德朗在基底神经节中发现一个至关重要的结构，或称为所谓的"中转站"，似乎在帕金森氏症中起着关键作用，他称其为丘脑底核。患有帕金森氏症的猴子体内，这个区域异常活跃。但当德朗使用药物使该区域停止作用时，症状就消失了。德朗证明，至少在某些情况下，脑部疾病就是回路性疾病，只要你治对了回路，就能消除其相应的症状。

贝纳比在读到德朗的论文时，便意识到他为自己的新深部脑刺激技术找到了理想的实验场和完美的实验目标。1991年，贝纳比发表了一篇重要的分水岭式的论文，其中详细介绍了如何使用该技术治好了同时患有特发性震颤和帕金森氏症的患者身体两侧的震颤。他随后发表了第二篇具有里程碑意义的论文，其中证明按照德朗理论的刺激毗邻丘脑底核，可以减轻许多其他帕金森氏症引起的衰弱症状，包括运动减缓和肌肉僵硬的症状。

即使到了今天，贝纳比和德朗的发现已经过去大约30年，当神经外科医生把电极插入大脑灰质并施加高强度电击时，究竟发生了哪些反应、为什么发生这些反应，对此的争论仍然持续不断。多年来，许多神经科学家和神经学家认为，刺激神经元可能通过某种使之耗尽精力的方式抑制了特定回路中的异常活动。这就解释了为什么深部脑刺激能够很好地平息帕金森氏症患者无法控制的颤抖，也解释了为什么深部脑刺激能够有效缓解强迫症患者身上似乎在无限循环的杂乱神经元信号。

　　不过，最近 10 年左右，神经科学家通过动物研究已能更精确地测定神经元输出信号，并发现在所使用频率下深部脑刺激似乎反倒会刺激神经元活动。加州大学旧金山分校专门研究运动障碍的神经外科医生菲利普·斯塔尔（Philip Starr）阐述了一项主要理论：他认为深部脑刺激的作用方式是使神经元回路内的激发模式"去同步化"。

　　假如把能量比作在海洋中传送，那么通过大脑回路的电信号则是以波浪形式传播。正如在海洋风暴中，以某种速度运动的大波浪可以吞并其行进途中的所有小波浪。而在帕金森氏症患者身上，异常活动也会自我生发，形成极为活跃的病态波，从而主导、掌控整条回路，也淹没其他所有活动。深部脑刺激可以重新破坏这些波，使得回路解除控制，从而使较小的信号得以通过。

　　无论如何，FDA 还是在 1997 年批准深部脑刺激用于治疗震颤，在 1999 年批准深部脑刺激用于治疗帕金森氏症，现在深部脑刺激疗法已被用来帮助成千上万的患者缓解症状。看来研究人员迟早都会开始思考，如何把脑回路理论延展到使用相关技术来治疗其他脑部疾病——特别是那些难以治愈的精神疾病。

||||·||||·||||

在 7 月时节舒适惬意的一天，我穿过麻省总医院宽敞明亮的玻璃大厅。这一日天气晴好，而在 10 年前的芝加哥，莉斯·墨菲走出办公室后便再也没有回头，那天的阳光也是如此灿烂。

当然，墨菲的脑部手术早已结束。但当我到达伊玛德·伊斯坎德尔的办公室，告诉他我准备旁观当天的手术时，他向我保证，具体手术的步骤没有太大变化。伊斯坎德尔先是给我穿上外科工作服，戴上面罩，然后向我提示说他的动作很快。我必须努力跟上才行。

伊斯坎德尔带领我走过重重叠叠让人眩晕的明亮走廊和电梯，路过动作迟缓、看上去茫然失落的病患家属，穿过一处需要钥匙卡的门廊，再路过趿着木屐的护士们推着睡眼惺忪、躺在担架上的麻醉病人快速行走。最终，我们在通往手术室的门前骤然停下。

今天接受手术的病人躺在担架上，手上涂着深蓝色的指甲油。跟莉斯·墨菲一样，这也是一名几乎绝望的患者，所有其他治疗方案都失效了。不同的是，折磨这位患者的并非抑郁症，而是强迫症。虽然大众认知中强迫症时常出现的情形是"不好意思，我有点儿强迫症，我会按颜色来摆放我的鞋子"，但实际上，对伊斯坎德尔和多尔蒂的强迫症患者而言，这种疾病会让他们更加疲惫不堪。这些患者经常要花 3 个小时冲澡，花 8 个小时用漂白剂清洁周遭环境。他们没法工作。他们甚至会在约会日把自己困在旅馆房间中，不停地在浴室水槽里洗手，直到有人来找他们。伊斯坎德尔告诉我，有个病人对镜子特别"感兴趣"。为此，在给这位病人做手术前，伊斯坎德尔不得不把前往手术室通道和手术室内部的每个反光表面都给遮起来。

当然，今天的病人已经接受了麻醉，无意识地安然躺着，四周环绕着摆放有锃亮金属手术刀和剪刀的托盘，沐浴在亮度足以办一场日光浴沙龙的手术灯下。护士们用白色床单罩住了她。护士们还剃去了她的头发，用夹子和螺丝把坚固的盒状框架固定在她的前额和颅骨两侧。框架的每一条臂都刻有毫米级的刻度尺。这些数字帮助伊斯坎德尔精确地校准空心金属导线，好把线穿过病人的大脑皮层，进入大脑中心，然后沿着直线抵达目标。

不过，神经外科医生首先要做的是规划好路线图。伊斯坎德尔身穿手术服，坐在近旁的椅子上，将手术面罩轻轻地推向蓝色手术帽，显示器里呈现着患者大脑的 4 幅图像，随后他把鼠标指针移动到其中一幅图像的中心点上。4 幅图像是从不同角度拍摄的。这可以说是所有大脑成像技术最新成果的集中展现。伊斯坎德尔已经确定了目标，他相信在这里施加强度适当的电流冲击，就可以清除与强迫症有关的脑回路，就有希望将这位病患从人生的绝望境地里解救出来。

"太完美了——你的目的地就是这里，"伊斯坎德尔指着其中一幅图像上的一处小点，告诉另一位初级外科医生，"这就是你的入口点。"

今天，伊斯坎德尔和多尔蒂共同主掌麻省总医院的神经治疗学部门，这是美国最繁忙的精神病外科治疗中心。自从数年前这对搭档第一次遇到莉斯·墨菲之后，他们就一直在当时开辟的道路上继续前行。

如今，作为奥巴马总统"脑科学计划"（Brain Initiative）的一部分，两人正带领一支由医生、科学家和工程师组成的团队，参加为期 5 年、价值 3 000 万美元的下一代深部脑刺激开发项目，其目标成果用于治疗严重的精神疾病，其中大部分病症因为过于复杂和费解而无法适用目前市面上任何一种深部脑刺激疗法。除了抑郁症和强迫症以外，新疗法还应该用来治疗精神分裂症、创伤后应激障碍、创伤性脑损伤和焦虑等症状。

所有这些症状都有一个共同特点，那就是大脑引发间歇性发作的变化机制是无法预测的。为了真正彻底地攻克这些疑难杂症，伊斯坎德尔和多尔蒂已经确信，他们需要一套新型装置，不仅能像现有装置一样能够在多个部位持续刺激大脑，还能实时监视大脑的活动，检测其异常情况，并相应地施加间歇性电流冲击。为此，我们在许多其他领域看到的同类模式识别技术将再次发挥关键作用。

许多情况下，神经科学家甚至还无法确定这些神经异常症状究竟是什么样子。因此，作为该项目的一部分，多尔蒂和伊斯坎德尔试图确定患有这些疾病者的大脑与健康人的大脑究竟有何不同。接下来，他们就得弄清该使用什么样的电刺激模式来对其加以修复。

"我们瞄准的目标远得有点儿离谱。"伊斯坎德尔承认。

不过，他们的目标也并非遥不可及。位于查尔斯河（Charles River）畔的德雷珀实验室（Draper Laboratory）的工程师们，正在与多尔蒂和伊斯坎德尔密切合作，共同开发达成目标所需的硬件。20 世纪 60 年代，德雷珀实验室的工程师就为 20 世纪一项开创性科学成就发挥了重要作用——他们帮助设计了 1969 年阿波罗 11 号登月飞行任务中使用的制导系统和仪器。今天，这家实验室的顶尖人员正在努力把他们在计算和设计领域的专业知识带入 21 世纪的前沿学科——人脑。他们已经开发出一种装置原型，其中包含的深部脑刺激疗法和我们在前几章所见到的许多同类工具一样强大——集实时脑成像和记录技术、模式识别软件、无线技术和超强计算机处理能力于一体。某种程度上讲，这样的升级可以说是姗姗来迟。伊斯坎德尔说，如今打算植入强迫症患者体内的装置，所用到的技术其实已经出现了几十年，这位资深神经外科医生也由此坚信，他和其他临床医生现在可能只是抓到了几根可能的皮毛罢了。

"想想过去的 20 年里在微型化、摩尔定律等各个方面取得的进展，"伊斯坎德尔说，"你看到的这种装置，还是 20 世纪 90 年代就出现的。它在20世纪80年代设计出来的时候，我甚至连手机都还没有。"

既不同于伊斯坎德尔今天手术里打算使用的装置，也不同于用在墨菲身上的装置（这套装置只能提供电击），德雷珀实验室的深部脑刺激疗法原型机还能用来监视和记录信号。它里面包含多达320个电极，包括放置在大脑外层的多组传感器。这种装置可以运用模式识别软件来检测与脑部病理状态相关的异常活动，进而刺激相应的大脑区域。

这种装置不像是那种植入患者胸部或腹部的大型处理器，而是由一只带有集成电池、体积比手机还小的微型中央枢纽构成。整个装置相当紧凑，甚至可以紧紧贴住颅骨背面。颅骨枢纽最多可以连接5颗陶瓷和钛制成的电子侦测卫星，这些卫星小到可以自如地穿过颅骨顶部钻出的小圆孔。大脑深处以传感器或导线连接在电极上，每颗卫星都能收集和传送来自这些电极的数据。德雷珀实验室的工程师正在研制这套装置的微型版本，希望能在未来数月内将之用于人类的测试，这种新装置从理论上来说是可以持续植入人体多年的。

相比之下，伊斯坎德尔即将植入这位患者大脑中的装置则显得极为简陋。眼前这台装置可以由多尔蒂来打开和关闭，可以调节电刺激强度。电极共2根，每根都连着4条能够在不同点位产生刺激的"引线"，总计8条（远远小于320条）。这台装置不能测知动态的状态，显然也无法随之自动做出相应的反应。即便如此，对今天的强迫症患者来说，这台装置也是她改变生活的希望。

ılıı·ıılı·ılıı

手术室里，伊斯坎德尔用一支夏比（Sharpie）记号笔在病人裸露的头皮上标记好入口点。然后，他把一个连接件扣在包裹住患者头部的金属框架上，按照刻度调好角度，接着他告知护士、住院医生和其他观察者准备工作已完成。短短几分钟内，他用钻头在患者颅骨上钻出两个钻孔，再使用头部钻具将两根空心长金属管向下引导，穿过脑部外层进入灰质中央。他把一对薄电极滑入管中，而电极将会连接稍后植入的装置。然后，他取下空心管，用丝线将电极导线缝入头皮，并把速凝胶填在钻孔上。

到现在为止，手术都还很常规。伊斯坎德尔在很多强迫症患者体内都植入过类似的电极。事实上，早在 2009 年该疗法获得 FDA 批准推广应用之前，伊斯坎德尔就已经成为较早开始运用实验性干预疗法的神经外科医生之一。自从他决定读医学院以来，伊斯坎德尔就一直希望得到这样的手术机会。

伊斯坎德尔在上高中时，数学和物理学表现优异，后来就读于内布拉斯加大学，他决心今后当一名化学工程师。不过，伊斯坎德尔曾接受了一份在精神病院值夜班和照看急性精神崩溃病人起居的工作，他的志向由此改变了。当时遇到的病人给他留下了深刻印象。其中有一位在美国西北大学获得博士学位的数学教授，被自己的妄想症折磨得无以复加。伊斯坎德尔还回忆起一个与他年龄相仿且蓬头垢面的家伙，声称他在重金属摇滚乐队范·海伦（Van Halen）的歌声中听到了别的声音（"你没听到吗？"他不停地问伊斯坎德尔，"他们在说：'给他们铐起来，丹诺！'"）；有一天，在户外休闲活动时段，这个孩子跳过围栏跑了出去，当时伊斯坎德尔因为擅离职守而未加注意，这把我们这位未来的外科医生给难堪和惊吓得半死。几小时后，警方发现这位病患站在公路中央，手里举着叉子在指挥交通。

伊斯坎德尔因这些妄想症如此严重而感到好奇，也惊讶于医生对精神疾病的知之甚少。"这跟普通医院的感觉完全不一样，"他回忆说，"就好像是'有人真的知道发生了什么事吗？'的感觉。"为了揭开大脑的奥秘，伊斯坎德尔决定向医学院递交入学申请。他在美国国立卫生研究院参与脑部研究之后，得以进入麻省总医院担任住院实习医生，当时 FDA 首次批准使用深部脑刺激来治疗运动障碍。几年前，伊斯坎德尔才开始接待并监视脑部疾病患者，现在他已经在给这些患者进行手术，同时还有机会测量这些患者的神经活动，并加入探索这些怪异行为成因的队伍中去。实习期结束后，伊斯坎德尔选择在麻省总医院留任。

短短几年的时间，伊斯坎德尔就努力将手术普及到各类精神疾病的领域，他已经站在了行业的最前沿。当脑外科医生考虑深部脑刺激疗法适用于何种新的候选症状时，强迫症则有理由成为最有希望的初期选择。

||||·||||·||||

正如帕金森氏症一样，强迫症的特点也是因为德朗发现的由3处主要神经元中转站形成的回路（皮层、纹状体、丘脑再回到皮层）极度活跃，也就是激发模式出错。如同帕金森氏症患者一样，强迫症患者的神经活动紊乱随时都在发生，哪怕患病个体处于完全休息的状态时（这种状态下健康个体的大脑通常看起来相对安静）也不例外。当观察患有帕金森氏症或强迫症患者的大脑时，其各自回路中的某个地方像是唱片卡在某段旋律上来回跳帧，一遍又一遍地播放同一首歌曲——这种情况下也即大脑一遍又一遍地重新发送相同的神经信号，由此引发帕金森氏症患者不由自主地颤抖，或者引发强迫症患者让人抓狂的强迫冲动，想去一遍又一遍不停地洗手。

强迫症患者的大脑中，重复性神经信号源于一个回路，该回路开始于额叶皮层某处被称为"眶额叶皮层"的区域，神经科学家已经确定这处皮层在大脑的情绪、奖励和决策功能中起到关键性作用。这条回路从额叶皮层开始，行进至纹状体，然后到达一处名叫背内侧丘脑的区域，然后再回到皮层。这种极度活跃看起来也跟帕金森氏症很相似，但由于它起源于另一条回路（涉及认知的回路），所以最终导致的不是帕金森氏症的身体震颤，而是强迫意念和强迫行为。

伊斯坎德尔和多尔蒂在过去的 15 年中共同掌管了全世界最大

的精神疾病手术干预中心之一。在他们看来，强迫症患者是早期理想的治疗候选对象。不过，伊斯坎德尔和多尔蒂在开始治疗他们首批强迫症患者后的几个月内，不仅惊叹于强迫症手术的有效，更惊叹于手术过程中的意外所得。他们发现，强迫症和抑郁症高度共病，也就是说许多强迫症患者也患有抑郁症。在实验开始后不久，几乎90%同时也患有抑郁症的强迫症患者报告称，他们的抑郁症也在逐渐减轻。多尔蒂和伊斯坎德尔很快获得批准开展一项小型实验，即使用深部脑刺激疗法来治疗未患有强迫症但患有抑郁症的患者。正当此时，达林·多尔蒂遇到了莉斯·墨菲。

━━━━━━

尽管墨菲对这场手术的记忆很有限——她大部分时间都记不清——但她清楚地记得，在几个星期后，当她回到多尔蒂博士的办公室，那位精神科医生第一次打开了植入她大脑中的装置时的那一刻。莉斯坚持认为，她那一天没有感受到任何差异。对她来说，生活依然同样迟钝，也同样灰暗。但仔细回想之后，她又开始无比确定，一切就是从那一天开始发生变化的。而对当天在场的这些临床医生们来说，后续疗效更是不可能被忽视的。

多尔蒂在麻省总医院的同事艾丽斯·弗莱厄蒂（Alice Flaherty，后来跟墨菲相当熟识）回忆称，莉斯当时弯腰坐着，回避目光接触。然后，多尔蒂打开装置，拨动至7挡。墨菲一下子挺直了身体。她直视着医生的目光，开始提问。

"嗯，你感觉怎么样？"弗莱厄蒂回忆起自己向她的提问。

"我感觉依然很悲伤。"墨菲回答。但她回答的方式则透露出完全不同的意味——弗莱厄蒂坚持认为，墨菲说话的语调中显现出之前从未有过的显著活力和"充沛精力"。

"这让我非常想弄清楚行动和情感之间的关系，"弗莱厄蒂说，"我们可以看到非常明显的差异。但我们要意识到这一点恐怕需要一段时间，要让行为一点点渗进来，再让身体做出判断：'哦，我已经不再抑郁了或者……'"

几周后，莉斯自己开始注意到这一变化。她和丈夫斯科特（Scott）养了一只英国古代牧羊犬，毛茸茸的，名叫内德（Ned）。对莉斯而言，在接受手术以前，带内德出去散步就好似穿越雷区一般的艰巨任务。每天早上，莉斯都会打电话给上班的斯科特，让他回家把狗带出去遛。但在植入装置几周后的某一天，莉斯自己就牵着狗出门了，她几乎没有意识到自己所做的决定，甚至没有考虑到为什么。不久后，莉斯开始每天早上都牵着内德出门散步了。

手术4个月后，莉斯的祖母去世了，而莉斯自告奋勇，做了几个月前完全难以想象的事情：她写了一篇悼词。仅仅过了几个月，莉斯就有勇气站在台前，向一群朋友和家人表达了自己的肺腑之言，她还提到自己的遭遇，并指出她的祖母也曾经历过抑郁症。几个月后，莉斯重新开始兼职工作。最大的回报是，2012

年，莉斯和斯科特生了一个儿子。

　　对莉斯而言，如果对使用这套装置的必要性还存在任何怀疑的话，那么一次由于感染导致医生必须将其关闭几个月的经历，把她心头的最后一丝疑虑也彻底驱除了。装置关闭的几天后，莉斯的抑郁症就再次发作了；但她说，一旦装置重新启动，接下来发生的事就跟她首次来到多尔蒂办公室时恰好相反，当时只有这位在场的医生看到了显著的疗效。而这次，莉斯·墨菲自己也立即意识到了这种有力的转变。

　　"那就好比一股暖流从你身体流过，我能感觉到它被打开了，"她说，"我一天后醒过来，面对的就是一个全新的世界。外面的颜色更鲜艳了。我给儿子讲故事的时间也到了。他跟我一起做些事情已经有好几个月的时间了。一切都是新的，它就像把我带到了另一个世界。"

　　在某种程度上，伊斯坎德尔和多尔蒂都认为，他们在莉斯·墨菲身上获得的成功纯属走运。

　　原因在于，抑郁症就像大多数其他心理障碍一样，发病根源往往并不局限于一处位置。这些都是神经回路疾病，通常会出现各种症状的复杂组合，根据受影响回路的部位不同，这些症状也有所不同。这意味着，抑郁症和抑郁症患者可分为多种类别；每个人均可能因大脑受刺激的部位、时间和方式的不同而做出不同的反应。

　　伊斯坎德尔和多尔蒂是费了一番苦功才学到这个道理。受墨菲手术成功的鼓舞，这两名临床医生在21世纪头10年中期将他们的研究探索扩展到其他抑郁症患者。某些情况下，治疗结果跟墨菲一样显著，体现出这支团队离成功越来越近。但在许多其他情况下，治疗效果却总是无效且令人沮丧。

那时候，世界上还有其他人也在努力运用深部脑刺激疗法来攻克抑郁症。2003年3月，当时在多伦多大学任职的神经科医生海伦·梅伯格（Helen Mayberg）把深部脑刺激装置植入一位抑郁症患者的一处单独大脑区域，一处被称为膝下扣带的狭窄结构。2005年，就在墨菲手术的前一年，梅伯格在《神经元》（Neuron）杂志上发表了一篇论文，其中报告了6位患者的治疗结果（她一直在追踪一个多达20位患者的实验组，至今从未中断）。就像墨菲一样，他们当中的一些人在手术前几乎要患上紧张性精神症，结果他们在手术后都顺利康复了。

梅伯格使用深部脑刺激疗法的初获成功，以及伊斯坎德尔和多尔蒂团队的研究工作，都使公众普遍预期，深部脑刺激装置很快会赢得FDA批准，用于治疗影响数百万美国人的病情。根据多尔蒂的说法，两个受试群体的反应率都在50%左右，三分之一的患者症状有所缓解。不过，要想获得FDA的批准，就必须进行大规模实验，需要安排对照组来衡量安慰剂的效应。实验者给所有志愿者体内都植入了深部脑刺激的装置，然后将受试者随机分为人数相等的两组，一组按照电刺激标准方案开启装置治疗，另一组内置的电极则不予通电。经过初步结果分析后，FDA于

2014年左右停止了这两项实验。

"我们最后可以确定的是，安慰剂效应相当明显，"多尔蒂承认，"但在一些患者身上是绝对有效的。"

伊斯坎德尔和多尔蒂由于见过太多出色的康复结果而不愿放弃深部脑刺激疗法。梅伯格也仍然坚信深部脑刺激在治疗抑郁症方面的作用。不过，如果能开发出更先进的装置，从而针对患者的个体特点采取更精确的干预措施，或许就可以为更多的病患群体提供有效的治疗，同时也能帮助科学家们深入了解精神疾病。

尽管神经科学家对人类大脑回路如何组织和运作的机理已经有了很深入的了解，但他们很难有机会长时间地实时观察这些回路的运转。而伊斯坎德尔和多尔蒂表示，他们正在设计和测试的技术将使这种观察成为可能。他们的研究团队已经开始利用现有的大脑扫描技术来收集大量数据。

‖‖‖·‖‖‖·‖‖‖

坐在伊斯坎德尔的实验室里，我望着一幅旋转的三维图像，图中画有半透明的颅骨和大脑。在这个黑白色的大脑中，不同的神经激活模式以3种不同的颜色突出显示：青绿色、橙黄色和洋红色。3种颜色分别标记了有关脑力劳动的各种神经回路中的活动。伊斯坎德尔的同事们运用fMRI技术创制出眼前这幅图像。青绿色代表了健康的受试者在执行特定任务时所记录下来的大脑激活模式。橙黄色和洋红色代表了两名精神病患者在执行相同任务时所记录下来的大脑激活模式。3种模式看起来各不相同。橙黄色和洋红色的患者都被诊断为患有严重的抑郁症，但每名患者都各自具有一种额外症状：一名患有创伤后应激障碍（PTSD），另一名患有广泛性焦虑症。

"确切地说，这些疾病就像各类症状组成的星群。"多尔蒂说。他认为，正因如此，根据不同患者的具体情况来定制更准确的治疗方法，才有可能使状况大为改善。"没有人知道哪个点代表抑郁症，"他说，"也没有人知道哪个点代表PTSD，哪个点代表临界人格障碍。"

伊斯坎德尔手指着两名抑郁症患者的大脑模式解释说，目前可用的深部脑刺激疗法，具体的治疗策略就是打开电极，给两名患者大脑的相同区域施加刺激。而多尔蒂和伊斯坎德尔正在与德雷珀实验室合作开发更先进的深部脑刺激疗法，这种疗法将能够实时感知大脑活动的异常模式，并刺激回路中对应的受影响区域。每当出现新的异常模式，这些装置就能做出相应调整，以确保每次电击都施加在正确的位置。

伊斯坎德尔示意我再次注意屏幕。他告诉我，现在我们所看到的3幅脑部扫描图像，都是在患者完成同一项任务时记录下来的，这些任务要求患者努力使大脑情绪区域平静下来并回答一个需要集中注意力和保持头脑清醒的问题。伊斯坎德尔指出了抑郁症患者的大脑激活模式之一，他解释说，这种模式通常在患有

PTSD 症状的患者中发现。患者大脑中被称为杏仁体的情绪驱动部位相当活跃，其激发的强度要远远超过正常患者在执行同样任务时的杏仁体。就好比病患大脑中的情绪部位一直在发出尖叫，淹没了其他一切声响一样。

伊斯坎德尔提出，试想一下，假如我们只是把这个反应接管过来，也就是说手动地让适当区域发生激活或者失活，结果会怎样？事实上，他已经在试图证明这种办法，于是他给一名癫痫患者的大脑中植入了为后续手术做准备的电极。伊斯坎德尔和他的团队可以通过刺激杏仁体使这名患者对人脸图像的情绪反应提高，他们还可以通过刺激另一处区域——背侧前扣带回皮层（dorsal anterior cingulate cortex）——来让情绪反应减弱。

伊斯坎德尔团队希望设计出一系列新的深部脑刺激治疗方案：根据每个人的症状，他们将治疗装置电极插入选定位置；根据大脑回路中的特定异常模式，确定将被电流激活的大脑部位。伊斯坎德尔对这些新工具用来治疗抑郁症的前景持乐观态度。他也对治疗 PTSD 和广泛性焦虑症的疗法寄予厚望。他甚至认为这套装置极有可能治疗成瘾症、精神分裂症和创伤性脑损伤。不过，伊斯坎德尔承认，他和多尔蒂计划攻克的某些症状（如边缘人格障碍）仍然希望渺茫。哪怕是 FDA 批准使用深部脑刺激治疗的精神疾病——强迫症，其治愈的成功率仍然徘徊在 50% 左右，很明显，未来还有很多挑战在等待着他们。

事实上，伊斯坎德尔和多尔蒂也并非异想天开。人类大脑仍然是我们已知的较为神秘且复杂的生物系统之一。我们努力加深对人类大脑的认识，但许多方面还处于起步阶段。"我确信自己不会第一次就成功的，甚至没想过第三次就能成功，"伊斯坎德尔说，"但最终它会起作用的。我们会一直尝试下去，直到成功。"

第九章

突然诞生的学者

释放内在的缪斯

恐怕很难想象，我们可能很快就要知道如何恢复和增强人类按时间记录和重放个人体验的脑力，科学家们正在开发的技术，可能在不久的将来允许我们在大脑情绪回路出错时重新进行手动连接。

但还有一种脑力方面的终极奇迹，在某些方面更为超乎人类的索解与想象。近年来，一些志向远大的科学家已经开始试图理解和拓展人类最不可言说的品质——人类大脑的创造性表达能力。

本书行将结束，看来很适合此时让有关创造力的章节压轴出场了。有人说，创造性表达是人类与其他物种的区别。毫无疑问，创造力是表现人性最显著，也最强大的能力。伟大的歌曲、绘画、诗歌或小说都可以发挥出强大的魔力——从我们内心深处唤起愿景或情绪，使我们感觉彼此相连，甚至以某种方式让我们感觉自己更富活力。不论是作为个人还是物种，创造力也是我们生存和发展所依赖的最强大工具。

　　你甚至可以说，本书及书中谈到的所有科学成就之所以从无
到有，都离不开创造力的火花。创造力让休·赫尔把目光投向自
己的新假肢，想象出某种适合攀岩的腿形。斯蒂芬·巴德拉克也
由此想到能否用一截肠腔来充当狗的心脏瓣膜。没有这种神奇的
人类特质，迈克尔·默策尼希又怎么能想出用猴子和旋转盘子来
验证自己的神经可塑性假说呢？

　　这种深奥的思想灵活性究竟来自哪里？为什么有些人似乎比
其他人拥有更强大的想象力和创新力？创造力究竟怎样运作，我
们又该如何增强创造力呢？

　　截至目前，本书已经介绍了很多人物，有些人是在经历困境
时被迫深入内心寻找新的力量，进而创造性地克服了看似不可逾
越的障碍，还有些人则是在这一过程中给予了帮助。因此，本书
最后一章也将以一个人物的故事开始，我们将认识一位从不幸中
显现出自身力量的人，他的经历能激发我们对人类思想的全新认
识，甚至改写科学界对人类可能性的想象极限。

·‖‖·‖‖·‖‖·

　　德里克·阿马托（Derek Amato）从游泳池浅水区里站起身
来，呼唤位于按摩浴池内的好友把橄榄球抛过来。接着，阿马托
一跃而起，伸出双臂，飞到空中接球。他目测，自己在接住球的
同时可以转个身子滑过水面，从而减缓下跌时产生的力量和冲击。

但一失足成千古恨，阿马托的指尖刚擦到橄榄球，头部就撞到了水池边的水泥地面，撞击力之大，让他感觉脑袋都要爆炸了。阿马托挣扎着划出水面，双手抱头，以为从他脸上滑落的水是从耳朵里涌出来的血。

在泳池边缘，阿马托倒在了朋友比尔·彼得森（Bill Peterson）和里克·斯特姆（Rick Sturm）的怀抱中。这场意外发生在 2006 年，当时这位 39 岁的销售培训师正从居住的科罗拉多州回到家乡南达科他州苏福尔斯市度假。两位高中时期的哥们儿开车把阿马托送往他母亲家后，不知所措。之后，他开始陷入意识时而清醒时而模糊的状态，坚持认为自己是一名职业棒球选手，就要赶不上在菲尼克斯市举办的春季训练了。阿马托的母亲将他送到急诊室，那里的医生诊断，阿马托得了严重的脑震荡。医生们让阿马托回家，指示他的母亲每隔几小时就叫醒他一次。

阿马托的头部创伤造成的影响在几周后才悉数浮出水面：一只耳朵听力损失 35%、头痛及记忆力减退。不过，最令人震惊的后果出现在事故发生后的第四天。阿马托从连续昏睡中醒来，朦朦胧胧地走向斯特姆家的房子。当时，他的两位好友正坐在斯特姆的临时音乐工作室里聊天，阿马托就在那里找到了一台廉价的电子琴。

阿马托近乎无意识地从椅子上站起来，坐在了电子琴前方。他从来没有弹过电子琴，甚至连丝毫尝试的兴趣都没有。现在，阿马托的手指似乎在不自觉地弹按琴键，几乎是行云流水，这让他自己都十分惊讶。他的右手从低音开始，以一连串抒情的三和弦一路爬升，灵巧地跑过旋律音程和琶音，猛烈地弹奏高音，然后再从低音开始反复。他的左手紧随其后，徘徊在低音区，弹奏出和声。阿马托时而快速，时而舒缓，让沉闷的音符悬在空中，然后将之化为丰富的和弦，仿佛他已经熟练弹奏了多年一般。当阿马托终于抬起头时，只见斯特姆眼中噙满了泪水。

阿马托连续弹奏了 6 个小时，第二天一早离开斯特姆的住所时，他的脑中充满了困惑。他在高中时曾随便玩过一点儿乐器，最多也就是能基本学会像模像样地弹一支吉他曲。但这种表现绝对不可同日而语。阿马托开始在互联网上寻找解释，输入"天才"、"头部创伤"之类的词汇。搜索的结果令他大为吃惊。他读到，纽约州北部有位整形外科医生叫作托尼·奇科里亚（Tony Cicoria），他在电话亭与母亲交谈时被闪电击中。之后，奇科里亚开始迷恋古典钢琴，并自学如何演奏和谱写乐曲。奥兰多·瑟雷尔（Orlando Serrell）10 岁时被棒球击中后脑，后来可以说出任何给定日期是星期几。还有阿朗佐·克莱蒙斯（Alonzo Clemons），3 岁时严重摔伤而患上永久性认知障碍，但获得了雕刻复杂动物雕塑的天赋。

最后，阿马托找到这位名叫达罗·特雷费特（Darold Treffert）的世界知名专家，他的主攻方向是"学者综合征"（savant syndrome）——典型精神障碍患者表现出非凡技能的症状。阿马托给特雷费特发了一封电子邮件，对方很快就给出了答复。据如今已从威斯康星大学医学院退休的特雷费特诊断，阿马托患有"后天性学者综合征"。在该病已知的 75 个案例中，患有脑创伤的普通人突然发展出几乎是超人类的新能力：艺术才华、数学精通、图像记忆或者单纯是不寻常的创造力。其中一位后天性学者原是个高中辍学生，在被劫匪残暴殴打后成为全世界唯一已知能够绘制分形（一种复杂几何图形）的人；他还声称自己发现了圆周率 π 的一处错误。一场中风把一位性情温和的脊椎按摩师变成了知名的视觉艺术家，他的作品在《纽约客》（*The New Yorker*）等刊物上登载，在画廊展览中展出，售价高达数千美元。

形成后天性学者综合征的神经原因，我们知之甚少。但互联网使得像阿马托这样的人更容易与相关研究专家取得联系，而经过改进后的大脑成像技术使这些科学家能够开始探索患者脑中独特的神经机制。有些人甚至开始设计实验来探究一种耐人寻味的可能性：创造性天赋其实存在于所有的人类体内，只是在等待被释放出来。

‖‖·‖‖·‖‖

"创造力"一词已经用于描述各种各样的事物，不过近年来，研究创造力的认知和神经心理学家花费了很大精力来明确创造力的定义，以便进一步研究创造力，并为相关大脑作用原理的科学体系奠定理论基础。大多数人普遍认为，创造力必须具备两部分。其中一部分就是，创造力要以全新的方式将不同的想法并置在一起。不过，这种新组合或新见解也必须是"有用"的。哈佛大学医学院的艾丽斯·弗莱厄蒂在 2005 年的一篇论文中写道，这个必要条件"抓住了创造性与纯属偏门或精神疾病的区别（后者新颖但无用）"。

"用杠杆撬动岩石在克罗马农人文明时期可能算得上新颖，"弗莱厄蒂指出，"但在当代肯定不算。"

一种普遍得到认可的创造力模型认为，创造力行为本身可以分为 4 个阶段：准备、孵化、启发（或洞察）和验证（或评估）。每个阶段可能都依赖于一组不同的神经基质，每种神经基质都可供单独研究。

"创造力不只是一样东西，而是很多件东西，"新墨西哥大学研究创造力的神经科学家雷克斯·荣格（Rex Jung）说，"创造力不只是灵机一动，也不只是坐而空想，不是没有明确目标的思绪游荡。所以多阶段过程非常重要。"

即便如此，中间两个阶段似乎代表了我们在谈论创造力时往往联想到的那种孕育新事物的启发行为。"孵化"是处于"准备"之后的放松阶段，作用是使不同的想法融合。而"启发"则是指这些新组合或新见解开始形成并进入我们的意识思维。这就是我们常说的那一刻，也就是当伟大的艺术家和原创思想家似乎不知从哪里冒出来灵感的那一刻，传奇诞生的那一刻。

相传希腊数学家阿基米德在浴缸里休息时突然想到，可以通过测量不规则形状的物体排开的水量来获知其体积。灵感来得相当突然，阿基米德甚至"兴奋地跳出浴缸，连衣服都来不及穿就跑回家，一路大声喊叫'尤里卡'（希腊语，意为'我发现了'）"，罗马建筑师维特鲁威（Vitruvius）曾写下这段著名的文字。

据说艾萨克·牛顿（Isaac Newton）坐在苹果树下发现了重力。路德维希·凡·贝多芬（Ludwig Van Beethoven）每天午饭后都到维也纳森林散步，以此激发自己的创造力，沿途记录种种音乐灵感。欧内斯特·海明威（Ernest Hemingway）及其弟兄的榜样激励了几代作家纷纷纵情酗酒，从而指望自己能从中汲取到些许魔力。

德里克·阿马托和其他类似人物的故事看似神奇，实际上也可以看作奇妙想法在创造力诞生阶段（孵化和启发）的故事。那么，究竟为什么头部挨一下狠砸或是一道闪电就能突然释放出缪斯女神①呢？这种新的创造冲动和随时创作的本事到底来自哪里？这对我们其他人来说又意味着什么呢？

‖‖·‖‖·‖‖

布鲁斯·米勒（Bruce Miller）是加州大学旧金山分校记忆与衰老中心（治疗老年痴呆症和晚年精神病患者）的负责人。20世

---

① 希腊神话中主司艺术与科学的9位女神的总称，能给予歌手鼓励和灵感。——译者注

纪 90 年代中期的一天，米勒惊讶地从一名患者的儿子那里听说，他发现自己父亲身上表现出一种奇怪的新症状：迷上了画画。更奇怪的是，随着症状日益恶化，他父亲反而画得越来越好。米勒对此一直持怀疑态度，直到这个儿子给他送来几幅样本。米勒回忆说，他看到的作品"非常出色"。

"色彩运用非常突出。他很喜欢用黄色和紫色。"米勒说。但没过多久，这名患者就从一位此前从没有任何艺术爱好的聪明商人，变得无法要求自己恪守社会规范了：讲话颠三倒四，在公共停车场换衣服，侮辱陌生人，甚至在店铺里扒窃。但他却在本地艺术展上获奖了。

到 2000 年，米勒发现了另外 12 名患者，也都是在神经系统衰退的同时展现出意想不到的新天赋。随着痴呆症导致他们大脑中与语言、高阶处理、控制力和社会规范有关的区域失去作用后，其艺术才能空前爆发。有些人开始偷餐桌上的小费；一个人因为在公共泳池裸泳而被逮捕；另一个人则当街辱骂他人。但这些人创作的作品却赢得了奖项。他们创作出四重奏。有些人虽然说不出他们画的是什么东西，但这些作品却因其现实主义和艺术技巧而引人注目。

尽管这些症状不符合人们对老年脑部疾病的传统认知——受阿尔茨海默病折磨的艺术家通常都会失去原有的艺术能力——但米勒意识到，他们的表现符合文献中描述的另一类人群——学者综合征患者。学者综合征患者的症状往往是无法控制地表现自己的特殊技能，同时在社交和语言行为方面存在类似痴呆症患者那样的缺陷。米勒想知道，两种疾病是否也可能具有神经层面的相似性。虽然人类大脑的精密工作机制尚未确定，还可能因人而异，但至少可追溯到 20 世纪 70 年代的一些研究发现，具有惊人艺术、数学和记忆能力的自闭症天才的大脑左半球多有损伤。

米勒决定，要确切地找出普通学者（即年纪很小就表现出特殊技能者）大脑左半球的缺陷究竟存在于哪个部位。一位 5 岁的自闭症天才能够记住并重新画出绘画玩具"神奇画板"（Etch-A-Sketch）上的复杂图案，米勒查看了他的脑部扫描情况。单光子发射计算机断层扫描（SPECT）结果显示，他的左半球颞叶前部存在不活跃的异常现象，这跟他在痴呆症患者大脑中发现的结果一样。颞叶前部究竟承担着何种功能，对此，学界仍然存在争议，但研究表明，其中一部分对我们回忆、情境化，以及分类物体、人物、词语和事实及意义处理的能力具有至关重要的作用。

大多数情况下，科学家将大脑活动增强归因于神经的可塑性。就像那些猴子将更多的大脑皮层实体用于反复试图阻止盘子旋转的指尖一样，艺术技能也会随着实践的发展而增长，因为大脑器官能够根据使用频率来重新分配皮层资源。不过，米勒根据他从患者身上见到的工作机制，提出了一种截然不同的假说。米勒认为，学者技能之所以无中生有，是因为被疾病破坏的那部分功能区域（通常与逻辑、语言交流、理解和社会判断有关）实际上阻遏了这些人生来就具有的潜在艺术能力。随着逻辑大脑的某些部位失效，长期以来抑制大脑中与创造力有关部位的某些回路也随之消失了。学者技能的出现，并非因为获得了新脑力，而是因为与创意自由流动有关的大脑区域第一次得以不受抑制地运作起来。

　　米勒的理论与其他神经病学家的研究结论相呼应，这些科学家也逐渐发现，脑损伤会自发地且又似乎违反直觉地引发积极的改变——消除口吃，增强猴子和老鼠的记忆力，甚至恢复动物失去的视力。在健康的大脑中，不同神经回路互相激发和互相抑制的能力对于大脑的有效运作起到了关键性作用。米勒认为，在痴呆症患者和部分自闭症患者的大脑中，与创造力相关的领域不再受到抑制，从而引发了敏锐的艺术表现力和强烈的想要创造的冲动。

·||··||··||·

　　意外发生后的几个星期里，德里克·阿马托的创作欲望一直在蓬勃发展。他发现自己会不由自主地打出节拍，午睡醒来时，手指还在有规律地敲击着腿部。他买了一台电子琴。没有琴，他会感到焦虑、感到过度刺激；一旦坐下来弹琴，他就会浑身沐浴着宽慰，随之而来的是深深的沉静感。他闭门不出，有时甚至长达两三天，屋里只有琴相伴，他可以尽情探索自己的新天赋，试图理解这种天赋，再让音乐从体内喷涌而出。

　　阿马托身上还有其他症状，其中很多是负面影响。他的视野里出现了黑白方块，就好比眼前合成了一台看不见的过滤器，在来来回回地绕圈。他饱受头痛的折磨。头痛头一回出现在意外发生的3周后，但很快阿马托就变成每天疼5次了。一旦疼起来，他只感到脑袋发胀，光线和噪声都无法忍受。有一天，阿马托倒在他哥哥的浴室里。还有一天，他又差点儿在沃尔玛（Wal-Mart）超市里昏过去。

尽管如此，阿马托的自我感觉仍很坚定。他确信自己是获得了天赋。阿马托的母亲就跟许多母亲一样，也一直告诉他，他很了不起，他来到这个世界上是要干大事的。不过，阿马托高中毕业后，只做了一件又一件平平无奇的工作：销售汽车，送信和处理公共关系等。可以肯定的是，阿马托也曾努力过要一鸣惊人，但始终无法成功。他参加了电视节目《美国角斗士》（*American Gladiators*）的试镜，但在引体向上测试中被淘汰了。他开了一家体育管理公司，业务是为混合武术格斗人士进行营销和宣传；结果公司在2001年破产了。如今，阿马托开辟了一条新路。

阿马托相信，自己之所以天赋异禀，证据不仅仅是在他把手指放在琴键上时所感受到的自在感。在他看来，这还来自他感受到的驱动力，内心对于弹琴的激烈冲动。这是他以前很少体验过的紧迫感。他从心底真切感受到：这就是我本该做的事。

阿马托开始策划营销活动。他想做的不仅限于艺术家、音乐家和表演者。他还想把自己的故事讲出来激励其他人。

ᴵᴵᴵᴵ·ᴵᴵᴵᴵ·ᴵᴵ·ᴵᴵ

阿马托对于驱使自己运用新技能的迷恋，正是达罗·特雷费特和布鲁斯·米勒在他们接触过的许多学者身上经常见到的特质。不过，这也是许多其他神经疾病的决定性特征。

当时，麻省总医院神经学家艾丽斯·弗莱厄蒂与莉斯·墨菲共同研究，就创造力和神经缺陷撰写了一些有影响力的评论，并在 2004 年出版了一本名为《午夜的疾病：写作驱动力、作者心理阻滞及大脑的创造性》(*The Midnight Disease: The Drive to Write, Writer's Block, and the Creative Brain*) 的书籍。弗莱厄蒂为这一领域带来了一系列罕见的学术证明和见解：她在哈佛大学获得了神经病学的医学博士学位，还在麻省理工学院获得了神经科学的博士学位。然而，她的博士后工作却遭遇沉重打击。

1998 年，弗莱厄蒂在完成医学院住院实习后的一个月，生下一对早产双胞胎男孩。两个孩子都没能挺过来。创伤、悲痛、激素改变，这些一齐朝弗莱厄蒂涌来。经历了 10 天的悲伤后，她突然被一种罕见的躁狂症击垮，其表现是强烈的写作冲动。没多久，她便在周围的一切东西上面写满了文字。她在撕下来的卫生纸上写。她在裤子上写，在手臂上写。她一股脑儿写下长篇散文，半夜里在小小的便签纸上用小字体写得满满当当。她甚至连开车时也写。

这是"一种难以控制的强迫冲动，"她后来回忆说，"当时我脑中的全部意识就是 —— 我有很重要的想法，我需要写下来，否则我会忘掉的。"

弗莱厄蒂意识到自己很狂躁，"上了瘾""连篇累牍"并且"见到任何事都很兴奋"。即使身处这种状态，弗莱厄蒂还是几乎立刻就意识到，自己的状态一点儿也不正常。弗莱厄蒂在医学院文献中读过自己的病情。这种病称为"多写症"（hypergraphia），一种痴迷于写作的疾病。她很快做出了决定。

"我看过自己写下的所有文字，大部分都只是高中女生日记的水平，所以我想，'得了多写症的人，如果他们写的东西没办法发表，那就是一种疾病，就是一种病态症状，'"弗莱厄蒂说，"如果他们写的东西能发表，就不是一种疾病了，那么他们就是作家了。"

弗莱厄蒂开始将她自己的强迫冲动转化为真正的写作，后来她有两部作品得以出版。弗莱厄蒂在努力克制情绪旋涡之际，仍然维持着审慎的专业视角。不过，她这种选择背后也有着深刻的人性因素。弗莱厄蒂想要 —— 她需要 —— 让自己的行为合理化。她需要的不仅是写作 —— 更需要的是连接。当我同弗莱厄蒂交谈时，她的话语打动了我，让我很容易想起我同德里克·阿马托、布鲁斯·米勒之间的谈话。

"我极度地想要跟人交流，"弗莱厄蒂告诉我，"我真的有这个冲动，一直想要告诉所有人我思考的所有事，一直都想。但我也想看看，我能不能找到跟我有类似经历的人。我想让人们明白，他们的大脑正影响着他们的写作方式。”

弗莱厄蒂曾经说过，不认识她的人会经常问她，为什么她要把自己身上发生的状态称作一种“病症”——特别是她自己同时也认为这是一种“奇迹”。

“部分原因是，因为我写作的方式让我远离了其他一切事物，”弗莱厄蒂解释称，“还有就是因为那种感觉太奇怪了，突然被产后生化变化之类的东西推动到创造性状态。我不愿相信，写作——最精致、甚至最具超越性的才能之一——会受到生物学的影响。另外，作为一名神经科学家，我意识到，如果我们能控制创造力的波动，我们或许就能找到增强创造力的办法。”

弗莱厄蒂尽可能多地研读了各类医学案例研究和历史事例，她希望从中找出其他人有过的创造力骤然爆发的类似经历——既有创造驱动力，又有轻松就能创造的思考灵活性。她发现了布鲁斯·米勒和达罗·特雷费特及其后天性学者综合征的故事。她还阅读了将精神疾病与伟大艺术作品联系在一起的大部头文献。她阅读了心理学家凯·雷德菲尔德·杰米森（Kay Redfield Jamison）等人的著作后，发现相比于其他群体，作家患有双相情感障碍的可能性要高出 10 倍——诗人则要高出 40 倍。她还发现了另一个有趣的联系：双相情感障碍和精神分裂症的遗传成分，一方面似乎破坏了家庭并摧毁了症状较重者的生命；但另一方面往往也能赋予基因携带者以不寻常的驱动力和不常见的想法，并使其中的天赋出众者名垂千古。

历来就有众多富有写作和押韵冲动的作家和诗人，但他们的作品永远不会让他们被人尊为天才。也有很多灵感迥异的天才人士并未患有双相情感障碍。尽管如此，弗莱厄蒂还是很惊讶地发现，她是如此频繁地找出这类事迹——似乎精神疾病与天才人士总是如影随形。她发现，作家、哲学家兼心理学家的威廉·詹姆斯（William James）就具有轻度的双相情感障碍。他的弟弟、著名作家亨利·詹姆斯（Henry James）则患有抑郁症。他们的疾病似乎恰好击中了"要点"，他们仍然可以正常地生活和创作，不像他们也患有双相情感障碍的表兄弟——知名度较低的、创作量也较低的罗伯特·詹姆斯（Robert James）。弗莱厄蒂还曾治疗过威廉·斯蒂伦（William Styron），这位作家患上严重抑郁症之后便于1990年出版了一部题为《看得见的黑暗》（*Darkness Visible*）的作品。

"斯蒂伦真的非常重视他的病，"弗莱厄蒂说，"他真的想过很多，他想要为他身上的病找出某种重要意义。"

许多神经学家现在认为，费奥多尔·陀思妥耶夫斯基（Fyodor Dostoevsky）患有一种仅在20世纪70年代才发现的罕见颞叶癫痫，也称为格施温德综合征（Geschwind syndrome），其症状之一就是多写。这样就可以解释陀思妥耶夫斯基的情绪波动，自在沉浮的末日感和狂喜感，以及他强烈的写作欲望。作家刘易斯·卡罗尔（Lewis Carroll）可能也有这类疾病。他在去世前写了98 721封信。对于弗莱厄蒂来说，《爱丽丝梦游仙境》（*Alice in*

Wonderland）里爱丽丝掉下兔子洞的场景，看上去就非常像癫痫患者古斯塔夫·福楼拜（Gustave Flaubert）笔下描摹自己癫痫发作时的感受的那段著名阐述。弗莱厄蒂从医学和流行文学评论中发现，其他可能的癫痫患者包括：丁尼生、爱伦·坡、斯温伯恩、莫里哀、帕斯卡、彼得拉克和但丁。

像布鲁斯·米勒一样，弗莱厄蒂也指出，她发现的所有大脑状况都与多写症和其他媒质的创造性爆发有关，其所涉及的大脑颞叶区域位于额叶和顶叶之下，大约从眼睛后方开始，穿过耳朵，然后到头部后方为止。

对于大脑的这一部分缺陷究竟如何触发其他部位的神经级联，目前还很难精确表征，因为大脑太过复杂，而且在许多方面仍然是个谜。我们在上一章已经知道，颞叶受到的扰动是可以传播的。这有点儿类似于朝池塘中央丢块石头：冲击波通过与大脑其他部位的连接而蔓延开来——这样的连接部位包括情感边缘系统（弗莱厄蒂认为其在无法抑制的沟通需求过程中发挥关键作用）及额叶（一种运动和思想的发生器）等。

但是就像米勒一样，弗莱厄蒂怀疑是由于这些大脑疾病造成的某种功能丧失、起源于大脑颞叶回路中心的"抑制"得到释放，这才"揭开"了创造性驱动力，以及某些潜在能力。她解释说，颞叶癫痫在发作期间会导致大脑颞叶区域过度活跃。但癫痫发作会留下疤痕，而在发作停止时，过度的活跃区域将会呆住不动。弗莱厄蒂认为，这种昏厥状态可以释放出通常情况下具有很强大抑制性的控制力，这种控制力是由部分颞叶及其连接到大脑其他部位的回路产生的。就好像这些回路刚刚熬过一场极度活跃的风暴，必须通过进入冬眠状态来恢复一样。

同时，弗莱厄蒂认为，双相情感障碍患者的大脑颞叶区域失调也会以某种方式解放大脑中的其他区域，对于这种病患而言，则是边缘系统中的原始情绪区域。这种失调加剧了疯狂的情绪躁动，在躁狂过度和躁郁症患者典型的恶性不适感之间摇摆。

米勒收治的最具艺术性的痴呆症患者并没有患上癫痫或双相情感障碍。但他们的疾病也无一例外地破坏了他们的部分颞叶。在这些病例中，弗莱厄蒂认为，他们部分相对完整的额叶所受到的抑制作用得到释放，这可能会导致其创造力增强。虽然我们往往把额叶视为理性和逻辑活动的中心，但大脑前部区域的某些部位在创造力的初始孵化和启发阶段也具有重要作用。当我们进行"头脑风暴"时，我们意识中的奇思妙想正是从这些部位冒出来的——你可能还记得，本书曾提及的保罗·雷伯已经在他的洞察力和直觉研究中开始探索这部分大脑区域。

同时，米勒从他的患者大脑颞叶中发现的语言处理区域退化，这会影响到他们对意义的判断。这些部位的失效会导致额叶中的创意产生区域得以释放。

"当这些区域过于活跃时，实际上很难写作，因为你什么事都要判断，"弗莱厄蒂说，"你总是在说，这样写有没有意义？你会对你的作品过分挑剔。"

当这些区域不再活跃时——比如说颞叶痴呆症或颞叶癫痫患者——则会发生相反的情形。过滤器关闭，创意会源源不断地涌入我们的意识之中。

||||·||||·|||

有关音乐领域的创造力，最令人着迷的神经科学发现来自耳鼻喉科专家查尔斯·利姆（Charles Limb）和美国国立卫生研究院神经科学家艾伦·布朗（Allen Braun），两人合著了 2008 年发表的一份爵士音乐家研究报告。他们还阐述了创造力如何在健康人身上发挥作用，以及掌握音乐领域特定技法的专家如何使用自己的专长来创造新的杰作。

利姆本人既会演奏萨克斯管、钢琴和贝斯，也会作曲，原本只是想知道他的偶像约翰·科尔特兰（John Coltrane）和查理·帕克（Charlie Parker）等音乐家是如何一直站在舞台上为近乎无休无止的爵士演奏会即兴创作的。他们的创造力似乎从不枯竭。利姆说，他自己是在中学时学会即兴创作的，直到那时他才彻底爱上了音乐，才开始"需要音乐"。这份激情也是鼓励他专门研究耳朵功能的原因之一。

利姆对艺术的热情跟双相情感障碍完全无关，他也没有脑损伤之类的经历。利姆的本事很大，当我找到他时，他正准备从约翰霍普金斯大学转到加州大学旧金山分校，接任迈克尔·默策尼希原先的讲座教授职位。或许就像我们其他人一样，去了加州这样的创意地带会让他更有活力吧。

2008 年，利姆在布朗实验室工作期间意识到，有机会利用实验室配备的尖端脑部扫描技术来检查这种感觉来自何处，即兴创作时大脑又发生了哪些作用。为了找到答案，利姆从当地的爵士圈内招募了 6 名训练有素的右利手钢琴师。

利姆先是让每位音乐家记忆一段旋律，然后指示他们躺在一台脑部扫描机上，给他们腿上放一只电子琴键盘，然后通过扬声器播放预先录制的备用音轨。接下来，利姆开始进行实验的第二部分，不让他们记忆旋律，而是指示音乐家在和弦进行中即兴创作。利姆想知道这两种情况下人的大脑模式会有哪些差异。

利姆和布朗的实验表明，乐手在即兴创作过程中，大脑似乎关闭了涉及自我监控和抑制的区域。毫不为奇的是，大脑同时打开了与感官相关的区域，也就是说发生了一种"意识感官增强"。

新墨西哥大学的雷克斯·荣格认为，上述结果证明了他的想法：即使在健康且创造力充沛的个体中，创造力过程也涉及大脑中两个可相互抑制的独立回路之间的一种协调和切换。富有创造力的个体擅长使发散思维和新颖联想所需的大脑区域挣脱限制。但接下来还有第二个步骤，这也是后天性学者综合征患者或者脑损伤患者往往缺少的步骤：他们还需要在创造力的"评估阶段"掌控和利用一套独立且更关键的系统来编辑他们的这些想法。

荣格说，在健康的个体中，创意的孵化和启发阶段似乎与某个被称为"默认模式网络"（DMN）的神经回路被激活有关。例如，当我们发现自己的创造力受阻时（比如说我们文思枯竭时），就代表这个网络被阻塞了。默认模式网络分布在大脑各个区域，与之相连的神经通路是连接最为紧密且相互重叠的那一类。

当我们的注意力不集中时，这条回路就会极其活跃。当我们任由心智"神游"，随意浏览外部世界时，我们就会用到默认模式网络；当我们进行自我反思或者做白日梦时，我们也会用到这个回路网络。默认模式网络集中在涉及记忆力的大脑区域（如海马体）和涉及心理模拟的内侧前额叶皮层。这就解释了我们为什么会依靠这些区域进行"头脑风暴"和自由联想。荣格指出，当利姆的爵士钢琴家进行独奏表演时，这些区域中有一部分是活跃的。

不过，当我们进入创造力的"验证"阶段，开始了解并编辑自己的想法时，荣格认为我们就被拉入了一条被称为"认知控制网络"（CCN）的独立神经通路。认知控制网络通常与默认模式网络完全反向。认知控制网络包括了涉及注意力控制和执行功能的前额皮层中的关键区域。克里斯·贝尔卡招募的神枪手就会将之开启并用来过滤他们的内部噪声。

利姆本人认为荣格理论是"可信的"，但会因任务而异。（显然，写书和演奏爵士乐相比，所需的想法和大脑的状态各不相同。）他补充说，当然还存在与灵感有关的神经激活模式。不过至少在爵士乐领域，音乐家们想要利用素材来创造新的混合体，那就非得依赖过往的经验、也就是创造力的"准备"阶段不可了。

⫴⫴·⫴⫴·⫴⫴

然而，德里克·阿马托不会演奏爵士乐，也没有接受过多少音乐训练。他的能力究竟从何而来？很少有人比悉尼大学神经科学家艾伦·斯奈德（Allan Snyder）更关注像阿马托这样的后天性学者综合征患者了。自 1999 年以来，斯奈德一直致力于研究后天性学者综合征患者的大脑运作。与许多神经科学家相比，斯奈德更愿意深入猜想一番：他试图找到办法使未受损的大脑也能自发产生这样出色的能力。

2012 年，斯奈德发表了被许多人看作他最具实质意义的研究成果。斯奈德和他的同事让 28 名志愿者尝试解开一道 50 多年来难倒众多受试者的几何难题。挑战如下：3 行 3 列排成的 9 个点，请用 4 条直线一笔串联起来，笔尖不准回退也不准抬离纸面。结果没有一名受试者能答出来。然后，斯奈德和他的同事使用经颅直流电刺激（tDCS）暂时让大脑左前颞叶中的某个区域停止工作，也即米勒的后天性学者综合征患者脑中被痴呆症破坏的同一区域。同时，他们还刺激了大脑右前颞叶区域，这使得痴呆症患者脑中更为活跃，且与创造力相关的那些神经元更易被激发。

接受 tDCS 刺激后，斯奈德实验中超过 40% 的参与者都解决了连线难题。（接受安慰剂 tDCS 的对照组中没有人能解答。）

斯奈德认为，这项实验所支持的假设就是：一旦大脑正常控制的区域解除了限制，后天性学者综合征患者身上所表现出来的能力就会出现。他认为，左颞叶的关键作用是过滤那些会让人眼花缭乱的感官刺激，并将之归类为以前学过的概念。这些概念——或者斯奈德所谓的"思维模式"——使人类看到的是一棵树而不是一片又一片的叶子，认出的是一个单词而不是一个又一个的字母。"要是我们非得分析进而彻底弄清视野里的每一样新东西不可，那我们怎么可能跟这个世界打交道呢？"斯奈德说。

斯奈德相信，后天性学者综合征患者可以获取通常会被意识心智加以限制的原始感官信息，原因就在于他们大脑的感知区域不起作用了。要解答9点连线难题，你必须把线延长到9个点组成的正方形空间之外，这就需要抛开预先设想的边界概念。"我们的整个大脑随时都在做预测，好让我们能够对这个世界更快速地做出反应，"斯奈德说，"如果某种东西能自然而然地帮你避开这些'思维模式'过滤器的话，那就会产生非常强大的效果。"

斯奈德认为，包括阿马托的音乐技巧在内的越来越多的证据表明，每个人身上都拥有未开发的人类潜能，只要有了正确的工具即可获得。而且，跟利姆的看法不同，斯奈德相信，哪怕没有接受传统训练也有可能获得创造力天赋。当非音乐家听到乐曲时，往往更多的是欣赏一支整体旋律。斯奈德说，但阿马托的音乐体验则很"直接"——他听到的是一个个独立的音符。米勒的痴呆症患者之所以拥有艺术技巧，原因也正是他们可以画出自己所看到的一个个细节。

利姆的合作者艾伦·布朗在2013年的一项研究中发现了部

分证据也证明了这一观点。宾夕法尼亚大学莎伦·汤普森－席尔（Sharon Thompson-Schill）实验室的一个团队使用 tDCS 来准确定位布朗的艺术家们的大脑左前额叶皮层区域，使之在进行爵士乐、诗歌和说唱即兴创作时有效关闭。

宾夕法尼亚大学团队写道，这些区域属于认知控制网络（涉及"感官过滤"）的一部分。当这些区域受到抑制时，受试者能够更好地观察某一对象的图片，并通过头脑风暴想出更有创意的用法。

"通常情况下，前额叶皮层会把所有东西聚到一起，然后把来自环境的感官信息给过滤掉，所以如果你没有过滤器，那你就会有更多有趣的想法。"布朗说。至于布朗自己也曾研究过的爵士即兴创作、随兴说唱或诗歌，布朗认为，"我们这些案例中的过滤器由于内在目标或动作，或者是内在产生想法而被停用。"纳马·迈塞勒斯（Naama Mayseless）目前在斯坦福大学担任博士后，与她原来的导师、海法大学的西蒙娜·沙迈－索里（Simone Shamay-Tsoory）共同发表了一系列推进这一理论的论文。迈塞勒斯和沙迈－索里研究了一位 46 岁的会计师，他此前从来没有艺术经验，而且大脑颞顶区域发生出血。一段时间以来，这位病人在沟通和言语理解方面都遇到了问题。值得注意的是，就像米勒的部分患者一样，这位没有任何艺术表现史的会计师入院后没几天，突然极其渴望抬笔作画。

"突然间，我能看懂深层透视了，"这位患者告诉迈塞勒斯，

"我理解该怎么画东西了。我理解该怎么把三维物体转化到纸上了，我在以前是做不到的。"

不过，接下来发生的事更让人惊奇也更具有科学上的意外性。之后的 8 个月，这位患者的脑出血减少了。他的语言能力开始恢复了。但与此同时，他对绘画的渴望和"怎么把三维物体转化到纸上"的"理解"也开始消失。最终，他完全失去了这些能力。

"哪怕反复尝试画画，"这位病患后来报告称，"但随着我的语言能力有所改善，我的绘画能力也显著下降。"

受此病例的启发，迈塞勒斯和沙迈－索里招募了共计 37 名志愿者。受试者逐一躺入 fMRI 扫描仪，接着科学家们开始指示他或她对不同绘画作品的原创性做出评价。当志愿者对画作进行批判性的评估时，fMRI 扫描显示有一处非常特殊的大脑区域的活跃性也随之增强——这正是脑部血肿患者的受损区域，以及相邻的多个前额区域。更重要的是，这些区域在 fMRI 扫描仪下表现越活跃的志愿者，当被要求在扫描仪之外接受创造性测试时能够提出的想法也就越少。

2015 年发表的后续论文指出，迈塞勒斯和沙迈－索里使用 tDCS 来检验能否通过升高或降低这些区域的神经激活程度来增强或抑制创造力。迈塞勒斯要求志愿者参与一项测试，称为替代用途任务，每位受试者会拿到诸如铅笔之类的随机物品，然后要求通过头脑风暴尽可能多地想出这件物品的替代用途。创造性用途案例包括：轮胎（可与其他轮胎叠放组成桌子）、钉子（可作为鸟类落脚的栖木）和鞋子（可用来向政客扔鞋）。

他们发现，大脑左前区似乎更能对颞顶区产生抑制作用。

迈塞勒斯认为，这就是释放额叶功能的关键区域，而额叶则是解放创造力的重要因素。但她还认为，这种抑制作用取决于一条跨越多个大脑区域的回路，其中就包括斯奈德锁定的颞叶区域以及颞叶的另一部分。

这些实验结果看似都证实了创造力可被释放的观点。但在我看来，大多数实验并没有直接回答艺术技巧是否实际客观存在的问题——尽管 46 岁的会计师突然间会画三维图的案例研究确实部分印证了斯奈德的理论，即"思维模式"在某些情况下其实可能就是起限制能力的作用。

当然还有其他的可能性。迈阿密大学神经科学家、哲学教授兼布罗加尔多感觉研究实验室（Brogaard Lab for Multisensory Research）的主管贝丽特·布罗加尔（Berit Brogaard）提出，脑细胞死亡后，会释放出大量的神经递质，而这种化学物质的泛滥实际上可能导致大脑不同的部位重新连接，从而开辟出新的神经通路连至以前没有利用的区域。

"我们的假设是，我们具备一些还不能为我们所用的能力，"布罗加尔说，"因为我们从没有意识到这些能力，所以也就无法掌握这些能力。某些重组发生以后，我们或许就能有意识地到那些还在休眠的地方获取信息。"

布罗加尔发表了一篇论文，探讨她的实验室对贾森·帕吉特

（Jason Padgett）进行一连串测试后得出的结论。这位学者综合征患者声称自己发现了圆周率中的错误，而且还能绘制分形图形。实验结果揭示，帕吉特大脑中检测运动和边界所涉及的视觉皮层区域存在损伤，而与新颖视觉图像、数学和行动计划有关的顶叶皮层区域则异常活跃。布罗加尔说，在帕吉特的案例中，变得超级活跃的区域正好紧挨着持续受损的那些区域，也正好处于众多脑细胞死亡释放出大量神经递质所组成的路径上。

布罗加尔说，阿马托的案例中，他高中时就学习过弹奏吉他和弦，甚至加入车库乐队表演过。"显然他以前就对音乐感兴趣，而他的大脑可能无意识中记录了一些音乐，"她说，"他把音乐记忆储存在大脑里，但他没有获取过它们。"那场意外以某种方式激起了神经元重组，从而将这些音乐记忆重新引入他的意识。布罗加尔希望阿马托能来她的实验室共同探究这一理论。

⫿⫿⫿·⫿⫿⫿·⫿⫿⫿

南加州 10 月的美丽的一天，我陪同阿马托和他的经纪人梅洛迪·平克顿（Melody Pinkerton）前往圣莫尼卡市香格里拉酒店顶层的高级公寓。俯瞰远方，这座城市的著名码头伸向海洋，太平洋海岸公路紧邻海岸线。平克顿在阿马托旁边的沙发上坐了下来，朝他热情洋溢地点点头、眨眨眼，脸上带着天真无邪的笑容，拿着手持摄像机的 3 名男子环绕在周围。他们正在拍摄真人秀电视剧的试播片段，节目讲述的是在好莱坞打拼的女性。平克顿曾是 VH1 电视台的真人秀节目《为了弗兰克的爱》(*Frank the Entertainer*)的选手，也给《花花公子》(*Playboy*)拍过写真照。如果这部新节目得以通过，阿马托将会成为她的签约艺人并定期露面了。"我的整个生活都变了，"阿马托告诉她，"我已经放慢了速度，哪怕我还是在以超出很多人想象的速度在飞奔和创作，你知道吗？想当年贝多芬一年谱出 500 首曲子，还被公认为是脑子非常灵光，而医生跟我说我一年能谱 2500 首乐曲，那你应该能明白我还挺忙的了吧。"

尽管有压力，阿马托在摄像机前看起来还是表现得十分自在。出演真人秀节目代表着他的职业生涯又往前迈进了一步，但也算不上是多大的飞跃。过去 10 年里，阿马托在世界各地的报纸和电视节目中亮相频频。阿马托是 2010 年探索频道(*Discovery Channel*)专题纪录片《天才的头脑》(*Ingenious Minds*)特别报道的 8 位学者综合征患者之一，他也曾上过公共广播电视公司(PBS)的《新星》(*NOVA*)。阿马托参加过他的偶像、《幸存者》(*Survivor*)主持人杰夫·普罗斯特(Jeff Probst)主持的脱口秀节目。阿马托甚至曾在美国全国广播公司(NBC)的《今天》(*Today*)节目中亮相。

阿马托在音乐界的声望（以及钱袋子）则相形见绌。2007年，阿马托发行了第一张专辑。2008 年，他跟著名的融合爵士乐吉他手斯坦利·乔丹(Stanley Jordan)一起在新奥尔良为数千人演奏。他应邀为一部日本独立纪录片谱曲。不过，尽管阿马托的音乐能力一直令媒体惊叹，但有关他创作音乐的评论却是毁誉参半。"有些人反应很好，有些人觉得一般，有些人觉得不是很好，"阿马托说，"我不觉得我的音乐特别棒。我认为最棒的是现在能和其他音乐家合作。"

不过，当我们结束拍摄，沿着圣莫尼卡大道漫步走向寿司餐厅时，阿马托简直开心得不能再开心了。餐桌上，阿马托开怀大笑，伸出文着音符刺青的胖胖的前臂狂乱地比画着，举起筷子戳向空中以示强调。

"有出书，有露脸、表演、慈善组织，"阿马托说，"有电视人、电影人、商人、伴奏、摄像之类的。我知道我还错过了另一半。我就像是在飞机上每小时飞 972 英里！我很享受每一秒的旅行！"

后来，当我驾车载着阿马托穿过洛杉矶的街头时，在我看来，他身上有种确凿无疑的美国梦之感，他努力抓住这场事故——事故发生时他年届 40 不惑而又凝视着中年危机的深渊——然后把自己从一个寂寂无闻的销售培训师摇身变成一件热卖的商业产品，这对于怀有宏伟事业梦想的潜在粉丝来说，他无疑是鼓舞我们探索人类潜力的偶像。特雷费特、斯奈德和其他人都热情高涨地探究后天性学者综合征现象，目的正是希望有朝一日让每个人都能够探索自己的潜在天赋。全世界人人都有希望成为德里克·阿马托。

　　然而，我也无法否认，有时阿马托的表现（如果不是出于怯弱的话）至少有点儿搞噱头了。我在采访结束后，从网上偶然看到阿马托跟一位完全听不见声音的歌手在一个全国性的脱口秀节目上表演。

　　采访期间，我只想亲耳听听阿马托的现场表演。他真的是音乐天才吗？我们把车停在好莱坞日落大道（Sunset Boulevard），这里距离"罗克西"（The Roxy）和"毒蛇屋"（The Viper Room）等摇滚乐传奇圣地仅几个街区之遥。阿马托和我走进标准酒店（Standard Hotel），跟一位操着澳大利亚口音、浑身邋遢的爵士乐迷穿过大堂，到达一间光线昏暗的酒吧。房间中央摆着一架三角钢琴，象牙琴键闪闪发光。椅子倒放在桌面上，只听见附近厨房里餐具叮当作响。这家俱乐部没有对客户营业，现在只剩我们两人了。当阿马托在钢琴前坐下时，紧张感似乎从他肩膀上悄悄溜走了。

　　阿马托闭上双眼，一只脚放在踏板上，开始演奏。乐曲从他指尖流淌而出，悠扬悦耳，充满华彩颤音，澎湃汹涌，琴键随着层层叠叠的音符而高高低低——这种流露着绵延情感的音乐类型，更适合放在《乱世忠魂》（From Here to Eternity）这类浪漫电影的高潮部分，而不是日落大道中心街边晦暗的夜总会。他的服装选择令人想起80年代的发带偶像布雷特·迈克尔斯（Bret Michaels），显得有些格格不入。阿马托的表演并没有让我感到折服；不像"盲眼汤姆"威金斯那样绝无仅有的学者综合征患者，威金斯的音乐技艺甚至让接受多年训练的音乐人士也深为惊叹。

在我看来，阿马托是以某种方式在内心深处找到了一块过去无法触及的地方，一个能让音乐流淌的地方。但是，比起那些躺在利姆的脑部扫描机器里的专业人士，阿马托恐怕还得再多练几年爵士标准曲目，才能与他们同台竞技。

不过，就在那家只剩阿马托一人表演的空荡荡的俱乐部里，此刻一切似乎都不重要了。情感表达有了，旋律有了，在我看来最不可否认的技巧也有了。如果这一切都是阿马托身上自发出现的，那么谁能说我们其他人就没有如此潜力呢？

事实上，阿马托比不上赫比·汉考克，比不上塞隆龙斯·蒙克，也比不上比尔·埃文斯，这反倒让我松了口气——这样想可能会让人惊讶，因为我们沿着科学增强人类这条路经历了漫长的探索，终于快要接近终点了。

当我在为撰写本书组织素材时，常常发现自己会为人类设法取得的成就而感到惊喜并受到鼓舞。然而，有些东西一旦抽象成简单的数学方程或逻辑规则，便总会失去原有的风采。正如音乐家兼科学家利姆所言："科学家不会靠做几个实验就能解开艺术创造的奥秘。这种事永远不可能发生。"

听到这番话，我很庆幸。就我个人而言，我更希望诸如爱与美，以及创意天才与艺术表达这些思想的奥秘永不被解开。毕竟，没有什么能比这些更让我们感受到自己的人性所在了。

当我们到达手术室时，这个 11 岁的男孩已经在那里了，他平静地躺在一张担架床上，穿着一件蓝色病号服，下身是一条图案看上去像丛林迷彩服的"美国大兵"（G. I. Joe）睡裤。他的父母站在他旁边，一群麻醉师在附近安静地工作，准备让他昏睡过去。

这对父母正在为他们的儿子装出勇敢乐观的模样，满脸微笑，他们俯在他耳边低语，爱抚着他的头发，同时小心翼翼地避开被剃去头发的斑块，这里已经成为伊马德·伊斯坎德尔医生一周前进行脑外科手术的切入点。不过，待到爱子眼皮颤动着闭合，最终沉沉睡去的那一刻，孩子父母的脸庞骤然涌出极度痛楚的表情。母亲眨着眼睛，任由泪水落下，双手抱住了头。一名护士轻轻揉了揉她的背，随后将夫妻俩带出了房间。

那天，外面是阳光和煦的美丽春日，这样的日子适合 11 岁的男孩在长满青草的公园和田野里奔跑、叫喊和玩耍，这都是为了强调我们为什么要站在麻省总医院灯火通明的手术室里面。这个男孩患有进行性肌张力障碍，这种运动障碍会引发肌肉不受控制地收缩，导致身体不由自主地扭动弯曲成不自然也往往是痛苦的姿势 —— 手腕和脚部拧成一团，腿部动弹不得，背部对折起来。

伊斯坎德尔告诉我，手术台上的这个孩子曾经体会过正常的童年的欢乐。 但如今，欢乐正在悄悄溜走。 他的脚和腿开始冻硬，他的肌肉好像慢慢变成石头一般。 他已经没法跑步了，但情况很快就会变得更糟。 尽管这种疾病并不致命，但肌张力障碍在早期可能会很痛苦，也很严重，症状会蔓延到身体周围的主要肌肉群，有时还会让患者只能坐在轮椅上度日。

"他只是想做个正常的孩子，"伊斯坎德尔说，"他的父母只是希望他能拥有正常的童年，能做孩子可以做的事情。"

我在为本书做调研期间，花了整整一天的时间跟在伊马德·伊斯坎德尔周围看他给患者做手术，几乎没有什么经历比这些时光给我产生更深远的影响的了。 在麻省总医院泛光灯照明的手术室里，我得以近距离地观察到，我探寻了数月的奇迹在我面前实时展现出来：人类一生之中唯一的变革时刻，因为有了技术，一切都在突然间开始改变。 我在来访前，曾经担心自己会对进入手术室现场观察手术过程做出不良反应 —— 我会不会感觉恶心或者头晕？ 结果相反，我被彻底迷住了。 这里是带有呼吸的活生生的人类，在提问和回答，在微笑，甚至在与我对视，从房间这头到那头，四目相对。 然后，他们睡去，把自己交给伊斯坎德尔，他会在我面前把他们打开，就像汽车维修师掀开引擎盖一般，然后开始修补这些生物机器，正是这些机器驱策着人类的所有机能，赋予了会呼吸、会大笑、会思考、会爱、会感受、会运动的人类以生命。 有一次，我站在伊斯坎德尔身后，目光越过他的肩膀向下望，他正在深入一位病人的大脑灰质几英寸处 —— 她的大脑正在与她的心跳同步脉动 —— 然后取出了一块导致难治性癫痫的脑部组织。

但是这个 11 岁男孩的病例则有所不同。 我有 1 个儿子，1 个女儿。在我脑海中，我可以很容易地想象出我面前手术台上的这个男孩会在阳光斑驳的周末早晨出去跑步和玩耍的样子。 哪怕男孩的父母离开手术室很久之后，那副惊恐万状的形象还一直在我心中挥之不去，让我心怀不安。

　　几天前，伊斯坎德尔在男孩颅骨顶部钻了两个硬币那么大的孔，并给他的大脑中插入电极，这就是我之前观察过的强迫症患者所接受的手术。现在伊斯坎德尔将用于大脑刺激装置的控制器植入男孩的胃下，并将电线沿着皮肤底部延伸到孩子大脑中的电极。微弱的间歇性电脉冲会破坏干扰导致男孩发病的瘫痪信号。如果一切按计划进行，男孩将会恢复正常。

　　孩子的父母离开后，护士们将好几块布直接固定在男孩身体的上部和下部，然后将上方皮肤裸露处用塑料布包裹以接住涌出的血，并使用夏比记号笔标记了切口区域。最大的叉画在男孩的左腹部下方，我看着伊斯坎德尔正在此处用手术刀划下了第一道小切口。

　　伊斯坎德尔告诉我，德雷珀实验室开发的新型直接大脑刺激机器，可能很快就会把这一手术步骤给淘汰了。这种设备的小型化"中枢"比手机还小，可以贴合在脑袋背面，并与多颗钛制"卫星"相连。这些"卫星"安装在颅骨顶部5个不同位置处硬币大小的钻孔中，而且会与植入大脑的电极直接接触。头发可以长在外面。你甚至不知道里面藏着东西。

　　不过这项技术还没有完全准备好。因此，伊斯坎德尔站在一盘闪闪发亮的金属工具前面，选择了一根尖端弯曲的长长的金属杆。然后，他将金属杆插入男孩腹部的切口，并将其推向胸部下方，在熟睡男孩的筋膜（介于皮肤与肌肉之间的一层组织）中穿出一条通路，一直延伸到其肩部。伊斯坎德尔打算经由这条通道将电线连接至大脑中的电极。

　　"这样做有点儿野蛮，"伊斯坎德尔在工作时对我说，"不过比从下往上直接切开要好得多。"

　　这里出现了我在研究中经常遇到的一种悖论，虽然我从来没有亲眼见过，并用如此强烈的情感力量加以说明。生物技术革命让神奇的改造创举成为可能，但在某些方面，新技术依然相当原始 —— 甚至原始到一位使用它们的外科医生仍将他的部分技术称之为"野蛮"，原始到足以让你望而却步。尽管我们取得了类似科幻小说般的进步，但我们在很多方面仍处于早期阶段。 就好像第一辆福特 T 型车刚从装配线上新鲜出炉，就好像软盘或者八音轨磁带刚刚问世。

不过，我们并没有越过雷池，最终这种生物医学革命正在开始取得实效，这不再只是炒作和猜想。 这就是现实。

本书中，我们遇到过一些科学家，他们将人的身体和精神逆向工程作为最小的个体部分，以前所未有的方法检查它们，然后利用这些知识来重建或改变我们。 他们正在以几年前尚不可想象的深刻方式改造着生活，担架床上的那个男孩将会再次奔跑起来。 接受伊斯坎德尔手术后的几个月内，导致男孩肌肉痛苦收缩的大脑失灵部位将会慢慢失去其无情的掌控力。 这个孩子扭曲的四肢将会舒展开来，瘫痪的肢体将会变为自信的步伐。 我们有充分的理由相信，那个男孩将会再次成为"正常"的孩子，他可以和朋友一起捉迷藏、摔跤、溜冰、滑雪，以各种方式忘却他的残疾。

技术也让休·赫尔重获自由。 意外发生后的头几天，赫尔反复做着同一个梦，梦见自己奔跑着穿过宾夕法尼亚州父母家屋后的玉米地 —— 只不过他在醒来后只见双腿残肢，以及必须面对自己将永远无法再奔跑的残酷事实。 今天，赫尔在意大利多洛米蒂山脉攀岩，绕着瓦尔登湖慢跑。 赫尔又能走路了 —— 是真正地在走路。

由于斯蒂芬·巴德拉克发现了"精灵尘"，扬西·莫拉莱斯终于保住了他的腿，梅塞德丝·索托也留住了她的脚。 医生们没有给他们截肢，反而能够利用他们身体的再生能力，采取了一种在以往任何年代都不可能实现的治愈术。

深部脑刺激帮助深陷抑郁、卧床不起的莉斯·墨菲重新站起来了，重新回到世界 —— 成为母亲，发现幸福。 眼盲的帕特·弗莱彻可以用耳朵看世界 —— "看见"山脉。

李·斯威尼仍然无法治愈肌肉萎缩疾病，也无法治愈老年性体弱。 不过，第一例基因治疗如今已在西方国家获得批准。我们有关人类基因组，以及如何改造基因的知识，似乎每个月都在持续增长。

当然，未来还有很长的路要走。我在伊马德·伊斯坎德尔的手术室看到了这一点，当他手中拿着那根金属杆朝我转过身，并为他即将执行的野蛮手术过程表示遗憾时，我看到了这一点。我也看到这一点以许多其他形式表现出来。戴维·杰恩自愿接受了一种可能由实验性电极提供沟通能力的实验性手术，结果他在手术期间差点儿丢了性命。发明这种疗法的神经科医师菲尔·肯尼迪在勇敢地（或者是愚蠢地，取决于你怎么看）将电极植入自己的颅骨之后，最终他自己也被推进了紧急手术室。我们仍然还不是特别接近于找到阿尔茨海默病或老年性记忆丧失的疗法。

就连休·赫尔的腿也并不完美。只有当科学家们学会如何将假肢直接连接到他的神经系统，并使感官反馈朝另一个方向流动时，赫尔的假肢才能真正接近真实双腿的每时每刻的精确度。

尽管在实验室中利用相当令人兴奋的脑—机接口技术完成了诸多壮举——猴子用思维移动了轮椅，四肢瘫痪的女子只靠想象就用仿生手臂喝到了牛奶——不过格温·沙尔克的导师乔纳森·沃尔帕对于当前这些技术局限性的总结或许最有说服力。它们很好——不过在现实条件下还靠不住。

"现在的脑—机接口绝对不可能用来控制在悬崖边行走的轮椅，也不可能用来在车流繁忙的路段驾驶汽车，"沃尔帕说，"除非这些情况能解决，否则它们的用途都会非常受限。"

不过，我们仍有充分的理由相信这终会发生，这可能只是时间问题。休·赫尔显然正是这么认为的。

赫尔与再生医学先驱罗伯特·兰格和神经科学家艾德·博伊登（Ed Boyden）联手发起一项新的合作研究，他们称之为"极限仿生学中心"（Center for Extreme Bionics）。这家中心的目标是解决不少于全世界半数人口所患有的"某些形式的身体或神经残疾"。

"今天我们承认 —— 甚至'接受'严重的身体和精神障碍，认为这是人类固有的状况，"他们的宣传材料声称，"不过，这些状况必须被接受为'正常'吗？相反，如果我们可以通过发明和实施新技术来控制体内生物过程进而修复甚至根除症状，那又会怎么样？如果人类没有残疾这回事，那又会怎么样？"

格温·沙尔克的愿景则更有野心。在他看来，解码想象言语，以及解码大脑中的许多其他信号的努力，并不是目的地，而是通向更宏伟终点的中继站。沙尔克相信，就在不远的将来，终有一天可以把人类心智 —— 事实上就是所有人类 —— 与计算机毫无疑问地连接在一起，实现无限多的新功能。例如，瞬时计算复杂方程式的能力（比如求解 $\sqrt[2]{36907892622}$），瞬时读取网络上的每一项事实（就像瞬间记起你 1 小时前的午餐食物）的能力。

"你本质上会成为机器的一部分，"沙尔克说，"你再也不需要打字了。除了思考以外，你不需要做任何事就能交流。你可以立即、完全无障碍地获取谷歌（Google）所能提供的全部信息。"

事实上，你将可以读取整个世界，可以获得同一时刻恰好也保持连接的所有其他人所构成的"蜂巢"思维，以及连接到网络中所有计算机的计算能力。

"所以现在你有了 10 亿人，他们都像这样连在一起，再也没有需要你键入内容的社交媒体，世界就会知道你要做的事和你是什么人，对吗？"沙尔克说，"所以突然之间，你就创造了这个超级社会。这将会很清楚地彻底改变，不仅是人类的能力，还有人类存在的意义、社会存在的意义，我的意思是，这将完全改变人类的一切。"

"我们在这里谈论的东西，"他说，"本质上是朝这个方向迈出的极其早期的第一步。"

　　这是令人叹为观止的愿景，想法如此美妙，让人在与本书探讨的某些其他技术一道深思过后，很容易感到有些许不安。虚构出反乌托邦未来的愿景并不难。当然好莱坞已经提供了大量的素材，让我们始终保持偏执、审慎和技术恐惧感式的担忧。如果有人攻击这个蜂巢思维并接管了它，那该怎么办？休·赫尔的仿生学，最终会导致我们创造出邪恶的机器人，还是执意要用冰冷的金属手臂征服人类的终结者？我们是否正在走向一种优生学社会，基因改造的超级种族在大理石宫殿里高枕无忧，有缺陷的民众则在清洁地板和厕所？埃尔马·施迈瑟的"思想头盔"，有没有可能被压制性政府用来监控我们的想法和异议？伊马德·伊斯坎德尔关于深部脑刺激的探索，会不会有一天被用于思想控制？

　　这些担忧都是合理的，也应该有一席之地来讨论我们该做些什么事以确保这些情况不会发生。但对于我来说，归根到底，如果把注意力放在广受欢迎的好莱坞反乌托邦式的愿景 —— 无论你认为这些是耸人听闻、合情合理，还是非常有趣 —— 甚至放在像沙尔克这样的科学家所预期的乐观未来，那么都是错失了重点。

　　在我看来，对于政府读心术的忧虑，实在太过背离戴维·杰恩的故事：他全身瘫痪，再也不能说话，只能借助技术来跟两个小孩在晚餐时扮小丑找乐子，告诉孩子们，他爱他们。或者是帕特·弗莱彻的故事：她双目失明，站在沙漠中哭泣，因为她可以用耳朵再次"看见"山脉。对我来说，比较一下这一幅画面：休·赫尔穿着跑步者假腿，绕着瓦尔登湖周围小步慢跑。那么关于某个遥远未来诞生终结者的遥远可能性的担忧很快就会消失。

　　因此，我一次又一次地发现，我所更关注的似乎反倒是这些技术的最强大的想法和用途，以及那些与我相伴的故事。这些都关系到最开始吸引我走近生物工程学的原因 —— 让失去能力者复原的能力，让我们表达人性并与世界及周围其他人产生联系的东西。这种力量让人类去拥抱生活。它

让人们去运动 —— 去走向世界并与之互动，去探索，去与爱人共舞，去攀登岩壁；它让人们去感知 —— 去伸手爱抚我们的孩子和父母，去告诉他们，我们爱他们，去观看日落；它让人们去思考 —— 去创造，去感受，去记住美好的时光，去哀悼。

我怀疑技术不会从根本上改变我们。最后，我又回到休·赫尔在所有一切开始时学到的那一课。起初，他体会到自己能够无拘无束地做出各种形状和不同尺寸的腿，他的装置不需要看起来像人类。但后来，他被无情地拉回到大自然至高无上的解决方案中，这种解决方案是经过数 10 亿年演变而臻于完善的。他意识到，他一直努力寻求的最有效也最简练的问题解决方案早已存在。他意识到，答案就是对人体进行逆向工程，这样他就能理解人体是如何运作的。只有这样，他才能重建人体。

或许有一天我们会有让自己变强的选择，服用药片可以人为改善我们的记忆，可以实现心灵沟通，可以拥有夜视眼。也许我们还会拥有蜂巢思维。不过，想要改变那些使我们本质上成为人类的核心之物、使我们感到幸福的东西，仅仅这样还做不到。我没有看到什么迹象表明，我们现在正在改变人类的基本精神。

如果本书果真要传达某种信息的话，那便是一种乐观的信息。对于这些新技术，人们不必以惧怕之姿抗拒相对，也不必简单地视作改造人性或超越人性的工具。任何试图在不久的将来增强人类能力的努力都不是重点。最重要的故事不是关于提升我们的能力，而是关乎我们的人性 —— 我们归根到底会让生活有意义且值得来这世上走一遭的能力。

致
谢

如果没有那么多人慷慨大方地付出耐心和时间，解释他们的研究成果，解答我无休止的提问，同我分享他们的亲身经历，此书的一切内容都将无从谈起。我非常感谢书中提及的所有人。

如果没有我的经纪人、WME 公司的埃里克·勒普弗（Eric Lupfer）首先向我提出的这个灵感，这个项目便不会诞生。他指导我完成研究计划书的编写，并在本书的写作过程中给予反馈和鼓励。

最重要的是，感谢埃里克的努力，我得以与不止一位极富智慧也富有才华的图书编辑合作，作家能有此机会可谓三生有幸，他们分别是：Ecco 出版社的丹尼丝·奥斯瓦尔德（Denise Oswald）和希拉里·雷德蒙（Hilary Redmond）。他们使此书比原先更为焕发光彩。早期是希拉里看到了潜力，并提供了无比宝贵的反馈和建议；在她离开 Ecco 出版社后，丹尼丝得心应手地补位，帮助书稿更上一层楼。

我还要感谢埃玛·贾纳斯基（Emma Janaskie），谢谢她的援助和耐心；感谢汤姆·皮托尼亚克（Tom Pitoniak），他的审稿工作相当出色；还要感谢阿什利·加兰（Ashley Garland）、米丽娅姆·帕克（Miriam Parker），以及 Ecco 出版社的其他成员。我很幸运找到了萨拉·哈里森·史密斯

（Sarah Harrison Smith），她承担了部分书稿的事实核查工作。

　　近些年，我有幸向很多极佳的杂志编辑学习。弗雷德·古特尔（Fred Guterl）是我的科学写作的导师，一位宽容大度的编辑、一个好人，认识他是我的幸运。他安排我在《新闻周刊》（*Newsweek*）上发表了我的第一篇科学杂志作品，后来还登出了我在休·赫尔项目里的第一篇文章，由此开始了现在的一切。还有一些人安排我撰写其他故事，我也从中汲取了灵感和素材，他们是：帕姆·温特劳布（Pam Weintraub）、妮科尔·戴尔（Nicole Dyer）、科里·鲍威尔（Corey Powell）、凯文·贝格尔（Kevin Berger）、布里奇特·奥布赖恩（Bridget O'Brian）、戴维·克雷格（David Craig）、珍妮·博戈（Jenny Bogo）、克利夫·兰塞姆（Cliff Ransom）、戴维·罗特曼（David Rotman）、安东尼奥·雷加拉多（Antonio Regalado）和布赖恩·伯格斯坦（Brian Bergstein）。

　　本书的写作过程离不开我生命中非常有耐心、奇妙和聪明的两位女性给予我最初的反馈：我挚爱的妻子萨拉·迪亚兹（Sara Diaz）和我圣洁的母亲南希·克兰·皮奥里（Nancy Kline Piore）。我的母亲自己就是位经验丰富的作家，是她最早带领我领略文字的魅力与美好。写作永远是她的激情所在。但在过去几年间，数不清多少次，每每我打电话给纽约州伍德斯托克市的一座小山顶工作室的她，她都不厌其烦地欣然放下自己手头的工作。她毫无怨言、耐心倾听，无论当天我写到哪个章节，她都马上给予反馈。她的慷慨雅量对于本书功不可没。

　　至于我的爱妻萨拉，她根本没法选择关掉电话——她的办公室就在我的楼下。写到第三章时，她恐怕有充分的理由提请婚姻咨询。但她（大多数时间）只是报以微笑，无论我正在做什么，她都会告诉我这件事听起来好还是不好。

　　项目推进的整个过程中，我的父亲迈克尔·皮奥里（Michael Piore）提供了宝贵的指导、反馈和其他帮助。还有很多人愿意赏光阅读本书的诸多版本。特别感谢亚历克西斯·盖尔伯（Alexis Gelber）为我审读书稿并提供无法估量的鼓励和反馈（更不必说好多年前聘请我到《新闻周刊》杂志从事我梦寐以求的工作）。乔·奥尼克（Joe Onek）、威廉·梅斯勒（William Mesler）、布拉德·斯通（Brad Stone）、乔舒亚·沃尔夫·申克（Joshua Wolf Shenk）、玛丽·卡迈克尔（Mary Carmichael）、妮科尔·戴尔也都提供了非常珍贵的反馈。我还要感谢克里斯·德谢尔德（Chris Decherd）。

最后，非常感谢我的姐姐安娜，给予我言语上的鼓励。感谢我的孩子马库斯和纳塔利亚，谢谢所有的欢笑时刻重新赋予我能量。他们每天都在提醒我，真正重要的东西是什么。